科技创新人才成长与竞赛指导丛书

实验探究的秘密

全国创新发明金牌教练
全国十佳科技辅导员
中学物理特级教师

崔 伟 / 编著

东南大学出版社
SOUTHEAST UNIVERSITY PRESS

图书在版编目(CIP)数据

实验探究的秘密 / 崔伟编著. — 南京 : 东南大学出版社,2018.6 (2020.6重印)
(科技创新人才成长与竞赛指导丛书)
ISBN 978-7-5641-7782-9

Ⅰ. ①实… Ⅱ. ①崔… Ⅲ. ①实验方法-青少年读物 Ⅳ. ①G312-49

中国版本图书馆 CIP 数据核字(2018)第 104339 号

实验探究的秘密

出版发行 东南大学出版社
出 版 人 江建中
社　　址 南京市四牌楼 2 号
邮　　编 210096
网　　址 http://www.seupress.com
经　　销 全国各地新华书店
印　　刷 河北远涛彩色印刷有限公司
开　　本 787 mm×1092 mm　1/16
印　　张 12.5
字　　数 333 千字
版　　次 2018 年 6 月第 1 版
印　　次 2020 年 6 月第 2 次印刷
书　　号 ISBN 978-7-5641-7782-9
定　　价 54.80 元

丛书编委会

作者简介

崔伟 特级教师

东南大学工学硕士，现任扬州中学教育集团树人学校党委副书记、副校长，扬州市初中物理特级教师，扬州大学硕士研究生导师，全国十佳科技辅导员、江苏省优秀青少年科技教育校长、扬州市青少年科技创新崔伟名师工作室总领衔。他是全国优秀教科研成果一等奖、江苏省基础教育教学成果二等奖获得者。主持江苏省教育科学规划重点课题2项，主持教育部规划课题子课题、国家自然科学基金委员会课题子课题各1项。发表论文25篇，其中11篇论文在北大版的核心期刊上发表或被人大复印资料中心《中学物理教与学》全文转载。

序言

让人才脱颖而出

当今世界，各国综合国力的竞争说到底是科技实力和创新人才的竞争，人才是创新驱动的核心要素。面对中国经济发展新常态，国务院于 2016 年印发了《国家创新驱动发展战略纲要》和《“十三五”国家科技创新规划》。纲要指出：创新是引领发展的第一动力，创新驱动是国家命运所系、世界大势所趋、发展形势所迫。落实纲要的关键是加快建设科技创新领军人才和高技能人才队伍。以学校教育而言，只有实施创新教育，才能立足于科技创新人才的早期培养，才能与国家创新驱动发展战略做到无缝对接。其核心是为了迎接信息时代的挑战，着重研究与解决在基础教育领域如何培养学生的创新意识、创新精神和创新能力的问题。

扬州中学教育集团树人学校正是在这样的背景下，于 2009 年创办了树人少科院，并以此为载体，对科技创新人才的早期培养进行了实践性探索：主持了扬州市规划课题“中学生科学素养和人文素养培养的研究”、教育部子课题“中学生创造力及其培养的研究”、江苏省重点课题“基于科技创新人才早期培养模式的实践研究”、国家自然科学基金子课题“教学环境对中学生创造力的影响研究”和江苏省“十三五”重点课题“中学生物理核心素养模型构建的校本化研究”。前 3 个课题已成功结题，其研究成果分别获扬州市“十二五”教育科研成果一等奖、江苏省基础教育教学成果二等奖和江苏省第四届教育科研成果三等奖。“青少年科技创新人才培养模式的创新探索”于 2015 年在北京师范大学举办的首届中国教育创新成果公益博览会上展示，后在北京大学举办的第十一届全国创新名校大会上交流，并获中国教育创新成果金奖。研究专著《让创新人才从树人少科院腾飞》于 2016 年获扬州市第二届基础教育教学成果一等奖，已入选扬州市首批教育文集并由广陵书社正式出版。还有《让创新人才在翻转课堂中脱颖而出》《科技创新人才培养策略的前瞻性研究》《科技创新人才早期培养的实践探索》《校本教研中的创新人才培养策略研究》等 30 多篇课题研究论文在期刊上发表。

其中19篇论文在北大版核心期刊《中学物理教学参考》《教学与管理》《教学月刊》《物理教师》上发表或被人大复印资料《中学物理教与学》全文转载。

科技创新人才的早期培养也结出了丰硕的成果，从2009年创办树人少科院至今，已有2 000多学生在扬州市以上的各级各类组织的科技创新竞赛中获奖。其中有48人获全国的发明类金、银、铜奖，328人获全国一、二、三等奖，502人获江苏省一、二、三等奖。在上述的金奖或一等奖的得主中，有2人荣获用邓小平稿费做奖金的中国青少年科技创新奖；2人因科技创新成果显著而当选为全国少代会代表，出席全国的少先队代表大会，分别受到胡锦涛和习近平总书记的亲切接见。3人获江苏省人民政府青少年科技创新培源奖，4人成为全国十佳小院士，11人被评为江苏省青少年科技创新标兵，15人次获扬州市青少年科技创新市长奖，78人被评为中国少年科学院小院士，106项学生发明获国家专利证书。

为了将上述研究成果面向社会推广，让科技爱好者和中学生分享其中的成果，我们以曾获扬州市优秀校本课程的《走进科技乐园》为基础，编写了“科技创新人才成长与竞赛指导”丛书。

本丛书以树人少科院和东洲少科院部分学生的成长为案例，以读本的方式呈现，含《发明创造的秘密》《学生成才的秘密》《思维方法的秘密》《实验探究的秘密》《社会调查的秘密》《科技实践的秘密》六册。本丛书虽为中学生撰写，但也同样适用于小学生、大学生。衷心感谢树人学校党委书记、校长陆建军对树人少科院的倾心培育以及对本丛书编写工作的支持与鼓励。

愿你在丛书的陪伴下茁壮成长，在成才之路上脱颖而出。

导读

本书为你搭建一个实验探究的平台，该平台与你中学的物理、化学、生物等学科的学习密切相关，希望它能成为你早日成才的好伙伴。

第一章科学实验的秘密，从现象之美说起。美的源泉是大自然，有奇特的声现象、多变的热现象、绚丽的光现象、神奇的力现象、和谐的电磁现象。可惜的是，这些现象虽然精美，却都稍纵即逝，而实验能再现那精彩的一瞬，使你从现象的背后发现其更为迷人的规律，令你欣喜若狂。它是你获取知识、发展能力、展示成果的重要途径。在众多类型的实验中，演示实验应该成为你的最爱。虽然它曾经是老师的专利，可现在不同了。你要面对评委，展示你的探究成果，就得将其最精彩的内容演示给评委。你就得把握演示的要求、观察的方法、实验的设计，尤其要关注设计的思路和处理的方法。

第二章探究方法的秘密，从测量仪器的使用和基本物理量的测量入手，为你顺利走进探究世界当好开路先锋，也为你后续高层次的定量探究作好技术上的准备。课题研究的着力点是探究方法，它是一把钥匙，能开启你思维宝库的大门，让你在未知世界里翱翔。探究的过程有八个环节，前七个环节是课程标准的基本要求，第八个则是为你特殊设计。它分别从课内、课后、课外这三个侧面，为你揭开如何开展集“趣、疑、动、思”于一体的探究活动的秘密，从中衍生新问题，创设新情景，进行新探究。

第三章人才发现的秘密则是第二章的继续深化，让你从四个成才案例中领悟机会把握的重要。包昕玥同学就是从学习物理第一课的第一个实验开始思考这个问题的，韦康等三位同学则是在速度的比值定义法中受到启发而拓展和思考的，他们的灵感都来自于物理课堂。沈子扬等三位同学是将扬州的水生态与化学学习联系了起来，刘晨露同学则是将水火箭的发射与物理学习联系了起来，才使他们的探究成果走出扬州，走进南京，走向北京，在全国的大赛中斩金夺银。

在本书编写过程中，方红霞、滕玉英、方松飞等老师提供了一线资料，方松飞老师还为本书进行了统稿，在此特表感谢。

本书的撰写还在探索和尝试。不当之处，敬请您指教斧正，谢谢。

Contents 目录

第一章 科学实验的秘密

乐园，是孩童们神往的地方，因为有许多值得孩童们游玩并能一辈子记忆的地方，这才有了鲁迅先生的名篇《从百草园到三味书屋》。

科学，是个令人神往的领域，因为有许多神秘的问题值得人们去探索，这才有了牛顿由于发明了“万有引力定律”而创立了科学的天文学，由于进行了“光的分解”而创立了科学的光学，由于发现了“二项式定理和微积分学”而创立了科学的数学，由于认识了“力的本性”而创立了科学的力学。这才有了爱因斯坦的“相对论”、哥白尼的“日心说”、爱迪生的“留声机”等两千多项发明……

科学梦，是千千万万科学家为之奋斗的终生追求，因为有许多美好的梦想吸引着他们去憧憬、去开创。这才有了宋应星的《天工开物》，共三卷十八篇，全书收录了农业、手工业，诸如机械、砖瓦、陶瓷、硫黄、烛、纸、兵器、火药、纺织、染色、制盐、采煤、榨油等生产技术，如图 1－0－1 所示。《天工开物》是世界上第一部关于农业和手工业生产的综合性著作，是中国古代一部综合性的科学技术著作，有人也称它是一部百科全书式的著作，外国学者称它为“中国 17 世纪的工艺百科全书”。这才有了李时珍的《本草纲目》，他用了近三十年时间编写，收载药物 1 892 种，附药图 1 000 余幅，阐发药物的性味、主治、用药法则、产地、形态、采集、炮制、方剂配伍等，并载附方 10 000 余，集我国 16 世纪之前药学成就之大成，如图 1－0－2 所示。这才有了从扬州中学走出的 49 位中科院和工程院院士的传奇，有了扬州中学的院士广场，如图 1－0－3 所示。

图 1－0－1

图 1－0－2

图 1－0－3

T2 扬州教育 2014年1月21日 星期二

深度观察

树人学校12名学生获中国少年科学院"小院士"称号

种下和"大院士"一样的科学梦

【北京"寻梦"】A 今年全国"小院士"，1/10落户扬州

论文经过严格审核，教授院士当评委

【扬州"筑梦"】B 一则"爆炸"新闻引出的发明

浓厚科技氛围激励学生创新

【成长"圆梦"】C 科技创新点燃学习激情

方桂林一行慰问荷花塘特校师生

2013年宝应教育十件大事评选揭晓

广陵区召开2014年度社区教育工作会议

江都区14所中小学荣膺江苏省义务教育现代化学校

图 1-0-4

这才有了《扬州时报》的教育专版就树人少科院小院士们"种下与大院士同样的科学梦"的专题报道，如图 1-0-4 所示。而科学实验则是树人小院士们进行"小院士"课题研究，实现其科学梦想，走上科技创新成才之路的主要方法。你想参与其中，接受挑战吗？

第一节 自然现象

小故事

神奇军号

图 1-1-1

江苏镇江句容市茅山“苏南抗战胜利纪念碑”于 1995 年 9 月落成，碑宽 6 m，高 36 m，与三百多级台阶一起营造出一种庄严凝重、大气磅礴的氛围。如图 1-1-1 所示。1997 年的大年三十夜晚，纪念碑附近居民放鞭炮时偶然发现每当“天地响”炮仗升空炸响后，便会有一阵号声响起，炮仗停号声即停。居民们看看山上碑前都没有什么可疑的东西，当时也没有深究。不料第二天再放鞭炮，仍是炮仗停号声即停。后来他们向有关部门作了汇报，于是“纪念碑下放鞭炮，纪念碑上吹军号”的说法不胫而走，许多人还特地前来验证。以致不少搞建筑的、研究声学的专家们也纷纷前来探索考察，结果都是各有说法，终无定论。

后来，当地老百姓中流传开了这样一个故事：当年新四军里有一位小号手，历次战斗中都十分勇敢，每当向敌人发起冲锋时，他就吹起嘹亮的军号，鼓励战友们英勇杀敌。在一次反扫荡的激战中小战士英勇牺牲了，但他的英灵仍守在茅山不肯离去。因此，每当炮仗炸响，警觉的小战士英灵就像听到了战斗的枪声，便奋力地吹响军号……

点金石

壮美声响

将礼花和鞭炮在纪念碑前点燃，每一次礼花的爆炸声都会在远处的、高高的纪念碑上空引来一阵号声，嘹亮而又清晰，节奏是“达达达嘀达”。我们在纪念碑通道的中轴线上以及在逐步偏离中轴线的几个点上倾听，每次全都清清楚楚。但在离中轴线十几米处，似乎有一个界线，由此往里一步照旧听到号声，跨向外面一步便听不到了。

图 1-1-2

其实“碑下放鞭炮，空中响军号”的原因可从图 1-1-2 中得到解释：纪念碑坐落在山坡上，要走 6 层 100 多级台阶才能到达，最佳听“军号声”的 A 处离碑身约 200 m。当礼花在空中爆炸时，产生的爆炸声经碑身及各层台阶和背后山峰的反射到达 A 处。由于声音传播的距离不等，反射的路径不一样，各种反射的声音经过“叠加”形成了“达达达嘀达”那最为壮美的军号声。

“达达达嘀达”那壮美的军号声就来自于物理现象。我们每时每刻都在与物理现象打交道，比如自然之美中奇特的声现象、多变的热现象、绚丽的光现象、神奇的力现象、和谐的电磁现象等。

信息窗

自然之美

1. 声现象的奇特美

在我们的周围，经常会发现一些奇特的声现象。

(1) 回音建筑中的奇妙声音：回音建筑十分迷人。所谓回音，亦称回声，俗称应声。它是声音遇到障碍后反射返回的一种声音。我们的祖先把这一声学原理巧妙地应用于各种回音建筑，堪称世界文化园林建筑宝库中绝妙的艺术。我国现存四处古代回音建筑，北京天坛回音壁、山西普救寺塔、河南的蛤蟆塔、重庆大佛寺的石琴，如图 1-1-3 所示。

图 1-1-3

北京天坛回音壁内侧墙面平整光洁，使外来音响沿内弧传递，久久回荡。如站在壁前轻轻哼唱，和声随之而起，深沉婉转，娓娓动听；如放声唤之，则回声四起，洪亮粗犷，萦绕耳畔，荡人心怀，如图 A 所示。山西永济县普救寺舍利音塔，塔身呈方形，有 13 层，高 50 多米。在塔上用石投地，回声即起；投于前地，则声在塔底；投于后地，则声在塔顶，如图 B 所示。河南郊县蛤蟆声塔，虽塔身不高，若以掌击塔，塔内会发出“咯咯……”的鸣声，如有万千只蛤蟆在鼓膜低唱，以“奇声夺人”，而闻名于世，如图 C 所示。重庆潼南县大佛寺，有三十六级石梯，似一把巨大的石琴，每个阶梯，犹如一根琴弦，只要把脚踏上石梯，拾级而上可听到回声，声音时高时低，传为仙境，如图 D 所示。

(2) 会跳跃的声音：1921 年 5 月 9 日，莫斯科近郊发生了一次大爆炸，如图 1-1-4 所示。距爆炸地点 70 km 的范围内，人们清楚地听到了隆隆的爆炸声，但是从半径 70～160 km 的范围内却什么声音也听不到。奇怪的是从半径 160～300 km 的范围内，人们又听到了爆炸的轰鸣声。声音怎么会跳跃过中间这片区域呢？

图 1-1-4

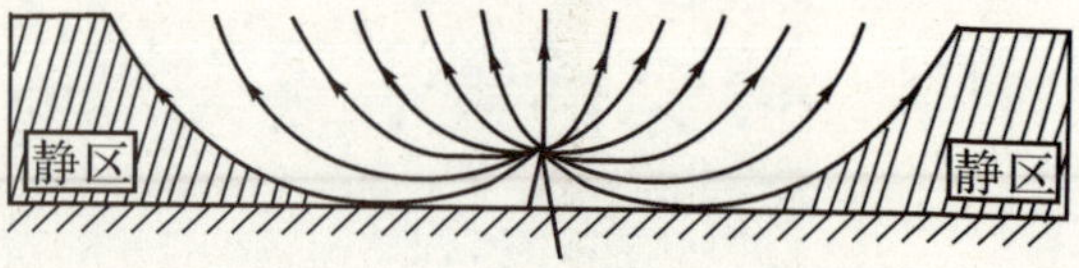

图 1-1-5

探究发现，声音在空气中的传播速度与气温有关。气温高，声速大；气温低，声速小。地面上方不同高度处的气温度不同，声速也不同，声音在空气中向前传播总喜欢挑温度低的道路走，当遇到温度高的空气时，声音便偏向到温度低的空气中去，如图 1-1-5 所示，这就像一列小孩和一列大人组成的队列，小孩和大人手挽手以相同节奏向前行进，由于小孩的步距小于大人的步距，结果整个队伍前进的方向便偏向小孩一侧。如果一个地区的气温变化比较复杂，这里温度高，那里温度低，声音经过的时候，就会一会儿拐向高空，一会儿又拐向地面。这样上上下下，就形成了上面所说的声音会跳跃的现象。

2. 热现象的多变美

人们常说"天有不测风云"，其实说的就是多变的热现象，其实质是水的循环。水是地球上最常见的一种液体，是生命的乳汁，是经济的命脉，是地球奉献给人类最宝贵的资源。液态水的存在也是地球上丰富多彩的生命赖以生存的重要条件之一。图 1-1-6 为长江三峡工程利用水来发电、灌溉和航运。水循环的途径是多种多样的，而最常见的就是交替进行着的三种状态之间的变化。水的千姿百态：水、水蒸气、冰、雾、露、霜、云、雨、冰雹、雾凇等。现在我们来看看这些千姿百态水的形成过程。

图 1-1-6

(1) 云：当空气温度下降到露点，高空中的大量水蒸气以带电的尘埃微粒(这些微粒因为相互摩擦碰撞而带电，带电体又会相互吸引)为核心，凝集液化并附着在上面，形成小水珠，或者进一步变成小冰晶，在高空中飘来飘去，这就是我们平时看到的变幻莫测的云，如图 1-1-7 所示。

图 1 - 1 - 7

图 1 - 1 - 8

(2) 雾：秋冬季节，当空气中的水蒸气越积越多时，我们就说空气的湿度变大了，此时，如果地面附近的气温降低到足够的温度，并且空气中漂浮着足够的细小灰尘，水蒸气就会以这些悬浮颗粒为核而液化凝聚在一起，从而形成雾。此时的空气湿度和温度条件称为露点。如图 1 - 1 - 8 所示是水蒸气生成的雾。

图 1 - 1 - 9

(3) 露：夏季傍晚，由于地面上的植物、石块、泥土等温度降低得比空气快，当它们的温度降低到某一温度时，地面附近空气里的水蒸气就达到了露点，此时空气里缺乏细小悬浮物，于是水蒸气慢慢液化成小水滴附着在这些石块、草叶上，形成了露。图 1 - 1 - 9 是叶子上滚动的露珠。

图 1 - 1 - 10

(4) 霜：严冬季节，当空气中水蒸气足够，又遇到无风和急剧降温的气象条件，地面附近空气中和土壤里蒸发出的水蒸气就凝华成霜附着在地面的物体上。如图 1 - 1 - 10 是芦苇上裹着的白霜。注意霜的来源是地面附近空气中和土壤里蒸发出来的水蒸气，所以地面上的物体外表各个部位都会有霜附着。

(5) 雨：当云层中的小水珠越聚越多时，从下向上流动的空气的托力就不能承担云中水珠的重力，于是小水珠便开始降落，这就形成了雨，如图 1 - 1 - 11 所示。

图 1－1－11

图 1－1－12

(6) 雪：雪是高空中的水蒸气在温度降低到 0℃以下时以空气中的微小漂浮颗粒为核心，凝华成的规则的六角形的晶体。雪的形成和霜的形成有类似之处，因此在放大镜下，雪和霜的内部结构一样，只不过雪能够形成体积更大的晶体。图 1－1－12 是天空中正下着鹅毛大雪。

(7) 冰：屋檐上挂着的冰凌就是由于雨水凝固而成的，如图 1－1－13 所示。冰比水轻(密度小)，所以冰浮在水面上。冰和雪虽然都是水的固态形式，但由于冰是由水凝固而成，雪是由水蒸气的凝华而成，所以冰是透明的，显无色，而雪是不透明的，呈白色。

图 1－1－13

地球上的水正是以这些多姿多彩的形式，从大海、江河、湖泊、土壤、高山、空中进行着永恒的循环。这是一幅多么神奇的水美图！

3. 光现象的绚丽美

图 1－1－14 展示的是色彩斑斓的自然风光；图 1－1－15 拍摄的是 2008 年北京奥运会场所中那绚丽多姿“水立方”的夜景图。其实，在我们的日常生活中，绚丽的光现象随处可见。

图 1－1－14

图 1－1－15

(1) 彩虹：雨过天晴，天空、瀑布旁常常会出现美丽的彩虹，如图 1－1－16 所示。这是因为雨后放晴时，空中仍飘浮着许多极小的水滴，当太阳光照射到小水滴上时，会出现光的色散现象。若是下午，太阳挂在西边天空，我们背对太阳，可看见东边的天边出现那红色在外侧、紫色在内侧的彩虹。

图 1－1－16

(2) 极光：它是一种绚丽多彩的发光现象，如图 1－1－17 所示。这是由于太阳风进入地球磁场，在地球南北两极附近地区的高空，夜间出现的灿烂美丽的光辉。它一般呈带状、弧状、幕状、放射状，这些形状有时稳定，有时作连续性变化。极光虽然美丽，但是在地球大气层中投下的能量，可与全世界各国发电厂所产生电容量的总和相比，这种能量常常搅乱无线电和雷达的信号。

图 1－1－17

(3) 万花筒：物体在一面镜子前可以照出一个像。如果你站在两面镜子中间，就可以照出许许多多的像，物体在平面镜间由于多次反射所形成的像叫做复像，复像也有用处呢。找两面镜子，一面水平放在桌上，一面竖直放在桌上，拼成一个垂直的角。在这两面镜子当中放一小块纸片，于是这张纸片出现了 3 个像。如果把两面镜子拼成比直角小的 60°角，一张纸片就能“变”成 6 张纸片——原来的纸片加上 5 个像。利用这个原理，可以制成万花筒，如图 1－1－18 甲所示。万花筒是由两面相交成 60°角的镜子组成的，由于光的反射定律，放在两面镜子之间的每一件东西都会映出六个对称的图像来，构成一个六边形的图案，如图 1－1－18 乙所示。如果用夹角是 45°角的两面镜子做成万花筒，得到的图案就是八边形的。万花筒不只是个玩具，它还是设计师的助手呢。万花筒里可以变出许多种美丽的图形，纺织印染厂的设计师在设计花布图案时，就是常利用万花筒里艳丽夺目的图形作为依据的，如图 1－1－19 所示。

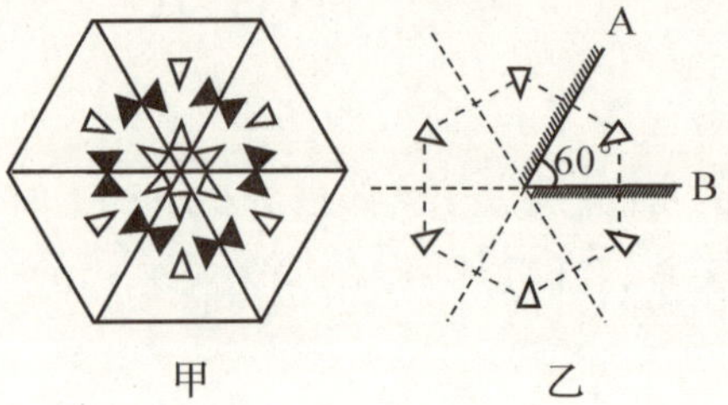

图 1－1－18

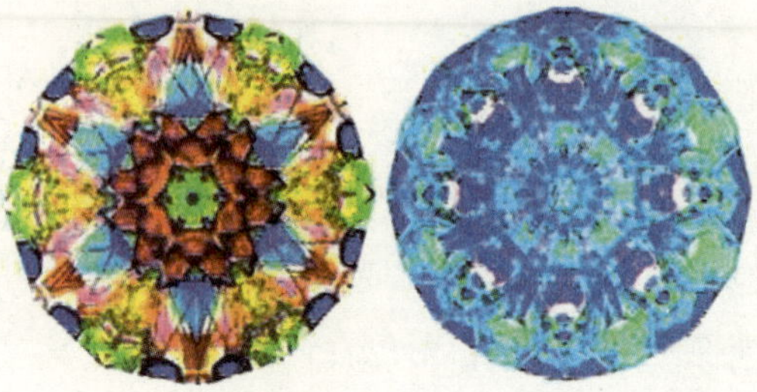

图 1－1－19

（4）海市蜃楼：夏天，在平静无风的海面航行或在海边瞭望，往往会看到空中映现出远方船舶、岛屿或城郭楼台的影像，如图 1－1－20 所示。在沙漠旅行的人有时也会突然发现，在遥远的沙漠里有一片湖水，湖畔树影摇曳，令人向往。古人误认为是蜃吐气而成，所以叫海市蜃楼。实际上，海市蜃楼是光在不均匀的大气中折射和全反射所造成的光现象。在均匀的介质中，光是沿直线传播的，但在非均匀的介质中，光会偏离直线传播。如果介质是分层均匀折射的，光将沿一折线传播。夏天，由于海水温度低于空气温度，因此近海面的空气温度较低、密度较大，其折射率也较大；而离海面较高的地方，空气温度较高、密度较小，其折射率也较小。这样就造成了从海面到高空，空气的折射率从大到小的连续变化。因此由远处景物发出的光线，在空气中沿一条向下弯曲的路径传播。当人们逆着光线去观察时，就会在前方上空看到景物的虚像，如图 1－1－21 所示。由于海面上形成的海市蜃楼出现在原景物的前上方。值得一提的是，海市蜃楼只能在无风或风力极微弱的天气条件下才可能出现。

图 1－1－20

图 1－1－21

（5）光导纤维：用平行光源发出的窄光束沿着半圆形玻璃的半径射到平直的边上，会同时看到反射光线和折射光线。当入射角增大到某一角度，使折射角达到 90°

时，折射光完全消失，只剩下反射光，这种现象叫做全反射，如图 1－1－22 所示。我们把折射角等于 90°时的入射角叫做临界角。要发生全反射必须满足下列两个条件：一是光线要从光密介质射向光疏介质（光速小的介质射向光速大的介质）；二是入射角要等于或大于临界角。现代科技中的光导纤维就是利用全反射原理工作的。光导纤维是一种纤细的玻璃丝或透明的塑料丝，如图 1－1－23 所示。光从光导纤维一端射入，在它内部不断全反射后就传到了另一端。光纤通信就是把声音和图像信号变成光信号，射入光导纤维的一端，然后，再从光导纤维另一端的相应设备把光信号还原成声音和图像信号，如图 1－1－24 所示。

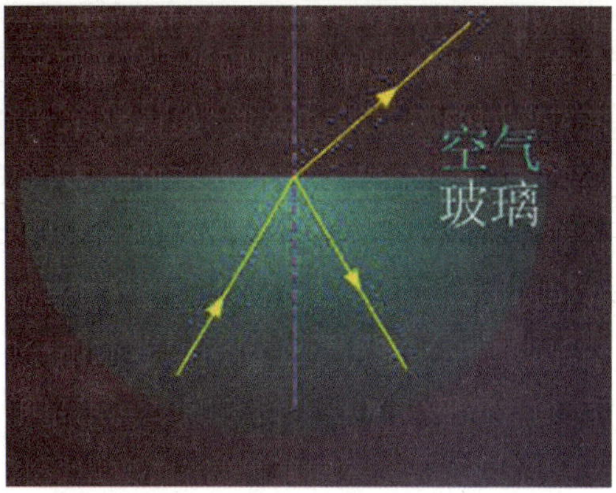

图 1－1－22

图 1－1－23

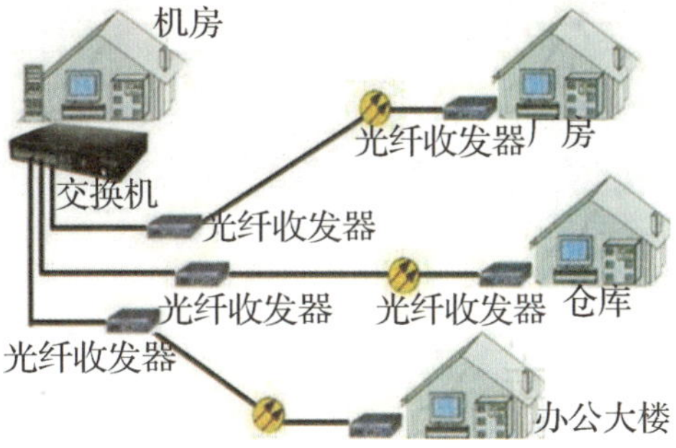

图 1－1－24

4. 力现象的神奇美

图 1－1－25 是“嫦娥一号”月球探测卫星由长征三号甲运载火箭发射升空至运行在距月球表面 200 千米的圆形极轨道上执行科学探测任务的航运示意图。图 1－1－26 是翟志刚穿着中国制造的飞天舱外航天服出舱时的情景，他实现了中国历史上宇航员第一次的太空漫步，这就是神奇的力现象。

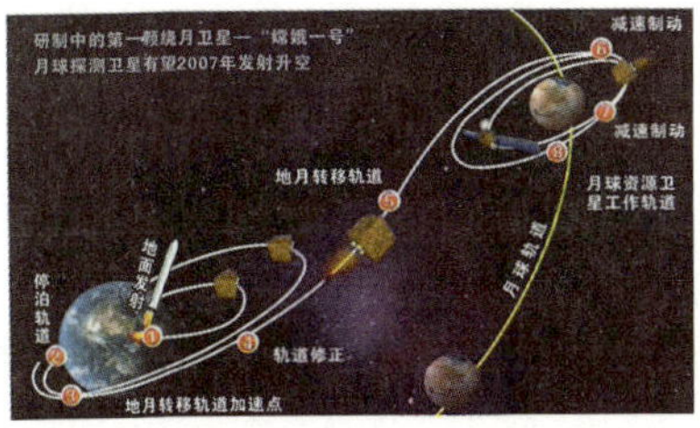

图 1－1－25

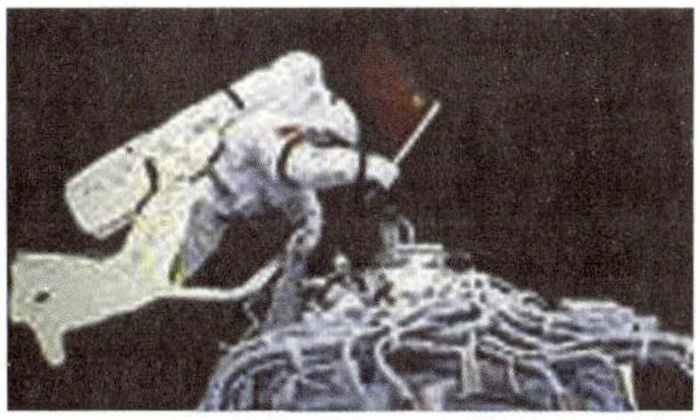
图 1－1－26

(1) 断桥之谜：早在三国时期就有传说，刘备兵败长坂坡时，张飞曾喝断过把令桥，如图 1-1-27 所示。1906 年，一支沙俄军队在本国首都附近的丰坦卡河大桥上齐步走的时候，大桥突然断裂，造成了一些伤亡。事后调查，并没发现什么人为破坏的痕迹。1940 年 11 月 7 日，美国新建的一座跨度为 850 米的悬索桥，突然在一场大风中断毁——那天风速是 19 m/s。在大风中，那桥面扭曲跳动，越跳越厉害，最后断毁，如图 1-1-28 所示。其实在军队迈着整齐的步伐过桥，就是按一定频率给了桥梁一个策动力。当这个策动力频率恰恰和桥梁的固有频率合拍时，就会发生共振，以致造成桥断人亡。当把令桥的固有频率与张飞的吼声频率一致时，把令桥也就有被喝断的可能。所以在队伍过桥时，就不应该齐步走了，而应该便步走，这样才能保证队伍安全过桥。但是，给予建筑物策动力的因素是很多的。风力也是一种外力，美国的那座大桥就是由于风力引起共振而毁掉的。

图 1-1-27

图 1-1-28

(2) 赵州桥：坐落在河北省南部的洨河上，洨河流经赵县，如图 1-1-29 所示。建于隋代大业年间，由著名匠师李春设计和建造，距今已有 1 400 年历史，是当今世界现存最早、保存最完善的古代石拱桥。美国土木工程师学会将其选定为第 12 个国际历史土木工程的里程碑，并在桥北端东侧建造了国际历史土木工程古迹铜牌纪念碑。它是当今世界跨径最大、建造最早的单孔敞肩型石拱桥。因桥两端肩部各有两个小孔，不是实的，故称敞肩型，这是世界造桥史的一个创造。

图 1-1-29

(3) 孔明灯：孔明灯，叫天灯，又叫许愿灯。当年，诸葛亮被司马懿围困于平阳，诸葛亮命人制作了很多这样的灯，在城内借着微风同时放飞，并命众军士大喊："诸葛亮坐天灯逃走了！"司马懿信以为真，带领大军去追赶，诸葛亮就此缓解了平阳之围。后人为纪念诸葛亮足智多谋，称此灯为“孔明灯”。从那以后，中国就有了放飞孔明灯的传统，用这种方式来祈福迎祥。孔明灯的结构可分为主体与支架两部分，主体大都以竹篾编成，再用棉纸或纸糊成灯罩，底部的支架则以竹削成的篾组成。孔明灯可大可小，可圆形也可长方形。一般的孔明灯是用竹片架成圆桶形，外面以薄白纸密密包围而开口朝下。如图 1－1－30 所示。

图 1－1－30

(4) 死海不死：在巴勒斯坦和约旦交界处，有一个“死海”。远远望去，死海的波涛此起彼伏，无边无际。但是，谁能想到，如此浩荡的海水中竟没有鱼虾、水草，甚至连海边也寸草不生？这大概就是“死海”得名的原因吧。然而令人惊叹的是，人们在这无鱼无草的海水里，竟能自由游弋，即使是不会游泳的人，也总是浮在水面上，不用担心会被淹死，真是“死海不死”，如图 1－1－31 所示。其实死海是一个咸水湖，它的形成是自然界变化的结果。死海的源头主要是约旦河，河水含有很多的矿物质。河水流入死海，不断蒸发，矿物质沉淀下来，日积月累，越积越多，便成了世界上最咸的湖——死海。

图 1－1－31

5. 电磁现象的和谐美

电与磁是和谐的一对，电可以生磁，磁也可以生电，现在人们广泛应用的电磁波，就是电与磁的最佳结合。现代社会，如果离开了电与磁，将无法生存。

图 1－1－32

(1) 雷电现象：雷电是伴有雷鸣和闪电的一种雄伟壮观而又有点令人生畏的放电现象，如图 1－1－32 所示。雷电一般产生于对流发展旺盛的积雨云中，因此常伴有强烈的阵风和暴雨，有时还伴有冰雹和龙卷风。积雨云顶部一般较高，云的上部常有冰晶。冰晶的淞附，水滴的破碎以及空气对流等过程，使云中产生电荷。总体而言，云的上部以正电荷为主，下部以负电荷为主。因此，云的上、下部之间形成一个电位差。当电位差达到一定程度后，就会产生放电，这就是我们常见的闪电现象。闪电的平均电流是 3 万安培，最大电流可达 30 万安培。放电过程中，由于闪道中温度骤增，使空气体积急剧膨胀，导致强烈的雷鸣。带有电荷的雷云与地面的突起物接近时，它们之间就发生激烈放电。在雷电放电地点会出现强烈的闪光和爆炸的轰鸣声。这就是人们见到和听到的电闪雷鸣。

（2）磁屏蔽：如图 1－1－33 那样将一块磁铁吊起来，磁铁下边的回形针用线拉住，使它既能被吸向磁铁，又不与磁铁接触，此时回形针就像飘浮在空中一样。先后将纸片、塑料写字板、薄木板、铝皮、薄铁片等放入磁铁和回形针之间，观察磁铁与回形针间的吸力有无影响。从这个实验中，我们发现当薄铁片放入磁铁和回形针之间时，回形针将掉下来，而将纸片、塑料写字板、薄木板、铝皮等放入磁铁和回形针之间时，回形针没有掉下来。说明磁场能穿过纸片、塑料写字板、薄木板、铝皮，但不能穿过铁片，即薄铁片具有屏蔽磁场的作用。防磁手表就是根据这一实验的原理制成的。当手表处于磁场中时，磁感应线被表壳所屏蔽，如图 1－1－34 所示。表内的零件就不会受到磁场的影响。

图 1－1－33

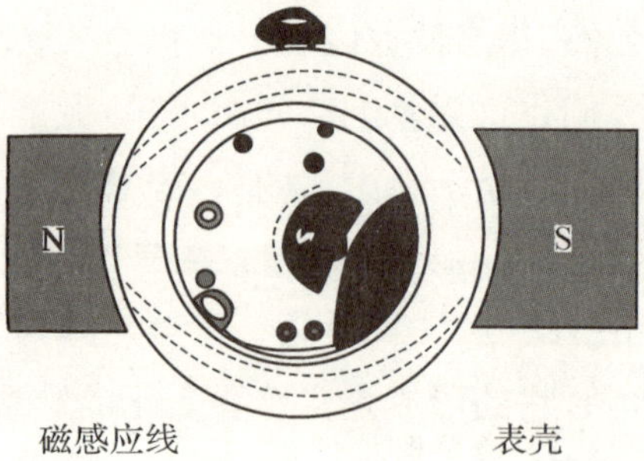

图 1－1－34

（3）电磁联系：电与磁之间和谐相处，密切联系。电能生磁，磁能生电，电与磁之间还能相互作用。①电能生磁：这是丹麦的物理学家奥斯特于 1820 年首先发现的。利用这一现象，人们制成了电磁铁。在录音机、录像机、计算机磁盘或信用卡记录信息时，都会用到电磁铁，如图 1－1－35 所示。②磁能生电：英国物理学家法拉第经过 10 年不懈的努力，终于在 1831 年发现了电磁感应现象，磁也能生电。从而制造成了发电机，使电能的大规模利用成为可能。如图 1－1－36 所示的汽轮发电机组（图甲）和水轮发电机组（图乙）就是当代社会中的重要能源。③磁对电的作用：电与磁之间还能发生相互作用，通电线圈在磁场中能转动，从而制造成了电动机。电车、电气列车、电动自行车（图 1－1－37）、电动摩托车、电动汽车的“心脏”就是直流电动机，它们都是利用直流电动机的转动产生动力的。它们的共同特征就是效率高、噪声小、无废气排放、无油污，是绿色环保型交通工具。

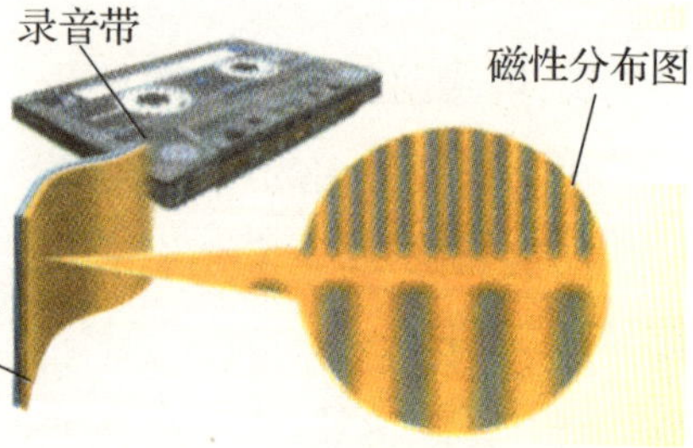

图 1－1－35

甲 乙

图 1-1-36

图 1-1-37

(4) 信息高速公路:它通常指光纤通信、卫星通信和互联网。①光纤通信:光纤传导,如图 1-1-38 所示。光纤由内芯和包层两部分组成,内芯由光速较小的物质做成,包层由光速较大的物质做成,光在内芯中传播,不断被子包层反射回来,曲折前进,带有信号的激光就沿着光纤向前传播,容量大,不受外界条件的干扰,使激光通信能传播很远,能提高通信质量。②卫星通信:无线通信通过地球同步通信卫星实现,具有覆盖面大、通信距离长、不受环境限制的特点,如图 1-1-39 所示。③互联网:有线传播。互联网指的是全球性的信息系统,互联网信息资源丰富,能进行电子邮件的收发、召开分散于世界各地的视频会议等。光纤通信、卫星通信、互联网共同构造了现代通信的信息高速公路。

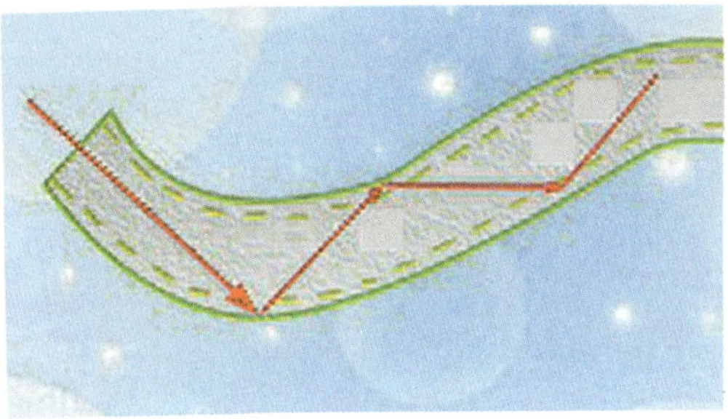

图 1-1-38

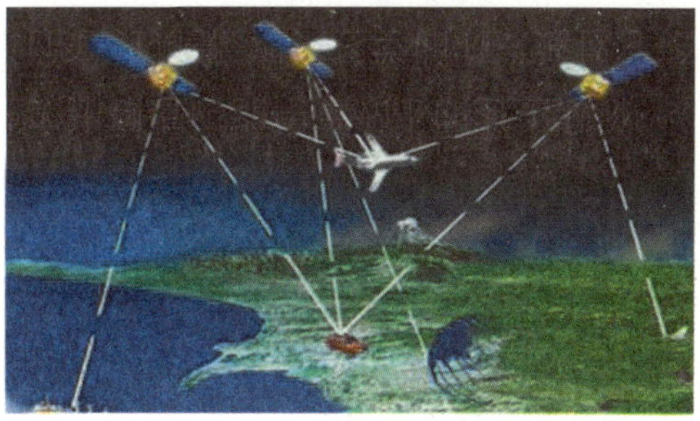

图 1-1-39

解密室

探索奥秘

当礼花、鞭炮在苏南抗战胜利纪念碑周围的空中爆炸时,人们会听到最为壮美的

“达达达嘀达”军号声。这是人们对当年抗日英雄的一种情怀错觉，而这种错觉背后的原因却是值得我们去研究的，这就是大自然的奥秘。

只要你留意并品味，周围的物理现象是太多太美了。奇特的声现象、多变的热现象、绚丽的光现象、神奇的力现象以及和谐的电磁现象，都是复杂多变的大自然物理现象中的几朵小小的浪花而已。虽然浪花很多、很美，但其背后的规律还是可以通过研究而获得的。牛顿力学能将天上的和地上的许多复杂现象，通过一个万有引力定律给统一起来，这就是科学的威力和价值。希望你通过本书的解读，能有所收获，并充满自信地去探索那些令你为之陶醉的自然现象中的奥秘。

演练场

小试牛刀

请你根据自己对上述“自然之美”的理解，结合“神奇军号”的小故事，撰写一篇“现象背后的畅想”千字文，让你的父母给其作出“合格、优秀、点赞”的评价，并将评价等级记录在书末的表格中，养成自我评价的好习惯。

第二节　再现之谜

小故事

人造彩虹

2017 年 7 月 16 日，武汉第 43 届国际渡江节主场设在武昌临江大道桥头堡，武昌区城管委出动两百名环卫工人、五十名执法人员保障渡江节周边市容环境。执法人员规劝乱摆摊设点、单车停放秩序，环卫工人保洁护航，还出动三台环卫作业雾洒车，在渡江节主席台前后及周边开展雾洒“降温除尘”保障。雾洒车的水雾开启后形成一道道美丽的“人造彩虹”，如图 1－2－1 甲所示。降温效果好，受到健儿们和观众大赞，并称环卫雾洒车的人造彩虹是渡江节最美的风景线。

图 1-2-1

2013 年辽宁举办的第 12 届全运会的开幕式，虽然贯彻了节俭的理念，但是在“人人都是演员”的口号下，观众们联手配合，在现场开起了一道绚丽的彩虹，如图乙所示。这道彩虹究竟是什么呢？原来，组委会给每个观众座位上放了张颜色纸卡，经过安排观众在某一时刻一起举起，就形成了现场看到的不停变换的绚丽彩虹。也许是从歌星演唱会中得到了灵感，保证视觉效果的同时节约了成本，又让本届全运会开幕式在没有大牌歌星参与的情况下，充满了演唱会的效果。这一安排几乎使全员参与到此次开幕式的表演中来。

还有如环卫工人在烈日下用水龙头喷水而成的人造彩虹，如图丙所示。也有在校园里利用地下水龙头喷水而成的人造彩虹，如图丁所示。

点金石

实验现象

图 1-2-1 所示的四个人造彩虹，除了图乙所示的是观众群体用颜色纸卡模拟彩虹外，其余三个彩虹的形成都是白光在细小的水珠内经过一次反射和两次折射而产生的色散现象。这种彩虹的形成必须满足两个条件，一是有白光，二是有水珠。所以天空中的彩虹必是在雨后阳光照射的时候才会出现。

其实，大自然中的许多精彩而壮丽的现象，往往是稍纵即逝的。人们为了再现那精彩的一瞬，就得用人工的方法去实现它，这就是实验。上述的人造彩虹就是一种实验现象，而不是自然现象，但是它能再现自然现象。

实验是科学研究的基本方法之一。根据科学研究的目的，尽可能地排除外界的影响，突出主要因素并利用一些专门的仪器设备，而人为地变革、控制或模拟研究对象，使某一些事物(或过程)发生或再现，从而去认识自然现象、自然性质、自然规律。其实，人造彩虹并不难，你只要按照下列步骤去做：

1. 室外实验

(1) 器材：家用装水喷雾器一个。

(2) 步骤：用喷雾器向有太阳照射的地方狂喷，产生大量水雾，你将会观察到美丽的彩虹现象，如图 1－2－2 所示。

图 1－2－2

2. 室内实验

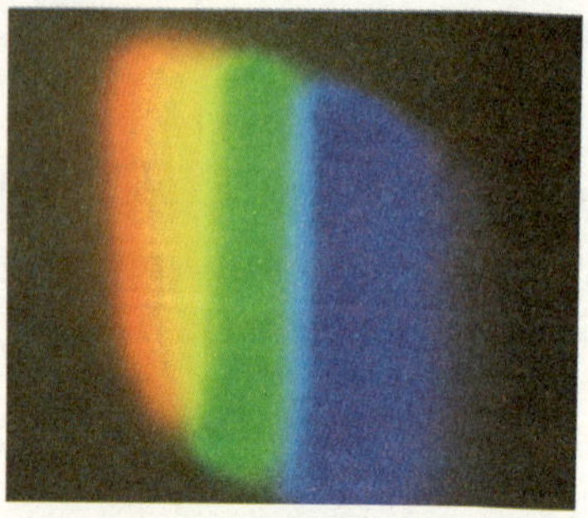

图 1－2－3

(1) 器材：手电筒、长方形托盘、镜子、白纸和水。

(2) 步骤：①在长方形托盘中倒入一些水，注意水要适量，否则会影响实验，然后把镜子斜靠在长方形托盘的左边。②打开手电筒，让手电筒的光照在浸在水中的那一个部分。③把白纸放在镜子的前面，让它接住被镜子反射回来的光。④观察一下白纸，纸面上慢慢出现了一道彩虹，如图 1－2－3 所示。

3. 圆筒实验

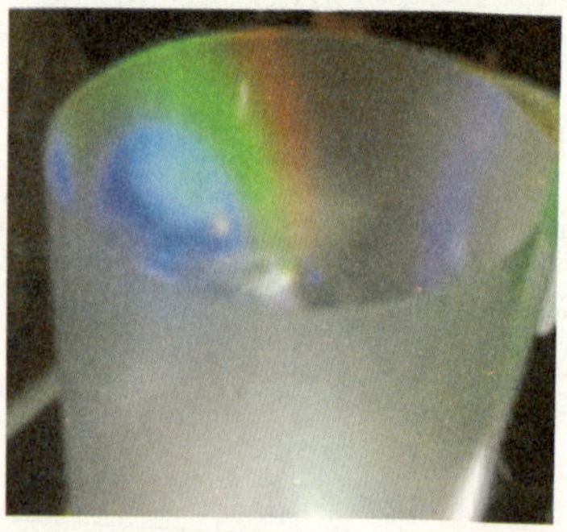

图 1－2－4

(1) 器材：在透明无色的软玻璃的内表面粘贴一层薄膜，卷成圆筒，DVD 光盘一张，手电筒一个。

(2) 步骤：打开手电筒，将白光打在倾斜放置的 DVD 光盘上，经过光盘反射的光射到圆筒的内表面，变换圆筒的位置，就会看到一道美丽的彩虹，如图 1－2－4 所示。

4. 现象剖析

手电筒的光是白色的，其实这光是由红橙黄绿青蓝紫七种不同颜色的光组成的，镜子把手电筒的光反射在了长方形托盘中的水面上，光在穿过水层时就会被水折射。由于组成白色光的各种色光在折射后所形成的角度又各不相同，所以，它们会在不同的位置射出水面，最后投在白纸上，从而形成彩虹。

信息窗

物体颜色

大千世界、色彩缤纷，舞台上的追光灯使演员服装颜色变幻莫测，如图 1-2-5 所示。那么，物体的颜色是由什么决定的呢？

图 1-2-5

(1) 不透明物体的颜色：它是由它反射的色光决定，有色不透明物体能反射什么色光，它就显什么颜色。如果各种色光都不能反射，即全被物体吸收，则该物体看上去就是黑色的；如果只能反射绿光，则显绿色；各种色光都能反射，则显白色。光射到物体上时，一部分光被物体反射，一部分光被物体吸收，如果物体是透明的，还有一部分光透过物体。不同的物体对光的反射、吸收和透过的情况不同，因而呈现出不同的颜色。其实，在图 1-2-5 中，该演员的服装不是彩色的，而是白装。因为不透明白装能发射各种色光。当舞台追光灯打出红光时，其服装就显示红色，如图 A 所示，当舞台追光灯打出墨绿色光时，其服装就显示墨绿色，如图 B 所示，当舞台追光灯打出蓝光时，其服装就显示蓝色，如图 C 所示，当舞台追光灯打出绿光时，其服装就显示绿色，如图 D 所示，当舞台追光灯打出深绿色时，其服装就显示深绿色，如图 E 所示。

(2) 透明物体的颜色：它是由它透过的色光决定的，有色透明物体能透过什么色光，它就显什么颜色。如果各种色光都能透过，则是无色的；若只能透过红光，则为红色。

解密室

物理实验

图 1-2-6

你在中学课本上学到的许多物理规律基本上都是通过实验探究而获得的。而最有纪念意义的实验就是伽利略的比萨斜塔实验，如图 1-2-6 所示。因为它开创了现代物理研究的新纪元，所以他也理所当然地成了现代物理之父、物理实验之父、牛顿肩膀上的那个巨人。

希望你能明白实验在科学探究中的地位和作用，让它成为你成才的好帮手。

演练场

小试牛刀

请你根据彩虹的形成及其人造彩虹的获取方法，撰写一篇“我的彩虹之梦”千字文。让你的父母给其作出“合格、优秀、点赞”的评价。

第三节　实验作用

小故事

课堂研究

有位教师开了这样一堂研究课，课题是摩擦力影响因素的实验研究。课堂的第一个环节，要求学生利用实验桌上提供的空酒瓶、长方体木块和弹簧秤，以及自己的学习用品，设计一个演示实验，先大组交流后推荐其中的一个有创意的实验设计在讲台上进行演示评比，并决出最佳演示实验。

该环节的课堂氛围非常活跃，四个大组共设计了 18 个方案，演示了 4 个实验，评选出一个最佳创意，如图 1－3－1 所示。大家给其作出如下评价：①空酒瓶虽然老师提供，但家家户户都有，可算是就地取材、变废为宝。②该实验只有一个同学想到了这个方案，有创意。③提出的问题“拔瓶比赛谁获胜?”既有研究的成分，还有比赛的意思。④该实验可以一个人的两只手比，左手握瓶盖右手握瓶身；也可以两个人比，一个人握瓶盖，另一个人握瓶身。⑤该实验能探究三个影响因素：因为瓶盖和瓶身的粗糙程度不同，接触面积大小不同，手握瓶的压力大小可以改变。⑥该实验操作简便，谁胜谁负，立竿见影。笔者也为该同学们的创意点赞，然后从讲台抽屉里拿出一盆鲜活的泥鳅，如图 1－3－2 所示。并对给学生说：老师为你们准备了一盆活泥鳅，开展一次捉泥鳅比赛，看谁捉到泥鳅的时间短。这真是一石激起千层浪。男同学抢先一步上来捉泥鳅，结果都抓不住，因为泥鳅太滑了。一位女同学不甘示弱，心生一计，走向讲台，用自己口袋中的餐巾纸将泥鳅裹住后将其抓了起来，时间不到一分钟。女同学纷纷为此而鼓掌。这时又有一位男同学赤手空拳走上讲台，只见他用手猛地将讲台上的抹布拿起后伸向泥鳅，10 秒钟不到就将一条最大的红色泥鳅抓了起来，欢呼声和鼓掌声顿时响彻课堂。平静之后又回到了摩擦力因素的探究上来，空手抓不住泥鳅，说明泥鳅很滑，摩擦力很小，用餐巾纸和抹布能抓住泥鳅，说明摩擦力增大了，靠的是增大了接触面的粗糙程度。用抹布抓住泥鳅的时间比餐巾纸的要少，说明抹布比餐巾纸的表面更粗糙，摩擦力更大……

图 1－3－1

图 1－3－2

点金石

实验作用

你从上述的小故事中能否感悟出实验的作用？其实，实验是你获取知识的重要途径，它对激发你的学习兴趣、提供良好的认知环境、展示学习的过程、突破学习中的重点和难点、培养你的多种能力等都有着不可估量的作用。现以中学物理的学习为例，与你探讨一下实验对你学习物理的作用。

1. 激发学习兴趣

中学阶段是你从少年期向青年期过渡的时期，是你心理发展和生理发展的关键阶段。从非智力因素的发展看，你还处于半幼稚、半成熟的阶段，是独立性和依赖性、自觉性和幼稚性相互矛盾的阶段。正是这些特点，决定了你求知欲虽强，但有可能缺乏专注；你虽对创新活动有强烈的追求，但有可能容易出现片面性；你的兴趣开始虽有一定的深刻性，对理性问题开始感兴趣，但有可表现为实用和肤浅。针对你上述的心理特点，必须重视你对学习兴趣的激发与培养。而物理实验则是激发你学习兴趣最有效和成功的一种手段，一些有趣的、神奇的实验会唤起你的直觉兴趣（好玩），从而逐步过渡到操作兴趣（想动手试一试）和认知兴趣（想知道为什么）。

例如，一位教师在引入"大气压"这一课题时，先讲了一个"魔瓶"故事，他说：《天方夜谭》中有一个魔瓶，瓶盖一打开，就有魔鬼从瓶口跑出来。然后告诉学生，讲台上也有一只魔瓶，如图 1－3－3 所示。"哪位同学敢把这只瓶子的盖子打开？不过，打开后如发现异常情况时，就迅速把盖子盖上。"

同学们跃跃欲试，其中一位同学走上讲台，其余同学全神贯注看这位同学掀盖。结果没想到瓶口没有魔鬼跑出，但瓶底却有东西跑了出了。是什么东西？是水直往下流。这位同学急忙把盖子盖上，水也就不流了。原来这个瓶子的瓶底有许多小的针孔。同样的一瓶水，为什么盖上盖子后就不能向下流呢？是不是有一个人暗中将针孔中的水给托住了呢？如果有的话，这个人是谁呢？这个人就是本堂课我们要研究的知识——大气压强。

图 1－3－3

这种以情激趣、以趣导学的演示实验，就能将学生深深地吸引住，激发学生对大气压强的好奇心和求知欲，课堂气氛就会迅速活跃起来，其教学效果是可想而知的，你说是吗？

2. 提供认知环境

在学习物理的过程中，要形成物理概念，认识物理规律，都必须以充分的物理事实为依据。这种依据，就是提供给我们的感性材料，它直接来源于大自然，一般而言，都比较复杂。如电闪雷鸣、狂风暴雨、山呼海啸，有许多因素交织在一起。仅通过这种途径，不能为中学生的你提供一个简化了的认知环境，而物理实验却能为你创设一个比较单纯的物理环境，使你获得明确具体的认识。

例如，跨步电压触电现象，通常情况，你是看不到的，当然也不希望你能看到，更不能亲身试验。如果能做一个模拟实验，就会给你留下一个直观的、深刻的印象，如图 1－3－4所示。其中的左图是模拟实验拍摄的照片，白色的是跨步电压的火花流，人一旦进入该区域，就会触电而亡。右图则是真实跨步电压触电现象的场景，火光冲天，恐怖的画面。由于左图的实验能给你提供一个活生生的物理环境，就会加深你对安全用电中不靠近高压带电体的深刻认识，并能引起你日常生活中的注意。从这一角度出发，实验还能起到为你提供一个符合你认知规律的物理环境的作用。而这一作用又是其他学科所不可比拟的，你明白了吗？

图 1－3－4

3. 引发创新思维

思维在你的学习中具有非常重要的作用，是你理解知识的必要因素，也是你巩固知识的必要条件。爱因斯坦也曾说过："发展独立思考和独立判断的一般能力，应当始终放在首位，而不应当把获得专业知识放在首位。如果一个人掌握了其学科的专业理论，并且学会了独立思考和工作，他必定会找到他自己的道路，而且比起那种主要以获得细节知识为其培训内容的人来说，他一定会更好地适应进步和变化。"思维既然对你的学习是如此的重要，那怎样才能提高你的思维能力呢？我们认为在你接受知识的过程中开展积极的思维，是提高你思维能力的最普遍的途径，其中的物理实验则是引发你创新思维的最佳途径。

例如，一个老师在教学“物体的沉浮”这一节内容时，他设计了这样的演示实验：将一个瘪的牙膏壳放进盛水的容器中，如图 1－3－5 的上图所示。老师问：它为什么沉了下去？有的学生会说因为牙膏壳比水重，也有的学生会说因为牙膏壳是金属做的，这位老师既不肯定也不否定，而是将瘪的牙膏壳弄鼓起来，再放进水中却浮了起来，如下图所示。同是一个牙膏壳，为什么会一沉一浮？面对这种矛盾现象，你的思维是否会被激活？相信你也会开动脑筋，寻找答案。这位老师让学生讨论，有些学生会想到鼓状的牙膏壳体积变大了，受到的浮力也变大了。接着老师在鼓状的牙膏壳中加进了一些沙子，并让学生观察，牙膏壳又下沉了。这时老师再问：一个浸在水中的物体，它受到浮力的大小与哪些因素有关？这个问题让学生从上述一系列的实验中，通过思维并用自己的语言来回答。学生的回答开始可能不准确、不完整，但通过讨论、补充，最终将会得出正确而完整的结论。类似这样的设问、实验、引导、分析得出结论的步骤还要往下进行，直到得出阿基米德原理的一般表达式为止。

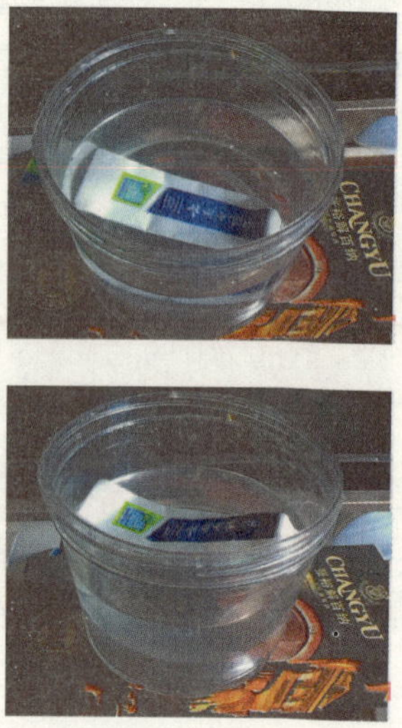

图 1－3－5

4. 展示物理过程

物理概念和规律是组成物理体系的重要部分，要使你真正理解和掌握这些概念和规律的来龙去脉，绝非是一件容易的事，尤其是对难理解和抽象的概念和规律，就更需要通过直观教学方能有效。而物理实验给你所展示的物理过程及其现象，不但比你生活中所感受的现象更深刻、更典型，而且所创设的情景也更新颖、更生动。它是帮助你建立物理概念、理解物理规律、弄清物理过程的妙药良方。

例如，牛顿第一运动定律是你接受的第一个物理规律，而在你头脑中事先存着的前概念往往会成为你学习中的巨大障碍。其主要原因并不是老师没有说清楚牛顿第一运动定律的内容，而是你头脑中已有的前概念不甚明了，解决问题的根本办法就是通过精心设计的实验来展示其整个物理过程，帮助你理解牛顿第一运动定律的真正内涵。一位老师曾设计了这样的系列实验：

实验一：这里有一个粉笔盒，水平方向上没有受到力的作用，它静止在水平的讲台上。现在用手将粉笔盒向左推，粉笔盒在推力的作用下向左运动，一松手，粉笔盒就静止不动，从而把学生引入误区，与头脑中已经形成的前概念发生共鸣，得出力是物体运动的原因的错误观点。

实验二：在讲台上放一个滚动的排球，手没有对它施加力的作用，但它却越滚越慢，最后停了下来。用实验一得出的观点进行解释，却不能自圆其说。说明实验一得出的观点经不起推敲，靠不住，为否定前概念提供了可信的物理情景。

实验三：设计一个小车，从斜面上某处滑下，并分别在铺有毛巾、棉布、木板的平面上运动直到停止的实验，如图 1－3－6 所示。观察小车在不同表面经过的距离不同，而且依次越来越大的情景，并把从实验中观察到的现象，填入已经设计好的表 1－3－1 中。为分析推理做好准备，进而推翻由实验一得出的结论，为总结和归纳出牛顿第一运动定律扫除了思想上的障碍。

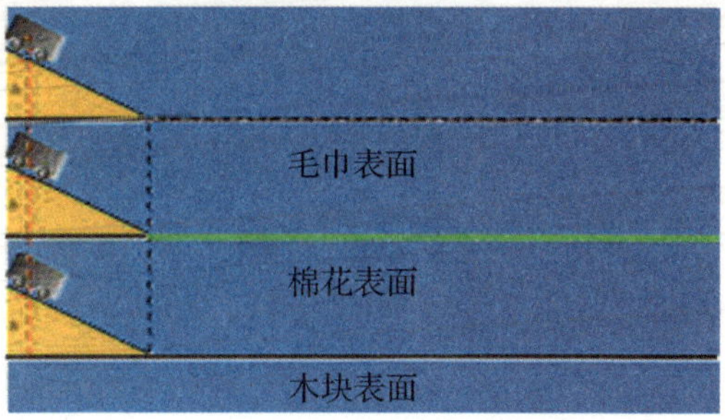

图 1－3－6

表 1－3－1

接触面	小车所受阻力大小	小车运动距离 s/cm
毛巾	大	18.30
棉布	较大	26.83
木板	小	78.52

由于上述系列实验展示了牛顿第一运动定律得出的整个物理背景和物理过程，就会使你对这一定律既学得活、又理解透、更记得牢。

5. 突破重点难点

对教材中的一些重点、难点知识，在你理解、掌握的过程中可能会感到困难重重，然而实验可以为你化难为易，帮助你突破重点、难点。

例如，密度是你学习液体压强、大气压、阿基米德原理、物体沉浮条件的重要基础，所以，密度是初中物理的重点内容。而密度的概念很抽象，又成了你学习的难点。如果你在学习密度知识的同时，认真做好用天平、刻度尺测算两个形状规则、体积不等的木块的质量和体积，用天平、量筒测出两杯分量不同的水的质量和体积。如表 1－3－2 所示。再对实验数据进行分析比较，得出同种物质所组成的物体的质量与体积的比值是一个定值，不同物质所组成的物体的质量与体积的比值一般是不同的。所以用物体的质量与体积的比值来表示物质的一种特性，就会使你在实验的基础上建立和掌握密度的概念，就能突破你学习中的这一重点和难点，使你对密度知识做到真正的理解和掌握，也为后续学习液体压强、大气压、阿基米德原理、物体沉浮条件打下扎实的基础。

表 1-3-2

实验次数	物体	m/g	V/cm^3	ρ/g·cm^{-3}
1	铝块 1	54	20	2.7
2	铝块 2	81	30	2.7
3	铝块 3	108	40	2.7
4	水 1	20	20	1.0
5	水 2	30	30	1.0
6	水 3	40	40	1.0

6. 发展关键能力

学生发展核心素养框架将核心素养的概念界定为学生应具备的，能够适应终身发展和社会发展需要的必备品格和关键能力。对物理学科而言，设计能力、概括能力、动手能力都是学生发展的关键能力，而这些能力必须在实验中才能提升。

(1) 设计能力：实验的关键在于设计，设计能力就成了你进行实验的关键能力。例如，学生吕东辰将小孔成像的演示实验由教材观察蜡烛火焰的成像特点，创新为观察扬州市地标性建筑“文昌阁”的成像特点。为此他精心设计了清晰度高的方形的小孔成像仪，在晚上夜深人静的时候，用他自制的小孔成像仪，观察文昌阁在小孔中所成的像并拍摄了照片。他因此在中国少年科学院小院士成果展示评比中荣获小院士称号，如图 1-3-7 所示。

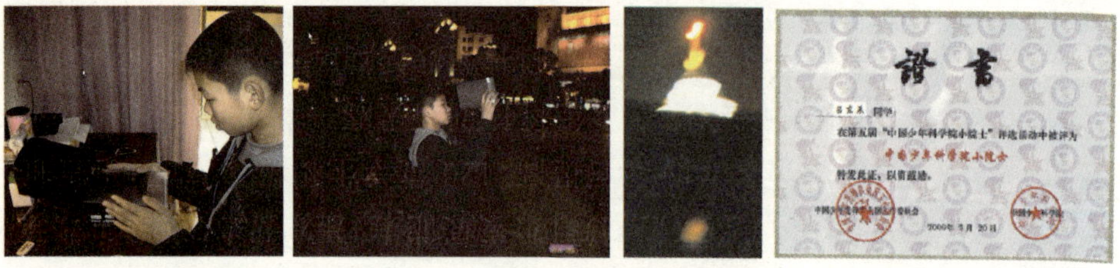

制作小孔成像仪　　用自制仪器观察文昌阁成像　　像中的文昌阁　　小院士荣誉证书

图 1-3-7

(2) 概括能力：物理学严密的结构体系，要求它的科学思维具有高度的逻辑性，而分析概括这一抽象思维的方法，在你学习物理的过程中占有特殊的地位，这种思维方法又往往建立在通过实验获得直观的物理现象之后。从这一角度而言，物理实验又是发展你概括能力的必由之路。事实上，在你通过实验感知直观的物理现象之后，应及时进行科学的分析，找出现象产生的本质原因，概括推导出规律性的东西，再上升到理性认识，归纳成物理概念或物理规律。仍以上述牛顿第一运动定律的概括为例：小车在三种粗糙程度不同的表面上运动时，观察到在“相对光滑的木板上运动的距离最长，棉布上运动的距离次之，毛巾上运动的距离最短”的现象后，分析其运动距离不等的原因，并用比较、分析、归纳、概括等方法得出实验结论。你通过这样的思维过程，就不再感到牛顿第一运动定律的抽象难懂了，也能有效地提高你的概括能力。

（3）动手能力：实验操作是你物理学习中的一个必要环节和重要内容，也是你必须掌握的一项基本技能，它直接影响你是否真正能将物理知识应用到数据生活中去。从这一意义而言，实验又是提高你动手能力、解决实际问题能力的重要途径。笔者在物理教学过程中，引导学生自己动手，亲身实验，变学物理为做物理。让学生因陋就简、变废为宝成学具，瓶瓶罐罐、土法上马做实验。用铅笔、橡皮、废纸、火柴、塑料袋、饮料瓶、易拉罐、鸡蛋、气球、注射器、乒乓球等日常生活用品设计了一百多个小实验，消除了学生对学习物理知识进行科学探索的神秘感，增加了学生全面锻炼的机会，培养和提高了学生的动手制作、实验操作的能力。而且通过实验，学生的人际交往能力（收集日常生活用品），口头表达能力（现场答辩、成果展示），创新创造能力（加工、组装、改进、发明）得到了培养，意志品质、思想品德等方面也经受了考验，得到了提高。可以这样说：物理实验将传授知识、发展能力、开发智力、激发动力等融为一体，促进了学生发展核心素养的全面提高，120 位学生积极参与的“让瓶瓶罐罐‘酷’起来”科技实践活动荣获全国青少年科技创新大赛一等奖和十佳科技实践活动奖，并在河北科技出版社出版的《青少年科技实践活动解析》241～262 页刊登，如图 1－3－8 所示。

图 1－3－8

信息窗

学生实验

小孔成像的实验探索

吕东辰、陈子珩、宫喜静、浦芸等 12 人

一、探索过程

他们分 4 个探索小组，每组 3 人，研究其中的一个问题，吕东辰为大组长。

探索一：小孔所成的像与孔的形状有关吗？（浦芸小组）

【猜想假设】A. 可能圆孔所成的像最清晰；B. 可能与孔的形状无关。

【材料准备】A. 制作小孔成像仪；B. 用扑克牌纸制成 5 张形状分别为圆形、正方形、三角形、梯形和六边形的插片，使孔的面积基本相同。

【研究计划】A. 用小孔成像仪观察远处文昌阁在光屏上的像；B. 再用其他 4 张插片控制物距一定，观察远处文昌阁在光屏上的像；C. 比较像的清晰度、颜色、正倒。如图 1－3－9所示。

图 1－3－9

【实验数据】将测量结果记录在表 1－3－3 中。

表 1－3－3

次数	小孔形状	u/m	v/cm	清晰度	像颜色	像的正倒
1	三角形	100	30	清晰	彩色	倒立
2	四边形	100	30	清晰	彩色	倒立
3	梯形	100	30	清晰	彩色	倒立
4	圆形	100	30	清晰	彩色	倒立
5	六边形	100	30	清晰	彩色	倒立

【结果分析】由表中信息可知，在物距、像距都相同的情况下，小孔所成像的清晰度、颜色、正倒情况也都相同。所以，本研究的假设 B 正确。

【研究结论】小孔成像与孔形状无关。

探索二：小孔所成的像与孔的大小有关吗？（宫喜静小组）

【猜想假设】A. 小孔越小，所成的像可能越清晰，而且越亮；B. 小孔越小，所成的像可能越清晰，但像越暗；C. 小孔越大，所成的像可能越清晰，而且越亮；D. 小孔所成的像与孔的大小无关。

【材料准备】A. 制作小孔成像仪；B. 用扑克牌纸制成直径分别为 0.5、1、1.5、2、2.5、3、3.5 mm 的 7 张圆孔插片。

【研究计划】A. 用小孔成像仪观察远处文昌阁在光屏上的像，测量物距和像距；B. 再用其他 6 张插片控制物距一定，观察远处文昌阁在光屏上的像；C. 比较像的清晰度和明暗，如图 1-3-10 所示。

图 1-3-10

【实验数据】将测量结果记录在表 1-3-4 中。

表 1-3-4

次数	d/mm	u/m	v/cm	清晰度	亮度
1	0.5	100	30	清晰	很暗
2	1	100	30	清晰	暗
3	1.5	100	30	清晰	较暗
4	2	100	30	最清晰	较亮
5	2.5	100	30	清晰	亮
6	3	100	30	较清晰	亮
7	3.5	100	30	模糊	亮

【结果分析】由表中信息可知，小孔的大小对成像有影响，小孔越小，所成的像越清晰，但像越暗。说明假设 B 正确。

【研究结论】孔径越小，像越清晰，但像越暗；孔径越大，像越模糊，但像越亮。孔径取 1.5 mm～2.5 mm 为宜，孔径为 2 mm 最佳。

探索三：小孔所成的像与物距 u 有关吗？（陈子珩小组）

【猜想假设】A. 物距越大，所成的像可能越清晰，而且像越大；B. 物距越大，所成的像可能越模糊，而且像越小；C. 物距越大，所成的像可能越模糊，而且像越小。

【材料准备】制作小孔成像仪。

【研究计划】A. 用小孔成像仪观察远处文昌阁在光屏上的像，测量物距和像距；B. 保持像距不变，改变物距，观察远处文昌阁在光屏上的像；C. 比较像的清晰度和大小，如图 1-3-11所示。

图 1-3-11

【实验数据】将测量结果记录在表 1-3-5 中。

表 1-3-5

次数	u/m	d/mm	v/cm	像大小	像的清晰度	亮度
1	>300	1.6	20	太小	太小且模糊	很暗
2	250	1.6	20	很小	较清晰	暗
3	200	1.6	20	较小	较上次清晰	较暗
4	150	1.6	20	小	较上次清晰	较亮
5	100	1.6	20	较大	较上次清晰	亮
6	80	1.6	20	大	较上次清晰	亮
7	60	1.6	20	很大	较上次清晰	亮

【结果分析】由表中信息可知，物体离小孔的距离越大，所成的像越小，像越模糊，说明假设 B 正确。

【研究结论】像距一定，物距越大，像越模糊，像越小；物距越小，像越清晰，像越大。

探索四：小孔所成的像与像距 v 有关吗？（吕东辰小组）

【猜想假设】A. 像距越大，所成的像可能越大、越暗、越清晰；B. 像距越大，所成的像可能越大、越亮、越模糊；C. 像距越大，所成的像可能越小、越亮、越模糊。

【材料准备】制作拉伸式小孔成像仪。

【研究计划】A. 用拉伸式小孔成像仪观察远处文昌阁在光屏上的像，测量物距和像距；B. 保持物距不变，改变像距，观察远处文昌阁在光屏上的像；C. 比较像的清晰度和大小，如图 1-3-12 所示。

图 1-3-12

【实验数据】将测量结果记录在表 1－3－6 中。

表 1－3－6

次数	u/m	d/mm	v/cm	像大小	像的清晰度	亮度
1	200	1.6	10	太小	太小且模糊	亮
2	200	1.6	15	很小	较清晰	亮
3	200	1.6	20	较小	较上次清晰	亮
4	200	1.6	25	小	较上次清晰	亮
5	200	1.6	30	较大	较上次清晰	较亮
6	200	1.6	35	大	较上次清晰	较暗
7	200	1.6	40	很大	较上次清晰	暗

【结果分析】由表中信息可知，光屏离小孔的距离越小，所成的像越小、越亮、越不清晰，说明假设 A 正确。

【研究结论】物距一定，像距越大，像越大、越暗、越清晰；像距越小，像越小、越亮、越模糊。

二、交流总结

四个小组综合，得出下列结论：

1. 观察物越亮，光屏越暗，小孔成的像越清晰；

2. 小孔成像与孔的形状无关，像成倒立的、彩色的实像；孔径越小，像越清晰，但像的亮度越差。孔径越大，像越模糊，但像越亮。孔径 2 mm 时最佳。

3. 物近像远像越大、越亮、越清晰；物远像近像越小、越暗、越模糊。

实验的收获感受：这次我们特地做了两个针孔成像仪，如图 1－3－13 所示。一个是用薯片罐做的，圆形，直径大约 6 cm；一个是方形，边长大约是 15 cm。为什么呢？因为查了一些资料，要想成像品质好，光屏要选大一些的，针孔要圆，孔的边缘要薄而锐利，所以就选用了塑料薄片做插片，用烙铁烫成小圆孔，然后在白色半

圆形小孔成像仪

方形小孔成像仪

图 1－3－13

透明塑料薄片上喷上黑漆，用哑光黑纸做可移动式的光屏圆筒，光线在圆筒内就不会反射。果然成像非常清晰，可惜的是数码相机拍出的照片不能完全显现光屏上的像，要是将胶片直接放在光屏上，那照片可以和网上大师们的作品有一拼了。这就是针孔相机，原来我们也可以自己制作照相机了！通过这次试验，我们发现像和实物旋转了180°，倒着的蜡烛、倒着的人像、倒着的灯笼、倒着的文昌阁……这些倒像其实揭示了一个简单的道理：光是直线传播的。这次探索更揭示一个简单的道理：科学来自生活，在生活中能够发现真理。

解密室

抓住机遇

本节从一位教师的课堂探索出发，让学生自己设计实验，大组交流，全班择优演示，从中评选出最佳创意，再从六个角度对该创意进行评价点赞。在此基础上老师再创设一个演示情景，可谓是一石激起千层浪，将探究摩擦力影响因素的探索引向又一个高潮，充分展示了演示实验对有效和高效课堂的促进作用。

由此引出实验的作用这个主题，它是你获取知识、发展能力、展示成果的重要途径，它对激发你的学习兴趣、提供良好的认知环境、展示探索学习的完整过程、突破学习中的重点难点、培养你的关键能力等都有着不可估量的作用。还以“小孔成像影响因素的探索实验”为例，让你从分工合作、创新设计、探索过程、总结提高等方面感悟实验的作用。对此，你有何收获与感受？

演练场

小试牛刀

请你结合自己对本节的解读，尤其是对实验的收获与感受，撰写一篇“我的实验感悟”千字文。让你的父母给其作出“合格、优秀、点赞”的评价。

第四节 演示实验

小故事

答辩案例

学生朱浩君在中国少年科学院小院士课题研究成果展示答辩活动中，面对评委老师，先就答辩作品“智能节电台灯”，从“灵感来源与设计原理、构件探究与组装实验、产品优势与未来设想”这四个方面，进行了简单介绍，然后作下列的实验演示，如图 1-4-1 所示。其操作过程是：①将台灯的底座打开，交代“光控继电器、光敏传感器、人体热释电红外传感器”的性能特点，如图 A 所示。②合上台灯底座，闭合开关，由于答辩教室光线充沛，光照强度较大，所以台灯始终不亮，如图 B 所示。③用手遮挡光敏三极管时，相当于光照强度较低，光敏传感器起作用，台灯亮，如图 C 所示。④人离开台灯 1.5 米后，人体热释电红外传感器起作用，台灯熄，如图 D 所示。最后与评委老师互动答辩中，始终围绕该台灯的“光暗人在灯亮，光亮人走灯熄”的显著特征和节能效果。突出其创新点：①光照强度低于设定值 300Lx，且有人活动时，日光灯自动点亮。②光线由弱变强，光照强度高于设定值 300Lx，时，灯瞬间熄灭。③人离开 3 米后，台灯自动延时关闭，延迟时间设定 1.5 分钟。④无人状态下，光照强度低于设定值时，电灯也不会亮。朱浩君的演示与答辩征服了评委，给出了高分，在与 500 多位学生的竞争中脱颖而出，总分进入前十强，荣获中国少年科学院十佳小院士，如图 E 所示。

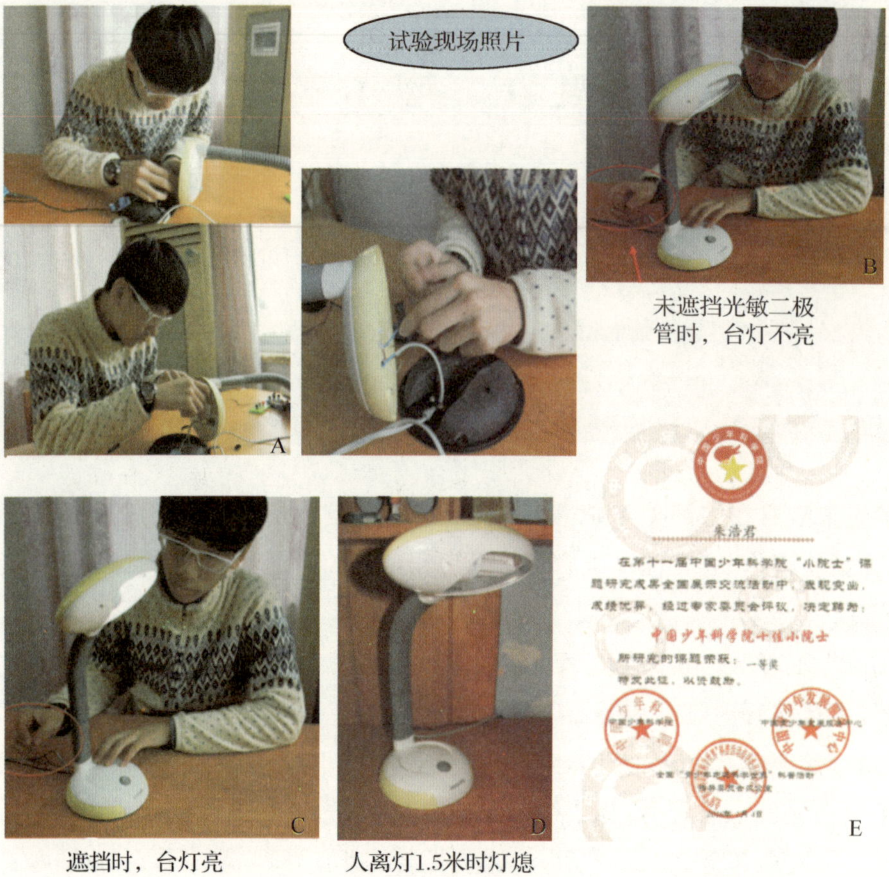

图 1－4－1

点金石

演示要求

朱浩君同学的现场答辩除了作品本身的创新特征（选题、创新性、科学性、实用性、整体性）及其本人素质（语言表达、认知程度、问题解答、仪态仪表）外，还有演示实验的成功把握，具体表现为：①打开底座，清楚交代主要构件的性能；②演示灯始终不亮；③演示灯自动亮；④演示灯自动熄灭；⑤总结“光暗人在灯亮，光亮人走灯熄”的显著特征。当然，这是比较成功的案例。

其实，评委在观看学生创新成果演示实验时，经常会发现学生对演示实验的准备不充分，对演示实验的目的尚不明确，或急于从演示中揭示其创新点，却忽视了演示实验应有作用的充分发挥，导致演示实验的收效甚微。因此，如何做好演示实验，怎样选择好演示实验，应该成为你参加科技创新大赛展示活动必须深层次考虑的一个问题。为此，对演示实验提出下列要求：

1. 目标明确

演示实验必须从创新成果的展示目的出发，在不同的研究课题和不同的创新过程中应具有不同的功效、不同的要求，采取不同的方法，从而选择和设计恰到好处的演示实验，以便引起评委、嘉宾或观众的共鸣。

(1) 生动有趣：如果你要用演示实验来引入你的创新成果，就要求你选用的演示实验所观察到的现象或结果尽可能地新奇、生动、有趣和出乎意料，使人对你研究的问题或课题，感到极大的兴趣。例如，一位学生在引入其研究课题"小乒乓、大用场"时，设计了如图 1－4－2 所示的三个演示实验。先将漏斗口朝下，再把乒乓球置于口颈处，然后从上端往下吹气，观众以为球会掉下来，但实验的结果球不会掉下来，该实验取名为"吹不掉落的乒乓球"，如图 A 所示。当往浮在水中的两乒乓球之间喷水时，观众以为两乒乓球在喷水力的作用下会分开，可实验的结果不仅不分开，反而彼此更靠近，该实验取名为"分而不离的乒乓球"，如图 B 所示。这两个演示实验既有趣，又直奔小乒乓、大用场的主题。

A　　　B

图 1－4－2

(2) 清晰明了：如果演示实验为了说明自己研究课题所揭示的相关概念或规律的，则所设计的演示实验必须符合三个条件。一是能提供必要的感性材料，二要尽可能减少中间环节或减少非本质因素的干扰，三是形成的概念必须清晰明了。例如，一位学生在研究作用在斜面物体力的作用效果时，设计了图 1－4－3 所示的演示实验。他拿出一个重物，提出问题：放在斜面上的重物可以产生什么效果？如何来验证这种效果？"斜面上的重物"是一个很生活化的情景，可以作为研究问题的感性材料。即先在斜面的下端固定一挡板，然后将两块比较疏松的厚海绵分别放在斜面和挡板前方，再将重物放置在斜面上，观察两块海绵形变发生的变化。该装置能完美地说明放在斜面上的重物分别有垂直于斜面向下和平行于斜面向下作用的两种效果，没有中间环节的干扰。当斜面的倾角增大时，发现挡板上海绵的形变在增大，斜面上的海绵的形变在减小，为"力可以按照作用效果进行分解"的方法提供实践依据，这样的演示实验对作用于斜面重物的两个分力的大小变化既清晰又明了。为建立如图 1－4－3 右图所示力的分解示意图提供了形象化的概念。

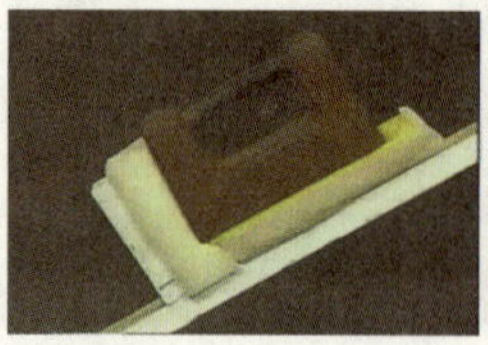

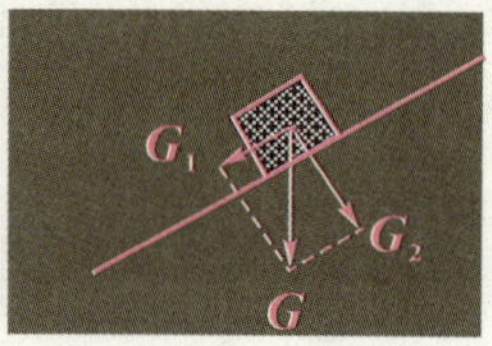

图 1－4－3

（3）启发思考：为了使你的成果有一定的推广和应用价值，就要从给人以启发和思考的角度，设计一些富有启发性和思考性，且具有一定难度和深度的演示实验。例如，在一次学校举办的少科院学生创新成果答辩时，一位学生拿出了看上去完全相同的三个乒乓球，问评委和观众：我这里有三个乒乓球，放在我的这个茶杯里，你们先猜猜看，会有哪些现象产生？几乎出乎所有人的意料。只见他慢条斯理地将这样的三个乒乓球依次逐个放入水中，发现一个漂浮、一个悬浮、一个下沉，如图 1－4－4 所示。原来，他利用注射器往其中一个球内注入适量淡盐水，调整直到乒乓球刚好悬浮在水中时用蜡封闭，另一个同样用注射器注满浓盐水并封闭。在学生调整水量、盐水浓度的基础上，从浮力和重力关系、液体密度和物体密度关系两个角度讨论交流物体浸没在液体中的沉浮条件。

图 1－4－4

2. 紧扣课题

演示实验不能只图热闹、有趣，更要紧扣课题，达到一定的目的。因此，对每一个演示实验，你都要明白：为什么要做这个演示实验？要解决什么问题？要观察什么现象？要注意什么变化？切莫无的放矢。

一位学生在研究硫代硫酸钠特性时，针对其熔化特性，在演示实验前对评委和观众设计了三个问题：①观察硫代硫酸钠在熔化前、熔化中、熔化后的温度是怎样变化的？有什么规律？②观察硫代硫酸钠在加热过程中，状态有什么变化？如何变化？③撤去酒精灯后，硫代硫酸钠还能否继续熔化？然后再做演示实验，如图 1－4－5 所示。评委和观众就在这位学生的引导下，有目的地观察，真正达到演示实验的预期效果，评委和观众才会理解其演示实验的意图，给其作出恰如其分的评价。

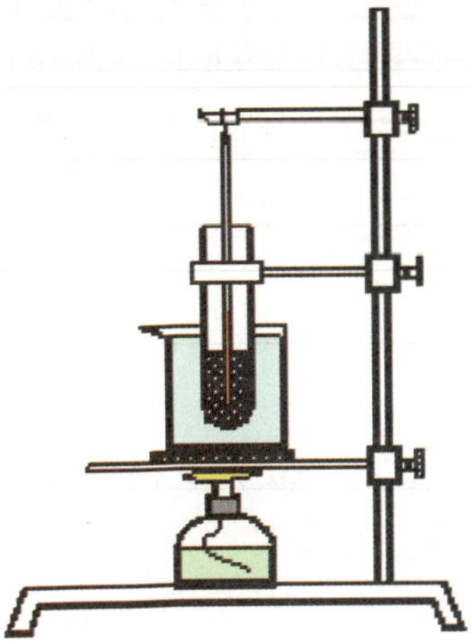

图 1-4-5

3. 突出重点

你做演示实验的目的应该是为了解决研究课题中的某一问题，或再现某一现象，从中建立概念，总结规律，也让评委或观众得到明确而深刻的印象。因此，演示实验不应内容繁琐、主次不分，而必须突出重点，内容精炼。

（1）分阶段演示：对于有些同一个实验能说明好几个问题的演示，就要根据你设计的需要，分阶段有重点地进行演示。例如，对图 1-4-4 所示的演示实验，从小乒乓、大用场入手，分两个阶段有重点演示：①物体的沉浮，②凸透镜成像。

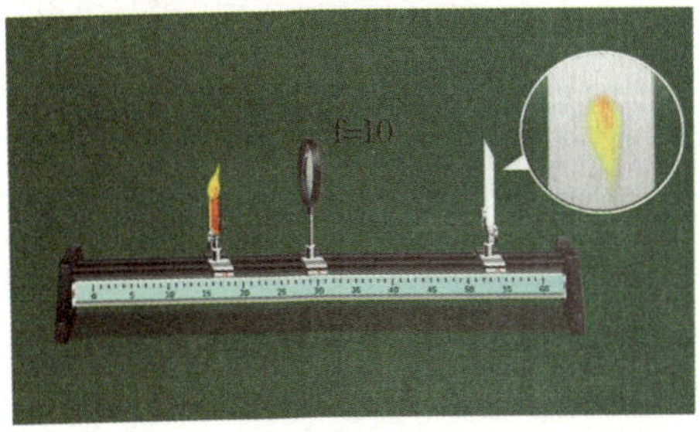

图 1-4-6

（2）有重点观察：有些演示实验，涉及多种因素，在演示时可以排除同一实验中的次要因素，以突出主要因素进行观察。例如，在探究凸透镜成像规律的如图 1-4-6 所示的演示实验中，你的注意力往往只放在光屏的成像上（光屏上的像在规律探究中只是一个次要因素），却不注意观察物距、焦距、像距三者之间关系这一主要因素，这样的演示观察对凸透镜成像规律的探究无大益处，如果你把演示观察的重点放在物距、焦距、像距三者之间的关系上，然后通过光屏上像的特征来理解凸透镜成像规律，就能收到事半功倍的效果。

甲　乙　丙　丁

图 1-4-7

（3）按顺序演示：对于一个得到较多信息的演示实验，可按一定的顺序，进行有重点的演示和观察。例如，在探究阿基米德原理的演示实验中，可以按如图 1-4-7 所示的顺序有重点地进行演示和观察。①用弹簧测力计分别测出小桶重 $G_{桶}$ 和小石块重 G，如图甲和乙所示；②将小石块浸没在装满水的溢水杯中，让排开的水流入小桶，读出弹簧测力计的示数 $F_{示}$，如图丙所示；③测出小桶与水的总重 $G_{总}$，如图丁所示，这样的测量顺序使计算得到的 $G_{排}$（$G_{排}=G_{总}-G_{桶}$）能更接近真实。

4. 确保成功

演示实验最根本的一条，就是要确保成功。如果一旦失败，就会使你的创新成果展示功亏一篑，适得其反。但是，演示实验的成功是由多方面的因素决定的。

(1) 掌握原理、抓住关键：有些电学实验，如果在演示和操作过程中稍不留心，就会出现演示效果不明显，甚至演示失败的现象。究其原因，并非是违背了实验所涉及的电学原理，而是忽视了实验涉及的力学原理。例如，在演示同种电荷相互排斥时，却出现了两棒反而有相互靠近的运动，或在演示异种电荷相互吸引时，却出现了两棒反而有相离的运动，如图 1－4－8 所示。出现这种现象的原因主要在于所选器材的力学性质对实验结果的影响，或是实验操作中不规范，使悬着的棒受到的电力矩较小。要想排除上述因素，在操作中必须注意下列三点：①两棒的正对位置离弯钩越远越好，使悬着的棒受到的作用力的力臂最长。②两棒尽量靠近，使两棒间带有电荷的部位正对面积尽量增大，使两棒间的相互作用尽量加大。③实验选用的悬挂弯钩的吊线在保证能承受棒的拉力的基础上尽量选细的，减小吊线产生绕自身轴线的扭转力矩。

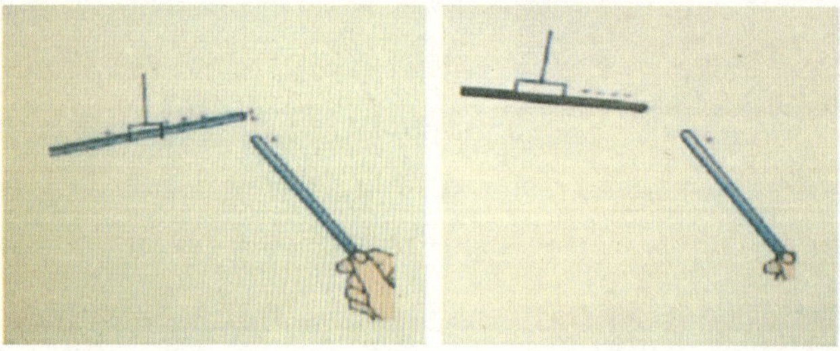

图 1－4－8

(2) 环境条件、不可忽视：静电实验与气候很有关系，尤其是阴雨季节，实验容易失败。因为静电具有“压高量少”的特点。由于电压高就容易漏电，由于电量少就经不起漏。而漏电与绝缘有关，绝缘又与潮湿程度有关。因此，在演示前，可将玻璃棒、绸子等材料预先进行烘干处理，验电器的金属杆与外壳的绝缘层改用石蜡，提高了绝缘性能，也就确保了成功，如图 1－4－9

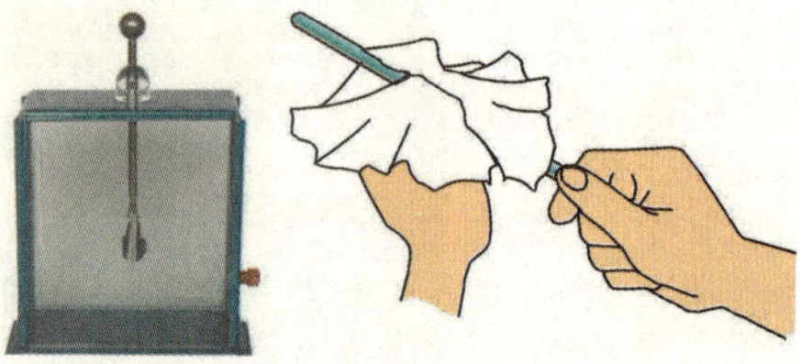

图 1－4－9

所示。

(3) 认真准备、反复试验：要保证演示实验的成功，做到万无一失，这就要求你必须做好充分准备。首先对仪器进行检查和校正，如电表的指针是否在零刻度，小磁针的磁极与所标的 N、S 是否一致。然后进行预演，预演时尽可能使外界的条件与演示地点的条件基本一致：是否备有插座？通风透光情况如何？都要你亲自去动手才行。千万不能认为：这个仪器已经使用多次，没问题。因为仪器的使用条件和使用环境有关，尤其是你到外地参加科技创新大赛的实验演示，更应该以高度负责的态度认真对待，切莫大意。对易损坏的器材如试管和温度计等最好备有两套，以免因偶发事故而影响演示实验的正常进行。

5. 简单易行

演示实验必须坚持简单易行的原则，尽可能地选择和利用日常生活中常见的物品作为器材而组装成仪器。

(1) 因陋就简：就是采用身边已有器材进行改装。例如，一位学生在演示沸点与气压关系的实验时，他利用其母亲在医院工作的有利条件，用一支大号注射器，吸入适量红色的水，排除内部气体后，用橡皮帽将针尖封住，如果使劲将推杆往外拔，就会看到常温下的水也会很快沸腾起来，如图 1－4－10 所示。

图 1－4－10

(2) 就地取材：可以利用日常生活中的瓶瓶罐罐，变废为宝，作为演示器材。例如，一位学生利用饮料瓶可以做测瓶的高度，瓶口、瓶底的直径，瓶的容积等测量性实验；可以做研究惯性、大气压、浮力产生的原因、物体沉浮条件等探究性实验；还可以做钟罩实验、喷泉实验、神奇的气球系列实验、水瓶的歌声实验、静摩擦实验和一些有关热现象的实验。一位学生用一个饮料瓶和一根吸管创新成为虹吸演示器，如图 1－4－11 所示。成功演示了明朝开国皇帝朱元璋用一只“九龙杯”宴请文武大臣的故事，揭示了“九龙杯”那“知足者水存，贪心者水尽”的虹吸原理。

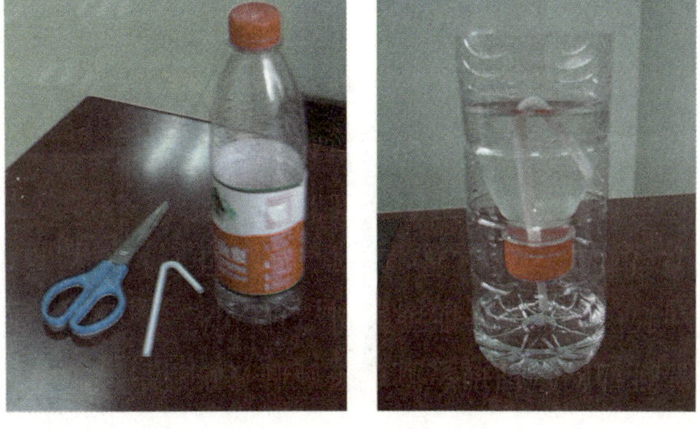

图 1－4－11

(3) 操作简便:操作是否简便是评价其优劣的试剑石。例如,为了验证空气有质量,一位学生做了这样的实验:在杠杆的左右两端各挂一个气球,调节好杠杆平衡,如图 1-4-12 所示。然后用细针刺向红色的气球,使其放气,会明显看到被刺的红色气球上升,说明其质量减少,减少的原因是红色气球刺破后,内部的空气被放走了,即放走了的空气有质量,其操作过程非常简便,而且效果又十分明显。

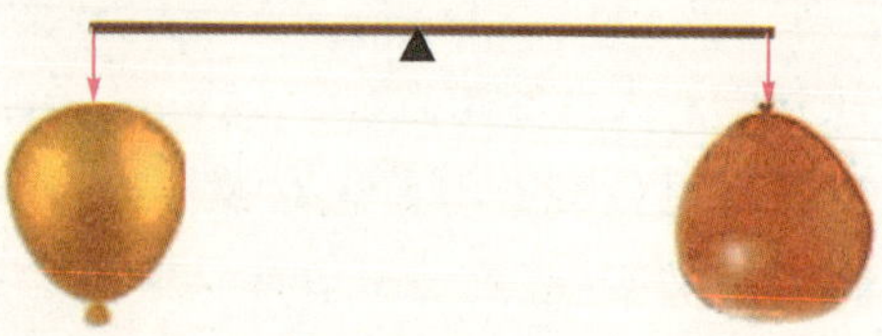

图 1-4-12

6. 效果明显

演示实验效果的关键在于对观察到的现象可见度要大、可信度要高,才能真正起到演示的作用,你可以从以下五个方面入手。

(1) 扩大尺度:为了使评委和观众在不同的方位都能看清楚使用的仪器,必须达到一定的尺寸。有些仪器不宜做得太大,做大了会影响实验效果。例如,在探究磁化的实验中,细铁屑若用大头针代替,则效果就不太明显;在探究带电体吸引轻小物体的实验中,如果纸屑做大了,纸屑就吸不上来;在探究分子引力的实验中,铁丝圈做大了就不会产生肥皂液薄膜了,这时可以用投影仪把较小的仪器或实物投影到屏幕上去,效果就十分明显。尤其是对某些变化微小不易觉察的实验现象,还可以通过光、电或机械等各种装置来放大演示的效果。例如,音叉发声时的振动不易用肉眼观察,可以用手触摸音叉感觉到麻,或将振动的音叉置于水中,通过溅起的水花来认识,如图 1-4-13 甲所示。还可以利用图乙所示的乒乓球来放大音叉的微小振动,在乒乓球上用胶带粘上一根细线,悬挂在铁架台下,让乒乓球慢慢接触正在发声的音叉,会看到音叉迅速把乒乓球弹开,乒乓球在重力作用下又回落,再次与音叉接触,又被弹开,直到音叉停止振动。也可以用它来证明其他一些发声体是振动的,还可以通过观察乒乓球弹开的远近来探究响度与振幅的关系。

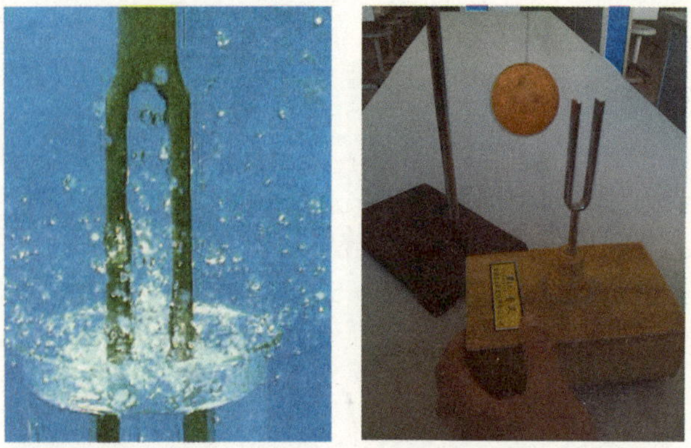

甲　　乙

图 1-4-13

(2) 增加高度：为了使所有观众都能够把演示实验看得清楚，演示的器材必须放置在一定的高度，通常可以在桌子上垫一张小凳子，再把器材放在垫高了的小凳子上，就可以提高演示实验的高度。还有的如用细铁屑来显示磁铁或通电螺线管周围磁场的分布情况的演示实验中，细铁屑在玻璃板上的分布是平面现象，观众不太容易看清楚，如图 1-4-14 所示。这时可以用投影仪把图示情况投影到屏幕上去，就能使在场的所有观众都能看清楚。

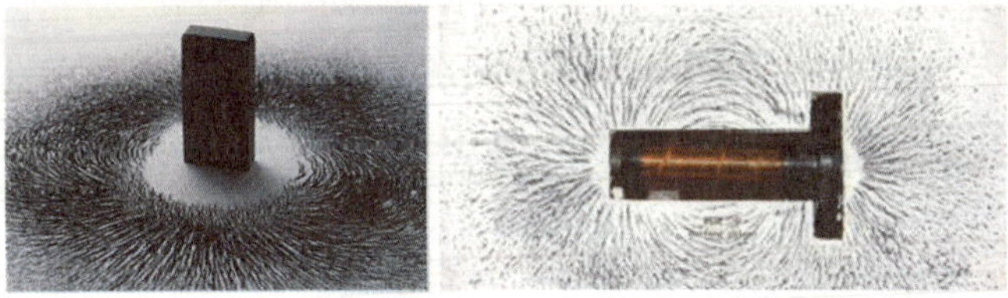

图 1-4-14

(3) 对比色度：根据心理学的相关原理，对比度大的色彩能吸引观众的注意力。为了把不太明显的部分显示出来，可以用染色处理或背景衬托的方法，在待观察的现象和背景之间形成鲜明的色彩对比。例如，一位学生在研究物体的热膨胀性能时，用图 1-4-15 所示的实验装置，其色彩的对比度很强烈，他用手握玻璃瓶，会清楚地看到白色玻璃管中的粉红色液柱先下降后上升的现象。该实验有两个特色：一是细玻璃管有放大的功能，它将玻璃瓶受热后的微小的热膨胀通过细玻璃管中液柱的升降来实现。二是色度的对比，白色的细玻璃管在紫红色背景的衬托下，将其管内粉红色液柱的升降显示得淋漓尽致。当手握玻璃瓶的那一瞬间，看到粉红色液柱在白色的细玻璃管中下降，这是由于玻璃瓶先受热膨胀，容积增大，玻璃瓶内粉红色液面的微小下降放大为白色细玻璃管中粉红色液柱的明显下降。随后看到粉红色液柱在白色细玻璃管中上升，是由于玻璃瓶内粉红色液体随后也受热膨胀，而且液体的热膨胀性能比固体的要好，粉红色液体的体积增大量要超过玻璃瓶容积的增大量，所以粉红色液体的液面要上升，虽是微量的，但通过白色细玻璃管的放大，能清楚地显示出来。

图 1-4-15

(4) 变换程度：为了更好地理解和掌握研究对象的规律，有时候不只是能看到一些静态的现象，还要观察到现象的变化和发展过程。例如，用演示磁铁吸引铁屑的实验来说明两个不接触的物体之间也能发生力的作用。但是当磁铁慢慢地靠近铁屑时，不容易观察到磁铁与铁屑之间发生的“虽不接触，但能相互吸引”的短暂过程，只是看到磁铁吸引铁屑的结果。如果改用图 1-4-16 所示的

图 1-4-16

演示实验，把两个条形磁铁放在两个小车上，再把小车放在玻璃板上，让两磁铁的同名磁极相对应，先使两小车靠近再松手，可以看到两小车因为同名磁极相互排斥而反向运动。这既表明了不接触物体间有力的作用，又表明物体间力的作用是相互的。对于那些过程短暂而又无法用其他实验替代的演示实验，可以先用摄像机拍摄下来，再用放慢镜头的方法，看清楚其具体的过程。

(5) 提高广度：演示实验应尽可能给观众以多种感官的刺激，如蒸发需要吸热的演示实验中，可以用棉球蘸一些着色的酒精擦在手指上，就会看到酒精斑变小的同时，还能闻到酒精的香味并伴随有凉快的感觉，从视觉、味觉、触觉三个方面留下深刻的印象。演示时，还可以让观众同时观察几个类似的实验，来增大观察范围。例如在伽利略实验中，小车在三个不同表面运动的实验依次演示，如图 1－4－17 所示，容易使观众造成从斜面滚下来，到水平面时的速度不等的错觉，也容易使思维中断，影响逻辑推理。如果利用磁控或机械装置让三个小球在相同的高度同时滚下，就会看到三个小球在不同粗糙表面的轨道上滚动的距离。这样的演示实验，可以给观众形成完整的感性认识和连贯的逻辑推理，从中得出正确的结论。

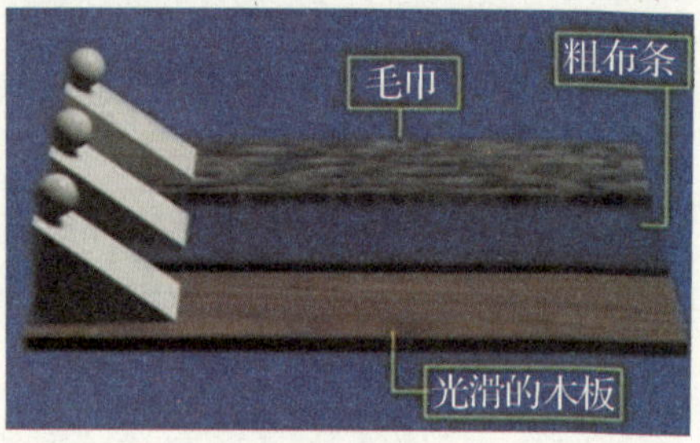

图 1－4－17

信息窗

演示类型

演示实验按照其目的、要求的不同，分为下列四种类型。

1. 导入类实验

这类演示实验的目的是为了在答辩时简洁明快地揭示研究的课题，创设一个适当的思维空间，为接受你的研究内容打下良好的心理基础。所以，在答辩的时候，精心设计一些贴近研究课题实际的小实验，通过这些生动、有趣、新奇的小实验，能为后续介绍你的创新成果开创良好的答辩氛围。

图 1－4－18

例如，一位学生用如图 1－4－18 所示瓶口吞蛋的演示实验来引入他对大气压强课题的研究。由于该演示实验简单易做、成功率高，现象又十分明显，还非常有趣。既得体地导入了研究课题，又渲染了氛围，还为后续答辩的成功奠定了基础。

2. 验证类实验

这类演示实验是在建立概念和得出规律后进行的演示实验，它对你研究的结论起论证的作用，它不仅是你课题研究的重要内容，也是你必须具备的基本技能。

例如，一位学生用图 1－4－19 所示的实验来验证“液体内部压强的公式”，他用一个饮料瓶，在瓶的侧壁刺两个高低不同的小孔，并用手将这两个小孔堵住后往瓶内装满水，松开手后，水就从两个小孔中自然喷出，而且从下面小孔中喷出的水流远，验证了液体压强公式 $p=\rho gh$ 中的液体压强与其深度的关系：深度越大，水喷得越远，液体的压强也就越大。

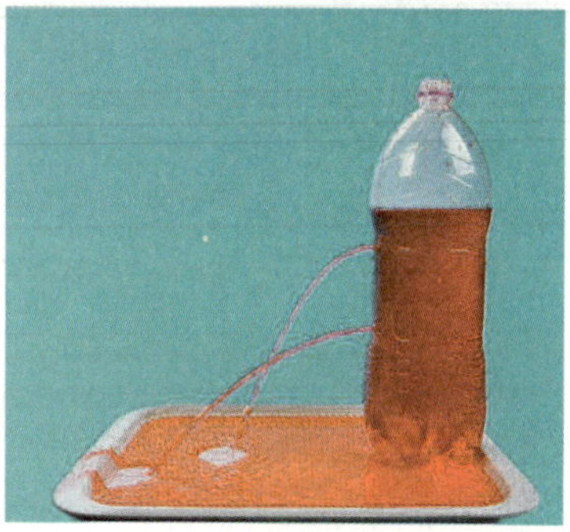

图 1－4－19

3. 探索类实验

这类演示实验是为了再现相关现象，并通过观察、探索来揭示规律。这类演示实验在中学物理教材中占据了相当大的比例。

例如，一位学生在研究物体的沉浮条件时，他将牙膏壳、小番茄、橡皮泥、小药瓶（内装适量小铁钉）、鸡蛋等材料放入盛水的塑料瓶中，如图 1－4－20 所示。并将物体浮沉情况依次记入表 1－4－1 中。然后提出下列系列问题：①怎样使上述实验中上浮的物体下沉？②下沉的物体上浮？③鸡蛋既不能改变重力，又不能改变体积，有什么方法使其上浮？（将改变物体浮沉的方法及其原理填入表中）④由此可得出哪些结论？这样的探索实验真正体现了探索的过程，有思维深度。

图 1－4－20

表 1－4－1

物 体	浮沉	改变物体浮沉的方法	原 理
牙膏壳	漂浮	将其压卷（减小排水体积）下沉	减小浮力
		往壳内灌水（增加重力）下沉	增大重力
小番茄	漂浮	往苹果内插若干铁钉 下沉	增大重力
橡皮泥	沉底	捏成空心（增大排水体积）上浮	增大浮力
小药瓶	悬浮	瓶内取出铁钉（减小重力）上浮	减小重力
鸡 蛋	沉底	水中加盐（增大液体密度）上浮	增大浮力

4. 应用类实验

这类演示实验是为了解决你研究课题的推广与应用，与日常生活、生产实际有着十分密切的联系。这对你动手能力的培养、理论联系实际思想的熏陶和科学素养的提高极为有利，有的还带有模拟的性质，让你从中弄清构造原理。

图 1－4－21

例如，一个学生在大气压强的应用环节，他挑选了身高体壮的男生和身材瘦小的女生配合进行演示：让他们两人各持形状完全相同的两水壶，如图 1－4－21 所示。进行喝茶比赛，结果瘦小的女生很快将壶中的茶水喝完，而体壮的男生鼓足了劲也不能将壶中的茶水喝进口中。原来，男生的那只茶壶盖上小气孔给堵住了，大气压不能起作用。同学们在一片欢笑声中明白了人喝茶不是喝进去的，而是被大气压压进去的道理。

解密室

演示实验

演示实验是你对外展示创新成果时，由你自己操作示范的实验。它是深受评委或观众欢迎的实验形式，是你施展创新才能的独特方法。它能化抽象为具体，变枯燥为生动，把要研究的科学现象清楚地展示在评委和观众面前。能引导评委和观众的观察和思考，达到“事半功倍”的效果。

演示实验按照其目的、要求的不同，分为导入性、验证性、探索性和应用性这四类实验。其中探索性和应用性两类实验是你成果答辩的重点。

为了充分发挥演示实验在你展示创新成果时的特殊作用，必须明白演示实验的基本要求：①从课题研究的目标出发，选择和设计恰到好处的演示实验。②演示实验必须紧扣课题，突出重点。③演示实验的关键是确保成功，你要认真准备，反复试验。你要知道，事实胜于雄辩，演示实验一旦失败，你的创新成果就会被评委和观众怀疑。④演示实验还必须操作简便，效果显著。

演练场

小试牛刀

爱因斯坦有一个著名公式：A＝X＋Y＋Z，请你自己查找并学习后，分析自身的X、Y、Z，撰写一篇“我的成才梦想”千字文。让你的父母给其作出“合格、优秀、点赞”的评价。

第五节　观察方法

小故事

壶盖跳动

在英国格林诺克的小镇上，家家户户都是生火烧水做饭。对这种司空见惯的事，有谁留过心呢？可有个年轻人对其祖母的生火烧水做饭发生了兴趣。这个年轻人，不是别人，正是因此而发明蒸汽机的大发明家瓦特，如图 1－5－1 所示。

图 1－5－1

有一天，他看到一壶开水沸腾时壶盖在啪啪啪地作响，并不停地往上跳动。他观察了好半天，感到很奇怪，猜不透这是什么缘故，就问祖母说：“什么玩意使壶盖跳动呢？”祖母回答说：“水开了，就这样。”他没有满足，又追问：“为什么水开了壶盖就跳动？是什么东西推动它吗？”可能是祖母太忙了，没有工夫回答，便不耐烦地说：“不知道。小孩子刨根问底地问这些有什么意思呢？”这位年轻人在他祖母那里不但没有找到答案，反而受到批评，心里很不舒服，可他并不灰心。连续几天，每当做饭时，他就蹲在火炉旁边细心地观察。起初，壶盖很安稳，隔了一会儿，水要开了，发出哗哗的响声。突然，壶里的水蒸气冒出来，推动壶盖跳动了。蒸气不住地往上冒，壶盖也不停地跳动着，好像里边藏着个魔术师，在变戏法似的。他高兴极了，几乎要叫出声来。他把壶盖揭开盖上，盖上又揭开，反复验证。他还把杯子、调羹遮在水蒸气喷出的地方。他终于弄清楚了，是水蒸气推动壶盖跳动，这水蒸气的力量还真不小呢。

水蒸气推动壶盖跳动的物理现象就成了瓦特发明蒸汽机的认识源泉。1769 年，瓦特把蒸汽机改成为发动力较大的单动式发动机。后来又经过多次研究，于 1782 年完成了新的蒸汽机的试制工作。机器上有了联动装置，把单式改为旋转运动，完善的蒸汽机发明成功了，如图 1－5－2 所示。

图 1－5－2

点金石

观察方法

瓦特通过观察其祖母生火烧水做饭发现壶盖被冒出来的水蒸气推动而跳动，正是这个伟大的发现，才有了蒸汽机的伟大发明，才有了人们对他发明的蒸汽机的赞颂："它武装了人类，使虚弱无力的双手变得力大无穷，健全了人类的大脑以处理一切难题。它为机械动力在未来创造奇迹打下了坚实的基础，将有助并报偿后代的劳动。"这一切的源泉，来自于他科学的观察方法。

1. 自然观察法

自然观察法就是对大自然中所存在的景色进行观察，如第一节中的自然之美。自然观察应注意选好观察点和观察对象，做好记录，并应进行多次原地或异地观察。

例如，朱自清的《荷塘月色》，描写的是"荷塘"和"月色"这两种景色，都来自于他对这两种自然景色的细微观察，如图 1－5－3 所示。你只要细细描摩，有多种观察方法。

图 1－5－3

(1) 选择观察:朱自清对荷塘观察是有选择性的,他选择了荷叶、荷花和荷香。他是这样描写荷叶的:“叶子出水很高,像亭亭的舞女的裙。”如果我们抛开特定的环境,用“青翠的玉盘”来比喻行吗? 当然行,而且表现力还相当强,这样的描写既绘出了荷叶的色,又表现了荷叶的质,还状摹了荷叶的形。然而这种比喻只好在朝霞、夕照里,或蒙蒙细雨中,绝不能在淡淡的月光下。夜不辨色,更难辨质,月色中所见的荷叶,主要是其自然舒展的形态,与裙十分相似,更赋予叶子一种动感美。

(2) 重点观察:朱自清把上述对荷叶、荷花和荷香的选择性观察的重点放在了荷花之美上,所以他写荷花,连用了三个比喻:“层层的叶子中间,零星地点缀着些白花,有袅娜地开着的,有羞涩地打着朵儿的;正如一粒粒明珠,又如碧天里的星星,又如刚出浴的美人。”朦胧的月色中把荷花看成美人,而且是刚出浴的,朦胧之感恰到好处。相反,若不是在朦胧的月色中,而将荷花比作“明珠”和“星星”就也有几分牵强。

(3) 多官观察:朱自清对荷叶、荷花的观察,依靠的是眼睛在看,而对荷香的观察则是依靠鼻子的闻。其实,多官观察包括眼看、耳听、鼻闻、口尝、肤感这五种方法。朱自清是这样描写荷香的:“微风过处,送来缕缕清香,仿佛远处高楼上渺茫的歌声似的。”这种断断续续、似有似无的感觉绝不会产生于书声琅琅的清晨,也不会产生于阳光刺目的中午,只能产生于寂静的月夜。霎时,荷香如歌,似有若无,花叶颤动,流波溢彩,叶、花、形、色、味浑然一体。人也在微风中全身心地沉醉在这荷塘美景之中了。

(4) 全面观察:朱自清对月色的观察,既有直接的,也有间接的,直接描写的只有一句:“月光如流水一般,静静地泻在这一片叶子和花上”,而更多的则是间接的以影写月,写出了荷塘月色的全面:“薄薄的青雾浮起在荷塘里。叶子和花仿佛在牛乳中洗过一样;又像笼着轻纱的梦。”叶下的流水被密密的叶子遮住而不能看见,叶上“如流水”一般的月光却在“静静地泻”着,一个“泻”字,化静为动,使人看到了月光的流动感;“薄薄的青雾浮起在荷塘里”,一个“浮”字又突出了雾的轻飘朦胧。叶子和花在薄雾笼罩下,迷迷蒙蒙,仿佛在牛乳中洗过一样,如梦似幻。月色迷蒙柔和、薄雾轻笼飘浮,这月下的荷塘真是恍如仙境了!“弯弯的杨柳的稀疏的倩影,像是画在荷叶上。”杨柳的倩影不是“投”在荷叶上,而是“画”在荷叶上,仿佛是一位绘画高手在泼墨挥毫,精心描绘一般,使投在荷叶上的影子贴切自然、美丽逼真,富有情趣。“光与影有着和谐的旋律,如梵婀玲上奏着的名曲。”月色清淡,黑白相间的光和影犹如和谐的旋律,荷香缕缕,水乳交融,作者如此细腻入微的感受真是令人如痴如醉!

(5) 对比观察:这是把两个以上的事物有比较地对照进行观察的方法。朱自清则是将点缀于荷叶之间的荷花喻为“刚出浴的美人”,再与采莲少女

图 1-5-4

荡舟出湖，做观察对比，如图 1-5-4 所示。原来不是“载歌载舞”，而是唱着艳歌去的，歌中唱道：妖童媛女，荡舟心许…鹢首徐回，兼传羽杯；櫂将移而藻挂，船欲动而萍开。尔其纤腰束素，迁延顾步；夏始春余，叶嫩花初，恐沾裳而浅笑，畏倾船而敛裾。读着朱自清的《荷塘月色》，便宛若置身荷塘一般，仿佛在那幽径上走着的是自己了。那亭亭碧绿的荷叶，那婀娜多姿的荷花，月色迷蒙、薄雾缭绕的荷塘便又展现在眼前。这就是朱自清对大自然的观察魅力。

2. 实验观察法

实验观察法就是在人工控制的环境中进行系统观察的一种方法。它不仅要有明确的观察目的和周密的实施计划，而且要尽可能精确地观察对象的行为表现、影响因素以及它们之间的相互关系。

(1) 全面观察：它是指对某一事物的各个方面都要进行观察，以求对事物有个全面的、深刻的了解，从而对所观察的事物的认识达到整体美的高度。事实上，哪怕是一个简单的物理实验，也往往是多种现象相伴而出，如两个物体相互摩擦时既生热又起电。所以在观察时，要善于在事物和现象之间注意到各种显著和虽不显著而又至关重要的属性特征，就必须要掌握全面观察的方法。例如，观察水的沸腾实验，如图 1-5-5 所示。既要观察水的状态变化（液态和气态），又要观察水温度的变化（升高、不变）；既要观察剧烈的现象（沸腾），又要注意隐蔽的变化（蒸发）；既要观察水在沸腾前和沸腾时气泡大小的变化（变大或变小化），又要注意气泡多少的变化（变多或变少），还要观察音调的变化（升高或降低），如图 1-5-6 所示；既要观察持久的（温度计受热膨胀、液柱上升），又要注意稍纵即逝的（温度计刚受热的瞬间液柱下降）；既要注意观察情理之中的（水的沸点是 100℃），又要捕捉意料之外的（水在 98℃时也能沸腾）。这样多角度、全方位地对实验现象进行观察训练，才能掌握实验的全貌，也只有全面分析各种现象的内在联系，才会得出合理正确的结论。

图 1-5-5

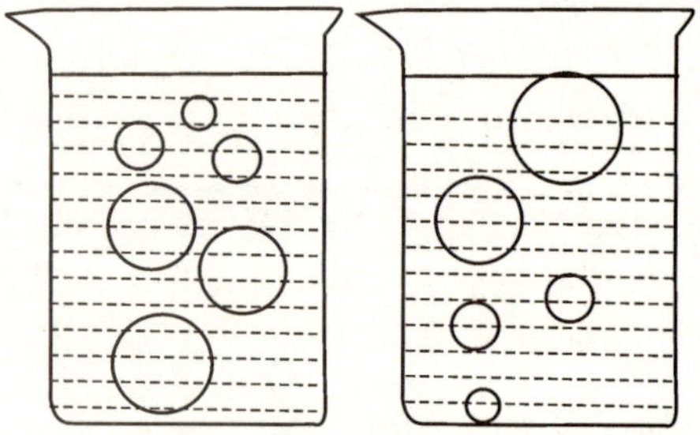

图 1-5-6

(2) 对比观察：这是为了区别类似现象，把两个或两个以上的事物加以对照比较，进行认真观察，以获得清晰印象的一种观察方法，其本质是科学思维方法在观察中的

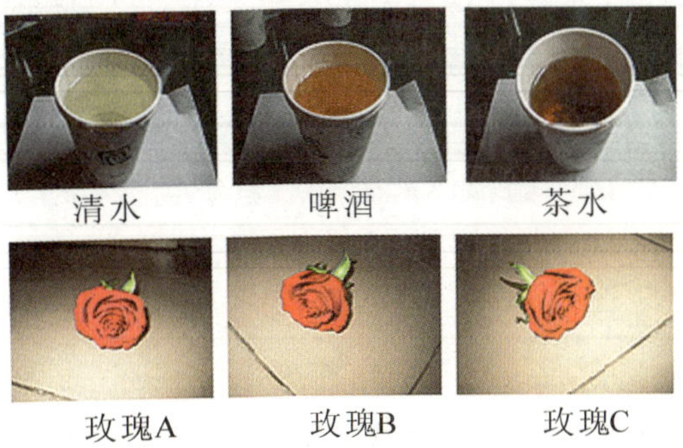

图 1-5-7

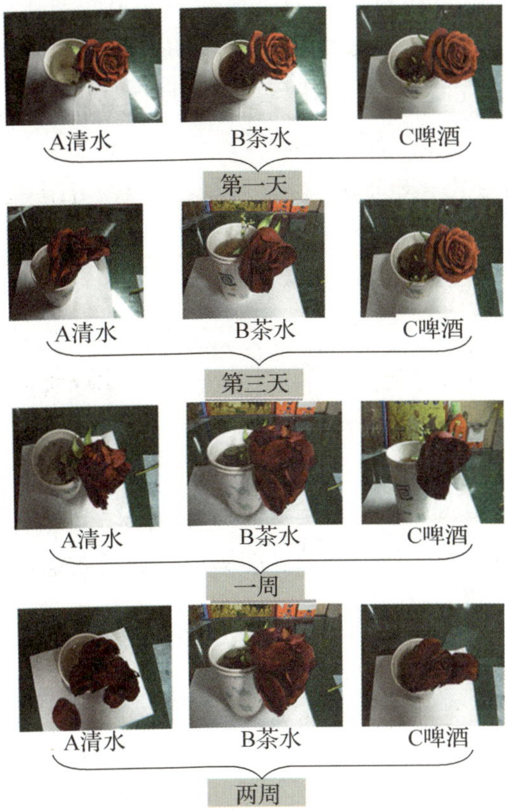

图 1-5-8

一个具体应用，它可以大大加快对事物本质的认识。例如，学生刘睿瑶“玫瑰花保鲜技术的实验研究”实验。她的实验过程如下：①进行实验：将 A、B、C 三株玫瑰分别插入清水、茶水和啤酒中，如图 1-5-7 所示。第一天、第三天、一周后、两周后分别观察三个杯子中的玫瑰花的生长情况，并用数码相机将其拍摄下来，如图 1-5-8 所示。②实验记录：将实验的结果记录在设计的表 1-5-1 中。③结果分析：根据拍摄的照片和记录的数据分析可知，玫瑰花插在清水里三四天就逐渐枯萎，插在茶水里 7 天内不会凋谢，而插在啤酒里能维持两周。④得出结论：玫瑰花放在啤酒中能延长保鲜期。⑤原因分析：玫瑰花放在啤酒中能延长保鲜期这是因为啤酒中含有乙醇，能为花枝切口消毒防腐，又含有糖及其他营养物质，能为枝叶提供养分。该作品在中国少年科学院小院士课题研究成果展示活动中获二等奖，刘睿瑶同学被评为中国少年科学院预备小院士，如图 1-5-9 所示。

图 1-5-9

表 1-5-1

花放置杯号	第一天	第三天	一周	两周
A(清水)	正常	花瓣褪色干皱	枯萎	已死
B(茶水)	正常	花瓣稍有褪色	干皱花瓣耷拉	枯萎
C(啤酒)	正常	正常(无明显变化)	稍有褪色	花瓣无明显干皱

（3）有序观察：有效的观察必须是有序的，因为被观察对象本身的变化活动是按照其自身规律依次出现的。如果观察无序，就难以保证观察结果的全面、具体、科学、合理。更何况有序观察还可以使我们准确地把握实验的程序，这就为我们分析实验中观察到的现象创造了条件，从中也可以提高自己的实验操作能力和观察能力。例如，《探究液体内部压强》的实验过程如图 1－5－10 所示。可按下列顺序观察：①用手指挤压在压强计金属盒上的橡皮膜，观察橡皮膜受压时，U 形管的两管液面的高度差是否会发生变化，如图 A 所示。②将压强计的金属盒放入盛有一定深度水的烧杯中，观察 U 形管的两管液面是否出现高度差？根据观察判断水的内部是否存在压强？改变橡皮膜所对的方向，再观察 U 形管的两管液面，根据观察判断水是否向各个方向都有压强，如图 B 所示。③将金属盒放入水的不同深度，观察水的压强随深度怎样变化？如图 C 所示。④保持金属盒所在处的深度不变，使橡皮膜朝上、朝下、朝各个侧面，观察比较同一深度的水，向各个方向的压强大小有何关系？如图 C、D、E 所示。⑤再观察同一深度的清水和盐水，其压强大小有怎样的关系？如图 E、F 所示。

这样有目的地把上述时间、空间、程度等变化有机地结合起来，组成观察顺序，就可以有条不紊地全方位、多角度观察，保证了观察的全面合理，因此有序观察应成为训练和培养学生观察能力的基本方法。它能给人以思路美的感觉。

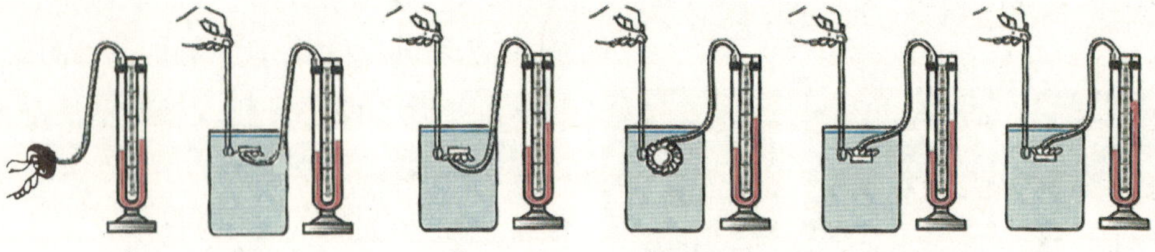

图 1－5－10

（4）重点观察：利用图 1－5－11 所示的音叉，可以做有关声现象的系列实验。它包括研究声音产生条件的实验、研究响度影响因素的实验、研究音调影响因素的实验、研究音色影响因素的实验、研究声能及其传递的实验。而重点观察是按照某种特殊的目的和要求，只对被观察事物的某一个或某几个方面作特别细致的观察，以便对其有更深入的了解，其实质就是排除同一事物中次要因素，而突出其主要因素所进行的一种观察方法。①选择观察：为了确保

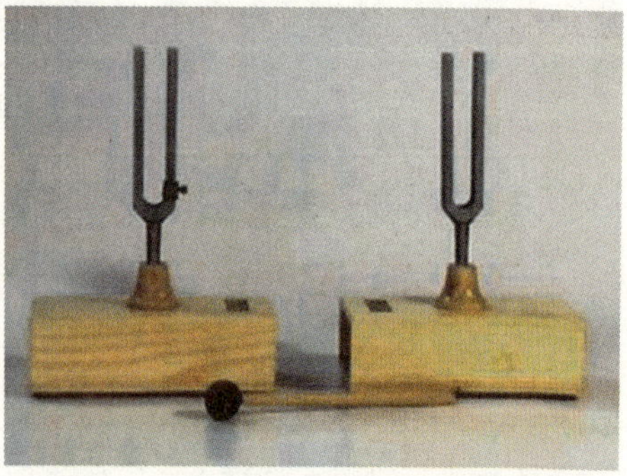

图 1－5－11

观察的重点，就需要对上述系列实验进行选择。例如选择“研究声音产生条件的实验”，其研究对象为音叉，观察对象也为音叉，用棒槌敲响音叉时，音叉振动发声，但是用眼睛看音叉的振动不太明显，所以选择用手摸正在发声的音叉或将其接触你的脸颊，你会感觉手或脸颊有发麻的感觉，说明音叉发声时在振动。②多官观察：刚才用你的手或脸颊，依靠皮肤的触觉来观察音叉的振动。当然也可以用图 1－5－12 所示的实验，用眼睛看敲响的音叉接触水面时溅起水花。如果在水中加一些带颜色的香水，你会看到溅起有颜色水花的同时，还能闻到一股清香和听到一丝声响。还可以用图 1－5－13 所示的器材，通过你耳朵听到的音色来辨别这些乐器发出的声音，或通过用眼睛看这些声音在示波器上的频谱来辨别这些声音。这里依靠的是你的视觉、嗅觉和听觉。③直接观察：上述依靠皮肤的触觉来观察音叉的振动，依靠眼睛的视觉听到音叉振动时发出的声音，其观察方法都属于直接观察法。④间接观察：而你看到被音叉溅起的水花，其观察对象是水花，不是研究对象音叉，这是用现象明显的水花的溅起来转化为现象不明显的音叉的振动，采用的是转化法，这种观察方法称之为间接观察法。你还可以用图 1－5－14 所示的实验进行观察，敲响音叉时，会观察到乒乓球被音叉弹起而摆动。同样，当你敲响图 1－5－15 所示的音叉乙时，会观察到乒乓球被音叉甲弹起而摆动。这是由于用棒槌敲响乙音叉时，乙音叉振动发声，声波由空气传播至甲音叉，使甲音叉也发声振动，从而使塑料球摆动，其中传播的是声能。

图 1－5－12

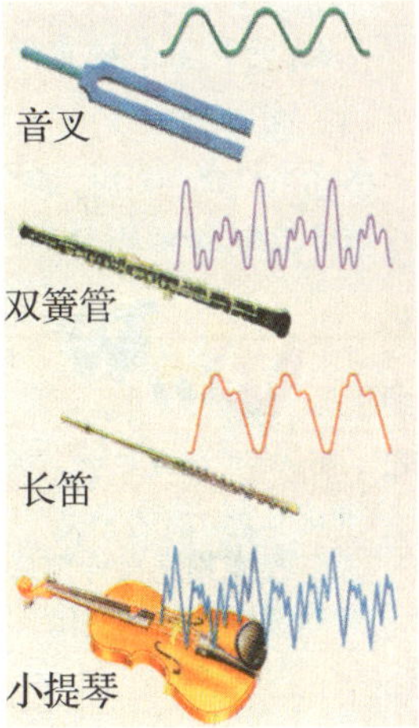

图 1－5－13

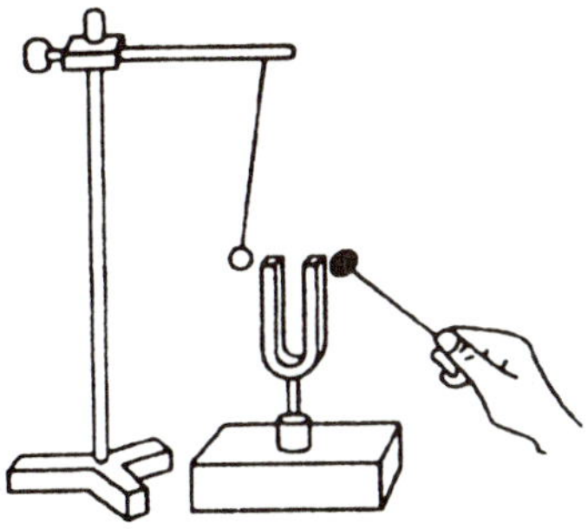

图 1－5－14

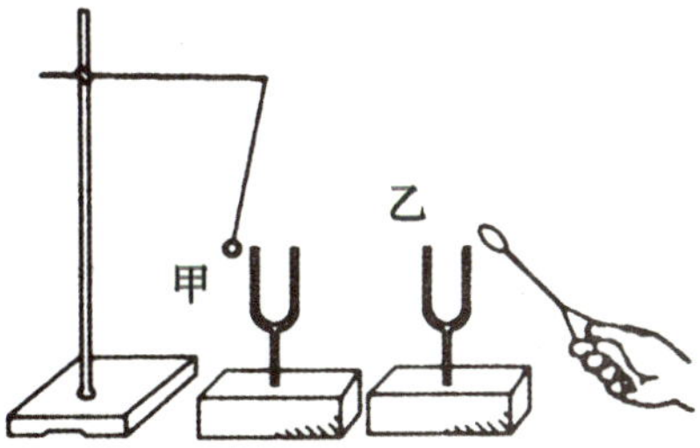

图 1－5－15

信息窗

品读插图

2016年高考的一道作文题引发了全国的关注，试卷上是一幅漫画，如图1－5－16所示。要求考生结合漫画内容、寓意，自拟标题，写一篇不少于800字的文章。

图1－5－16

从学生对此作文的破题水平而言，关键在于教师在平时教学中如何引导学生进行识图能力的培养。笔者认为可采取“初、中、高”三个层级，有目标、递进式进行。初级着眼“读”图，能读懂图貌即可；中级训练“察”图，能明察细节方行；高级追求“品”图，能悟出哲理才罢。因为看懂图貌的观图只是知道2个漫画小人拿着2次考试成绩，脸上留有唇印和掌印。明察细节的察图还能体味留下唇印和掌印的情景，唇印代表家长对冒尖（100分）和进步（上升6分）的奖赏，掌印代表家长对落后（55分）和退步（下降2分）的惩罚。而悟出哲理的品图才会用动态的、发展的、辩证的眼光来评价冒尖和落后、进步和退步，按这三个层级的识图水平基本能判定作文成绩的三个等次：及格、良好与优秀。若教师在平时的教学中能注重进行这种递进式培养的话，其高考作文成绩的优劣是显而易见的。

表1－5－2

章名	幅数
引言	10
1	28
2	58
3	60
4	41
5	44
6	22
7	30
8	40
9	12
10	43
11	49
12	43
13	43
14	26
15	30
16	49
17	38
18	33
累计	699

苏科版初中物理教材，那些图文并茂、内容丰富、形式多样、涉及面广、趣味性强、场面逼真的插图竟有699幅之多，如表1－5－2所示。这正是你进行观察方法训练最为丰富且最有价值的教材资源。我们将其按“生活实际、实验装置、测量设计、图表变换”分为五类。各类都有不同的观察方法，但三个层级是相同的。

1. 在生活实际中观察

图1－5－17是苏科版物理8年级上册书中插图。

(1) 读图——读出生活情景。①还原生活：冬天晾晒湿衣服。②描述现象：冰冻湿衣服晾干。③判断状态：升华现象。④陈述理由：冰冻为固态，湿衣服晾干说明冰全部变成水蒸气。⑤形成概念：固态冰变成气态水蒸气的过程叫升华。

图 1-5-17

(2) 察图——察出图中细节。①细节描述：衣服下面挂了许多小冰棱。②追溯原因：天气虽寒冷，但有阳光。③得出结论：升华的条件——从外界吸收热量。

(3) 品图——品出一般规律。①图外之图：如果没有插图下面的文字，也可以将其看成晾晒在室外的湿衣服，衣服下面流淌的可能是小水滴，是蒸发或汽化现象。②景外之景：还原与升华相关的生活情景：樟脑丸变小、碘受热变成碘蒸气、白炽灯用久变黑、干冰体积变小等。③物态循环：河水“汽化”、积雪“升华”，成为水蒸气升入空中。遇冷“液化”成小水滴、“凝华”成小冰晶，成为云，在重力作用下下落并逐渐变大。到了温度较高的气层中，小冰晶“熔化”成小水滴，降落到地面上形成雨，或到了温度较低的气层中，小水滴“凝固”成小冰晶，降落到地面上形成雪而降回大地，如图 1-5-18。

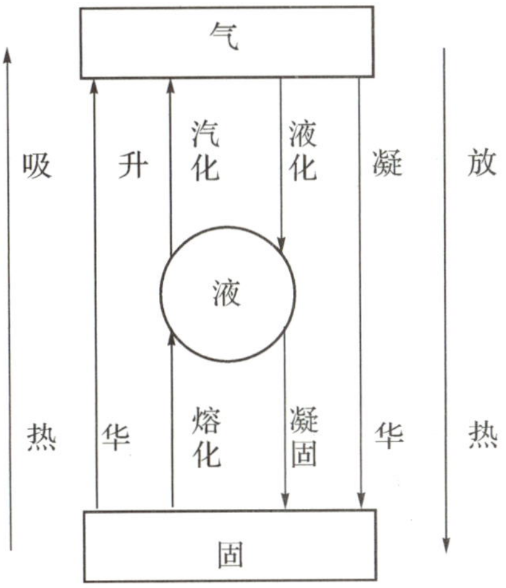

图 1-5-18

2. 在实验装置中品观察

在教材的插图中，实验装置占有较大的比例，在第十五章《电功和电热》的 30 幅插图中，与实验装置相关的插图就有 6 幅。图 1-5-19 是探究焦耳定律的实验装置图。

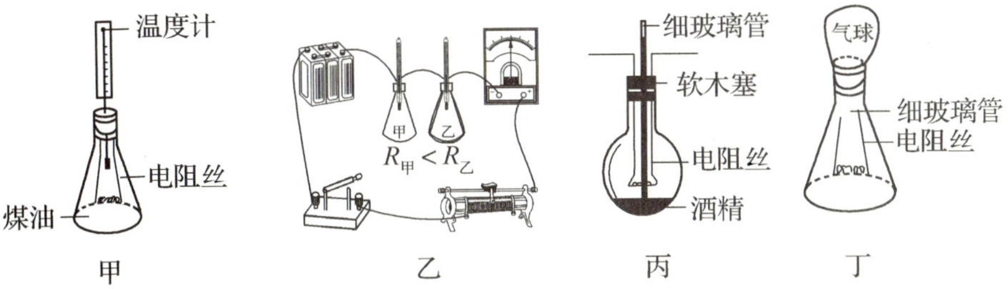

图 1-5-19

(1) 读图——读出设计意图。①还原图貌：图甲中的温度计穿过开孔的软木塞，插入烧瓶口，确保烧瓶内的煤油和电阻丝的密封，成为探究焦耳定律的保温瓶。②读出意图：电阻丝的两根引线穿过软木塞，接入电路；电阻丝产生的热量不好直接测量，可由煤油转化。将电阻丝放出的热量转化为煤油吸收的热量，使煤油的温度升高；温度计示数升高的多少表示电阻丝放出热量的多少；软木塞主要为了确保烧瓶密封，防止散热。

(2) 察图——察出图中细节。①完善装置：为探究电热丝放出的焦耳热与电阻、电流、通电时间的关系，采取控制变量法，将实验装置完善如图乙所示。A. 为比较焦耳热与电阻大小的关系，准备两个电阻大小不同($R_甲<R_乙$)，煤油的质量和初温都相同，插有相同温度计的保温瓶。B. 电阻 $R_甲$、$R_乙$、串联，确保流过 $R_甲$、$R_乙$ 电流相同。C. 用秒表测量通电时间，探究焦耳热与通电时间的关系。D. 用滑动变阻器改变电路中的电流，探究同一电阻丝发出的焦耳热与电流的关系。②细节探究：A. 用煤油做实验过程稳定、功率高，但煤油吸热升温时间长。B. 为缩短实验时间，可采取图 1-5-19 丙电阻丝露在瓶内加热气体的办法：用染成红色的酒精代替煤油，细玻璃管代替温度计，并插入酒精中，电阻丝通电发热后，烧瓶内气体受热膨胀，体积增大，酒精柱上升快、时间短、可视性强。C. 用图丁所示紧套在烧瓶口的气球代替液体、细玻璃管代替温度计，电阻丝通电发热后，烧瓶内气体受热膨胀，体积增大，通过细玻璃管进入气球，用气球体积变化的大小转化为电阻丝发热的多少，实验的时间短，效果好。③方案比较：A. 从定性研究看，气球操作简单，化时少，成本低。酒精次之，煤油较差。B. 从定量探究看，煤油能测温度的变化，可定量计算，效果好。酒精次之，气球较差。

(3) 品图——品出装置妙处。细品图 1-5-19 中的两个保温瓶，只要将其中的电阻丝或煤油改变一下，又能成为一个新的探究实验。①比较导电性能：将电阻丝变为图 1-5-20 甲所示的铝丝和合金丝，其他装置和条件都不变，利用温度变化的快慢比较铝和合金的导电性能的优劣。②比较吸热本领：将电阻丝变为两根完全相同的合金丝($R_1=R_2$)，将甲烧瓶中的煤油换为质量和初温与其相同的水，如图乙所示。利用该装置就能比较水与煤油的吸热本领。③比较装置优劣：图丙为比较水和煤油吸热本领的实验装置，将其与图乙的实验装置进行比较，显然图乙的设计比图丙的更科学。一是保温瓶防止热量散失，二是电阻丝加热能保证水和煤油能吸收相同的热量。由此可见，通过品图，能感悟出实验装置的妙用，既提高了实验装置的利用率，又培养了学生创新的能力和水平。

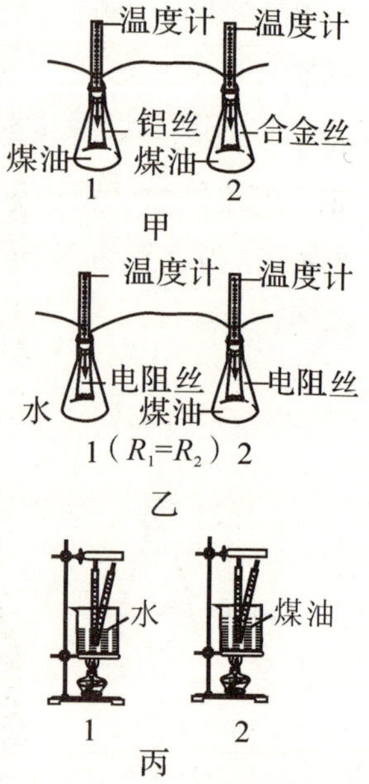

图 1-5-20

3. 在测量设计中品

物理量的测量在教材中占有重要位置，如电阻的测量是初中物理最重要的实验。其测量原理（教材插图）如图 1－5－21 所示。

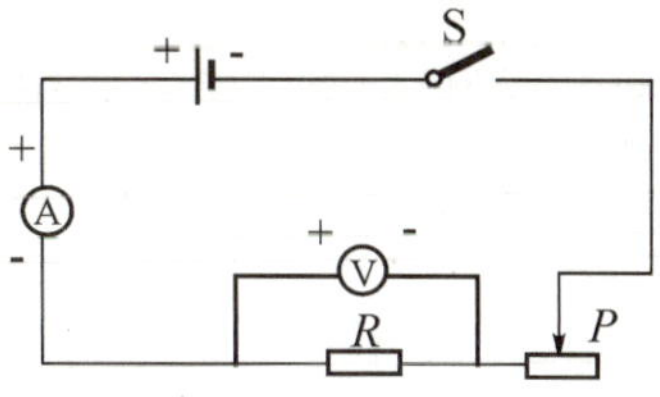

图 1－5－21

(1) 读图——读出器材作用。①电阻：为被测的定值电阻 R，用开关控制电路的通断。②电流表：串联接入电路，测量流过被测电阻的电流 I。③电压表：并联接入被测电阻 R 的两端，测量电阻 R 两端的电压 U。④变阻器：移动滑片，改变其接入电路的电阻来改变流过被测电阻中的电流和加在被测电阻两端的电压，可以通过多次测量求平均值的方法来减小误差。⑤电源：1 号干电池 2 节，电压 3 V，确保电压表和电流表都用小量程（0～3 V、0～0.6 A）。

(2) 察图——察出故障原因。本插图的细节在于故障判断及其原因分析，以及故障的排除方法。①指针反偏：开关 S 闭合后，发现电流表或电压表的指针沿逆时针方向偏转。这是因为电流表或电压表正、负接线柱接反了，将它们对调过来即可。②电压表示数不变：移动滑动变阻器滑片 P 时，电流表示数随之变化，电压表指针不动。原因是与电压表相连的导线未接好，或电压表已坏。应先检查接线，再更换电压表。③两电表无示数：开关 S 闭合后，电流表、电压表示数都为零。可能是电阻两端之外的地方接触不良，或电流表已坏，或电源自身出现故障。④电流表无示数，电压表示数近似于电源电压：电阻处接触不良或电阻已坏。⑤两电表示数不随变阻器而变：闭合开关 S 后，调节滑动变阻器时发现两电表的读数都不变。说明滑动变阻器接线有误，应改为“一上一下”连接。⑥两电表示数都很小：移动滑动变阻器的滑片时，电流表和电压表的示数都随之同步变化，但两表的示数均较小。这是由于电源的电压太小，更换新电池即可。⑦两电表示数变化不协调：移动滑片，发现电流表的示数增大时，电压表的示数减小。原因是电压表并联在滑动变阻器两端，将电压表改接在电阻两端即可。

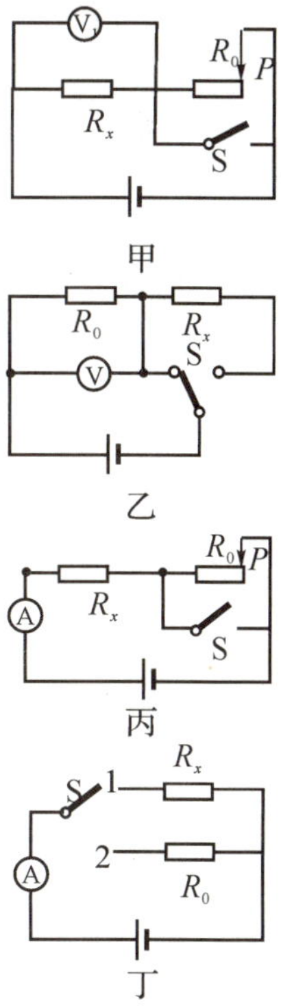

图 1－5－22

(3) 品图——品出应急方法。伏安法是测电阻的基本方法，测量工具为电流表、电压表，如果两电表中的一个坏了，就得从图 1－5－21 中品出应急的测量方法。①电压法：（用一个电压表测电阻）由于缺少电流表，无法直接测量电流，只能用滑动变阻器的最大电阻 R_0 和串联电路的电流特点求得。将开关 S 并联在滑动变阻器两端，如图 1－5－22 甲所示。断开开关 S 时电压表示数 U_x，为被测电阻 R_x 两端的电压；闭合开关 S 时电压表示数为电源电压 U。R_0 两端电压为$(U-U_x)$，电流$I_x=I_0=(U-U_x)/R_0$，由$R_x=U_x/I$可得出被测电阻$R_x=R_0U_x/(U-U_x)$。也可用图乙所示的单刀双掷开关电路。S接1时电压表示数为电源电压U_1，S接2时电压表示数为R_0与R_x串联时R_0两端的电压U_2，电流$I=U_2/R_0$，R_x两端的电压为U_1-U_2，由$R_x=(U_1-U_2)/I$可品得被测电阻$R_x=(U_1-U_2)R_0/U_2$。②电流法：(用一个电流表测电阻)由于缺少电压表，无法直接测量电压，因而要利用已知电阻R_0和串联电路的分压特点求出电压，如图丙所示。闭合开关S时电流表示数I，电源电压$U=IR_x$。断开开关S时电流表的示数I_x，串联电路中的电流$I_x=IR_x/(R_x+R_0)$，由此可得被测电阻$R_x=R_0I_x/(I-I_x)$。也可用如图丁所示的并联电路。S接1时电流表示数I_1，S接2时电流表示数I_2，由并联电路电压规律得：$R_xI_1=R_0I_2$，得被测电阻$R_x=R_0I_2/I_1$。

4. 在图表变换中观察

图表也是物理教材插图中的重要内容，图1-5-23是第六章《物质的物理属性》中的插图。其中的图乙是依据表中的实验数据在图甲的坐标系中画成的图像。它能让你品出用数学方法描述物理情景发生的过程、状态、趋势和规律。

表1-5-3

实验序号	蜡块		干松木	
	体积 V/cm^3	质量 m/g	体积 V/cm^3	质量 m/g
①	10	9	10	5
②	20	18	20	10
③	30	27	30	15
④	40	36	40	20

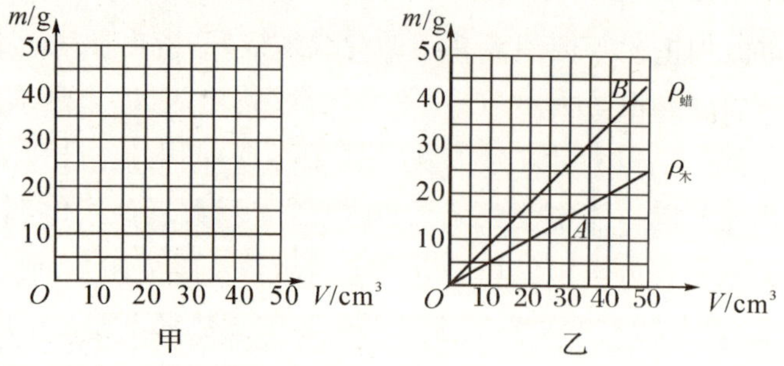

图1-5-23

(1) 读图——读出物理情景。①表格：通过实验测出的蜡块和干松木的质量与体积记录数据(表1-5-3)。②图像：描述蜡块和干松木质量随体积变化规律。其中的轴、点、线都有特殊意义。③坐标轴：横轴为体积轴V，单位为立方厘米(cm^3)，纵轴为质量轴m，单位为克(g)。④坐标(点)：表示某个物理状态，A点坐标为(30,15)，表示干松木体积为30 cm^3时的质量为15 g，B点坐标为(40,36)，表示蜡块体积为40 cm^3时的质量为36 g。⑤斜率(线)：描述一物理量(质量)随另一物理量(体积)变化的快慢，其图像是正比例函数图像，斜率就是密度，即$\rho=m/V$。可分别计算出$\rho_{蜡}=0.9\ g/cm^3$，$\rho_{木}=0.5\ g/cm^3$。

(2) 察图——察出变化规律。物理图像是用数学方法描述物理情景的有效手段，察图的关键就是要察出图像所对应的物理情景，其关注点就是坐标轴所显示的物理量及其相互变化的规律。①一景一图：一个情景对应着一个图像，如图1-5-24中物体做匀速直线运动时路程随时间变化图像就是一条倾斜直线，其斜率的物理意义就是速度。离路程轴越近，其速度就越大。②一景二图：一个情景还可以用两幅图像来描述，如图 1-5-25 所示的两幅图像共同描述一个在水平地面上受水平推力的物体运动的情景。A 描述力 F 与时间 t 的变化关系，B 描述速度 v 与时间 t 的变化关系，它们之间由相同的时间轴作纽带，两图结合可察出丰富的物理信息：物体在 0～2 s 内受到的静摩擦力、在 4～6 s 内受到的滑动摩擦力、在 2～4 s 内受到的合力。③二图一景：这里的二图，指一幅为图像，另一幅为直指情景的实验装置图、受力图、电路图。如图 1-5-26 甲是汽车打捞水下重物的装置图，描述汽车以恒定速度 v 向右运动，通过定滑轮牵引水下圆柱形重物。图乙是此过程中汽车拉动重物的功率 P 随时间 t 变化的图像。结合情景图和 $P-t$ 图像，可知打捞过程分为 AB、BC、CD 这三个阶段。根据这三个阶段的有关信息，可求圆柱形的高度、底面积、质量、密度、拉力、压力等物理量。④多景一图：不同的物理情景可能遵循着同样的变化规律，许多物理公式如重力 $G=gm$、弹力 $F=kx$、摩擦力 $f=\mu N$、功率 $P=Fv$、电功率 $P=UI$ 等与正比函数 $y=kx$ 十分相似，都可以用图 1-5-27 甲所示的同一幅图像描述。还有浮力 $F_{浮}=\rho_{液}gV_{排}$，液体压强 $p=\rho gh$、热量 $Q=cm\Delta t$、电功 $W=UIt$、焦耳热 $Q=I^2Rt$ 等，经过适当处理，也可以用正比函数图像来描述它，图乙所示的图像就是描述焦耳热 Q 在 Rt 不变时与 I^2 之间的变化关系。

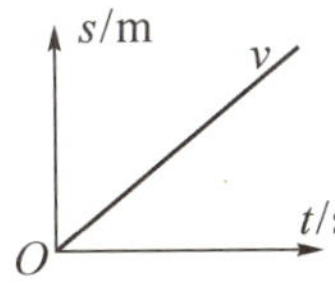

图 1-5-24

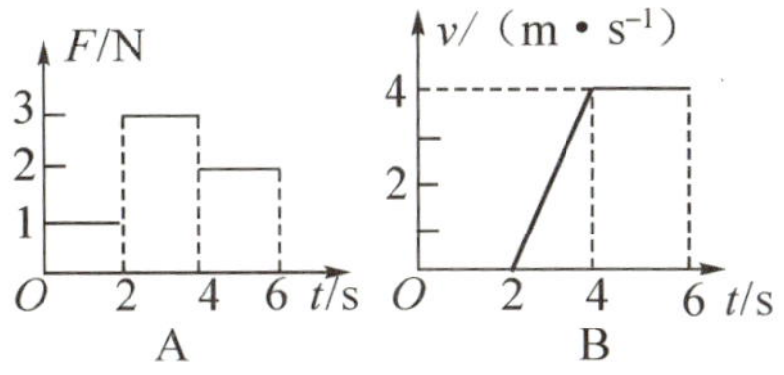

图 1-5-25

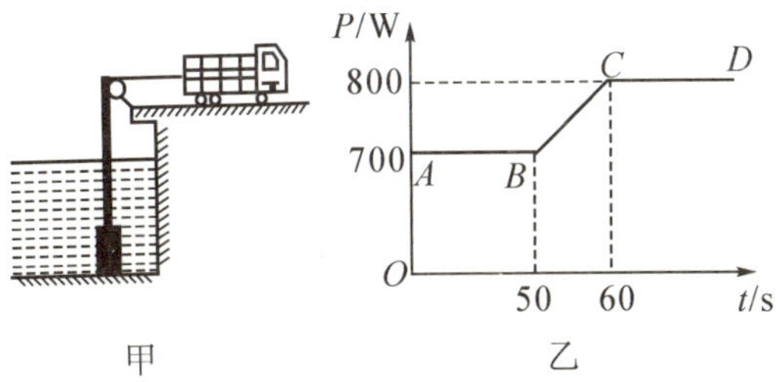

图 1-5-26

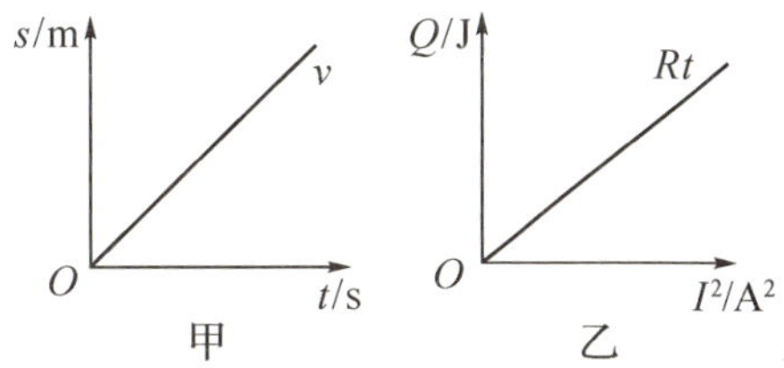

图 1-5-27

(3) 品图——品出解题策略。图像能涉及几乎所有的重要考点，尤其在中考复习时能品出解题策略，就能事半功倍。①旧景换新：把学生熟悉的图像通过变换条件、加工改造，使之成为激励学生提取已有经验或认知冲突的“新景”，从而巩固已有经验，或促进认知的正向迁移。如图 1－5－28 所示的一道旧题:“某温度计示数为 40℃，现用浸有少量酒精的棉花裹在温度计的玻璃泡上，随着酒精的迅速蒸发，图中哪幅图基本反映了温度计的读数随时间的变化?”只要将温度计“旧景”改造为体温计“新景”。巧妙地利用学生思维惰性或知识结构欠缺的不足，在新、旧情景的改造中建立起“试误”刺激(误选 C)，产生疑问(体温计和温度计不同在何处?)，找准知识的连接点(缩口)，激发探疑欲望(实验)，完善建构并落实应用(巩固)。并利用逆向思维，让学生品出“新景找旧”策略。②大景做小:将综合性强的大情景，分解成若干个思维难度小的小情景，并多角度提出能探究的小问题。图 1－5－29 甲是电压力锅简易原理图，图乙为水的沸点与气压关系的图像，图丙为实物图。它涉及许多知识背景，分解成如下 3 个小情景。力学小景:A 为密闭锅体，锅盖面积为 400 cm^2，锅内气压达到设定值 1.6×10^5 Pa时水开始沸腾。你能利用图乙推导出锅内的最高沸点吗?能计算出气体压强为 1.2×10^5 Pa 时锅内气体对锅盖的压力吗?能品出电压力锅的力学原理和工作过程吗?电学小景:R_1 为加热电阻，额定电压为 220 V，加热功率为 1 000 W。L 为指示灯，电阻为 20 Ω，R_2 为保温电阻。闭合 S_1 后，电路通过 R_1 对电压力锅加热，当锅内气体压强达到设定值时，水开始沸腾，锅底向下移动，压力开关与触点 a 断开，并与 b 点接通，起到控压控温的目的，此时保温电路的总功率为 20 W，你能分别求出加热电阻和保温电阻的阻值吗?热学小景:在锅盖上开有含易熔片的放气孔，你能知道其物理原理吗?若出气孔直径为 4 mm，安全阀的质量为 80 g 时，你能求出此时锅内气压的设定值和水的最高温度吗?然后让学生利用逆向思维，将 3 个小景串联起来“做大”，就成了集“力、电、热”于一体，涉及“压强、压力、杠杆、电路设计、欧姆定律、焦耳定律、沸点、热量、熔点、图像”等近十个重要考点。从中品出“化整为零”和“化零为整”辩证策略的精彩。

综上所述，插图的三层级、递进式观察方法可解读为:读图是基础，能读懂其所含之“景”即可;察图是手段，能明察其所寓之“理”方行;品图是智慧，能品出其所显之“魂”才罢。这个“魂”的滋味全在于“画龙点睛”之功、“行如流水”之效，“余味无穷”之实。

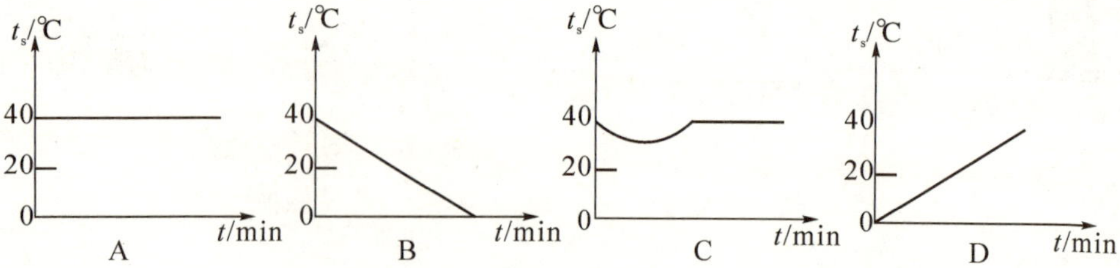

图 1－5－28

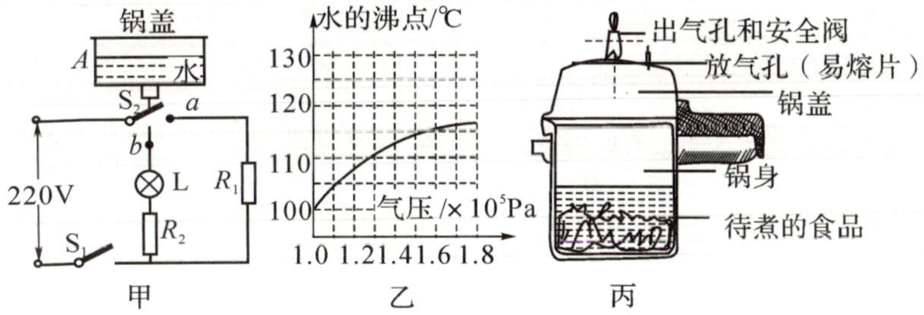

图 1－5－29

解密室

抓住机遇

观察是一种有目的、有计划、比较持久的知觉活动。世界著名的生理学家巴甫洛夫，在他的研究院门口的石碑上刻下了“观察、观察、再观察”的名句，以此来强调观察对于研究工作的重要性。达尔文也曾经说过：“我没有突出的理解力，也没有过人的机智，只是在觉察那些稍纵即逝的事物并对他们进行精细观察的能力上，我可能是中上之人。”由此可见，观察是多么的重要。

通过对本节的解读，你能否从瓦特发现壶盖被水蒸气推动而发明蒸汽机中受到启发？或者是从朱自清精彩描写《荷塘月色》的观察体验中萌发联想？你是否在观察自然、察看实验的过程中对全面观察、重点观察、选择观察、有序观察、多官观察、对比观察、直接观察、间接观察等方法已经有所领悟？或者你在品读插图的过程中对三层级、递进式观察方法已经心有灵犀？相信你对观察的方法已有所收获，更关键的是你要养成和积累观察习惯。

演练场

小试牛刀

请你根据自己对观察方法的解读，撰写一篇“我的观察体会”千字文。让你的父母给其作出“合格、优秀、点赞”的评价。

第六节　实验设计

小故事

色散实验

1665年，当时的英国正受到瘟疫的侵袭，为了减少传染的机会，学校都关了门，无学可上的牛顿只好回到农村的家中。他虽然也去田间干农活，但更多的精力却是用于科学研究，其任务之一就是要弄清大学实验室的光学仪器为什么会有那么多的不足。那个时代的光学仪器还非常原始，无非是一些平面镜、凹、凸透镜及三棱镜等元件。有一天，天空晴朗，阳光从窗子射进屋内，牛顿拿出一块玻璃三棱镜准备实验。忽然，他发现地面上出现了红、黄、青、紫等颜色的光排成的鲜艳彩带。这是怎么回事呢？他已多次使用过这块三棱镜，但从来没有见过这种现象。牛顿开始认真地研究这一现象，他用支架把三棱镜安放好，接着拿出两张硬纸板。在一张纸板上刻出一条缝放在棱镜前面，将另一张放在棱镜后面做光屏。当一束阳光穿过窄缝射到棱镜上时，在进入棱镜的一面发生一次折射，从棱镜的另一面射出时又发生一次折射。经过两次折射后，光线的方向变了，在后面的屏上形成一条由红、橙、黄、绿、蓝、青、紫七种颜色排开的彩色光带，如图1-6-1所示。

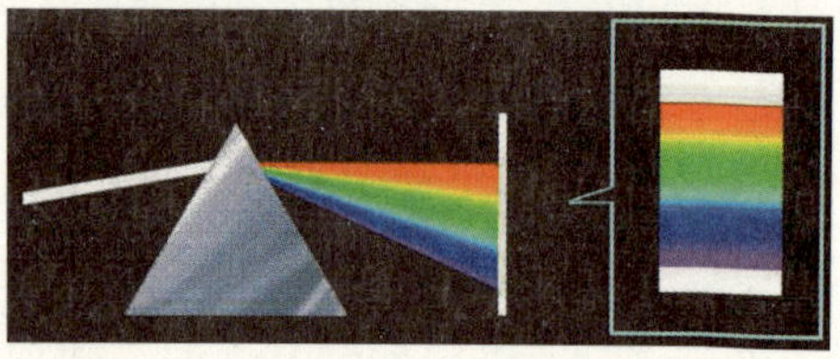

图1-6-1

难道白色的阳光是由这七种颜色的光组成的？牛顿还不能肯定，他开始查找资料。他很快发现了有人对这一现象的解释：白色的光通过三棱镜后之所以变成依次排列的各色光，并不是白光有复杂成分，而是白光与棱镜相互作用的结果。事实是这样的吗？牛顿是个特别认真的人，要让他相信什么，除非是他亲眼所见或者亲身经历过。牛顿开始这样考虑问题，如果白光通过棱镜后变成七种颜色的光是由于白光与棱镜的相互作用，那么这些各种颜色的光经过第二个棱镜时必然会再次改变颜色。他根据自己的想法继续做实验，他在棱镜后面竖放一张开有小孔的屏，这样转动前面的棱镜，就可以使不同颜色的光单独地穿过小孔。在屏的后面再放一块三棱镜，就能观察到这些单色光通过第二块棱镜后颜色是否会改变。但实验的结果表明，这些单色光经过第二块棱镜后没有再分解，颜色也没有变化，看来别人的解释并不正确，如图 1－6－2 所示。

图 1－6－2

接着牛顿开始想，既然一块棱镜能把白光分解成七种颜色的光，那么用另一块棱镜就可能使这些彩色的光复原为白光。于是他又在第一块棱镜后倒放了一块顶角较大的棱镜，果然实验成功了，七种颜色的光带又变成白光，如图 1－6－3 所示。这些成功的实验使牛顿认识到白色的阳光确具有复杂的成分，它由七种不同颜色的光组成。三棱镜之所以能把它们分开，是因为各种单色光相对于棱镜有不同的折射率。后来牛顿的发现得到科学界的承认并被写进教科书，而这些实验则被称为著名的“光的色散实验”。

光的色散现象的发现是 17 世纪的事情，这在当时并无特别重要的意义，但是牛顿的那些实验却开创了现代物理学的重要领域——光谱学研究的先河。随着科学的发展和技术的进步，人们逐渐发现了红外线、紫外线以及各种各样的其他光谱，更重要的是认识到这些光谱反映了物质的微观世界——分子、原子里面发生的事情。因而光谱学的研究就成为科学家认识物质微观结构的有力手段。通过光谱学，人类发现了新的物质元素，找到了“解释原子密码”的依据。特别是 20 世纪 60 年代后，随着激光技术、计算机以及各种先进的电子技术、测量技术的出现，人们更容易获得各种物质元素的光谱，并且更为方便准确地进行研究，如图 1－6－4 所示。

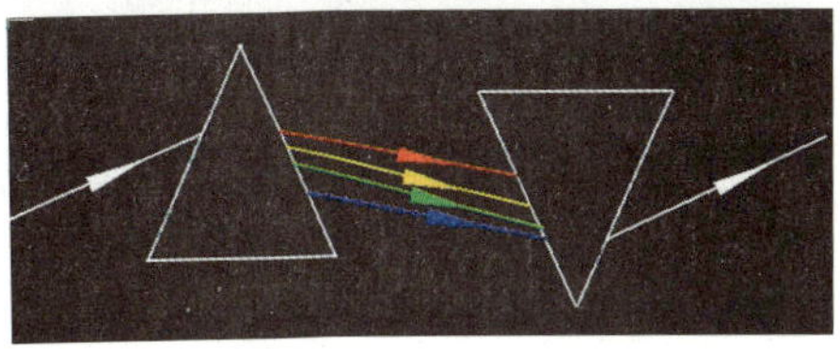
图 1－6－3

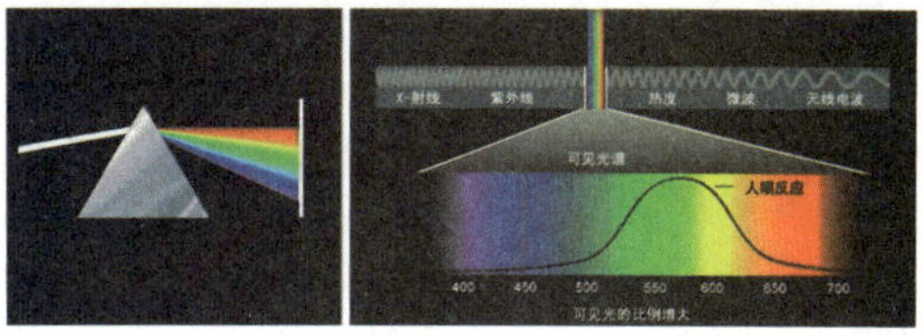

图 1－6－4

通过光谱反映的信息，了解它们的成分和结构、弄清它们的理化性质。可以说，没有光谱学的成就，就不会有物理学、生物学、化学等许多科学的今天。目前，光谱学已发展成为一门内容丰富的专门学科。从物质结构上讲，有原子光谱学，分子光谱学；从光谱波长上分，有 X 射线光谱学，红外线光谱学；从光谱形式上看，有激光光谱学，荧光光谱学……而且，光谱学的应用已遍及化学、生物学、天文学、地质学、冶金学、医学、刑事学等几乎现代科学的所有领域。今天，光谱学的发展远远超越了牛顿所研究的范围，但是我们不应忘记牛顿的功绩：他发现了获得光束中电磁辐射的强度按波长或频率分布的一个表象的原始方法。

点金石

设计思路

从牛顿的色散实验中，你是否感悟到实验的设计是多么的重要。所以，精心设计的实验能激发你的学习兴趣，提高你的创新能力，乃至影响你的终生发展。而实验设计的关键是设计实验的思路。

1. 变微观为宏观

物理教材中有些知识是属于微观现象的，这些知识比较抽象难懂，你看不见、摸不着，如电流，磁场，分子动理论等。由于这些内容属于微观问题，用一般的演示方法是很难进行的。如何将这些微观问题转化为宏观展示是解决该问题的关键。

针对这种情况，树人少科院引导学生大胆地进行实验的创新设计与制作。通过宏观的模拟演示，变抽象为直观。

例如，崔师杰同学对“回旋加速器”很感兴趣，他自学了高中物理教材中的回旋加速器，设计制作了“磁力回旋加速器”，如图 1－6－5 所示。并仿照图甲所示的回旋加速器工作原理，知道采用电场多级加速，磁场改变带电粒子的运动方向，是一个变直线运动为圆周运动的装置。该实验装置主要由完全相同的 37 颗小钢球和 12 块强磁铁组成，轨道则有若干直线轨道和 1/4 圆弧轨道构成。其中小钢球用来模拟带电粒子，而强磁铁对钢球吸引力的加速作用用来模拟电场力对带电粒子的加速作用，利用 1/4 圆弧的轨道壁对钢球的反弹力使小钢球运动方向改变 90°，从而模拟带电粒子在洛伦兹力作用下的圆周运动。实验时，先给靠近内部的 1 号球一定的初速度，当 1 号球撞击 2 号球时，由于完全弹性碰撞，发生速度交换，直至 4 号球获得相同的速度，如图乙所示。4 号球在磁铁吸引力作用下加速，与 5 号球碰撞并进行速度交换，直至 7 号球获得较大速度后，在轨道前方 1/4 圆弧处获得弹力，从而使速度改变

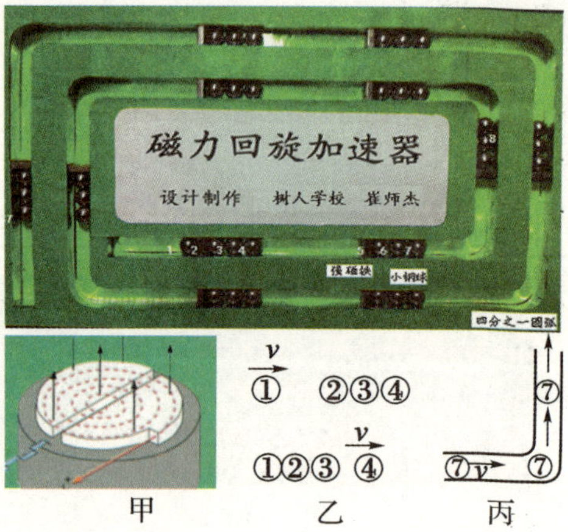

图 1－6－5

90°，达到回旋的目的，如图丙所示。同时它又在下一块磁铁作用下加速，继而碰撞 8 号球。不断这样速度交换、加速、回旋下去，使得最后的 37 号球可以获得很大的速度，从出口处高速射出。该成果获得了国家专利和江苏省青少年科技创新大赛二等奖，如图 1－6－6 所示。

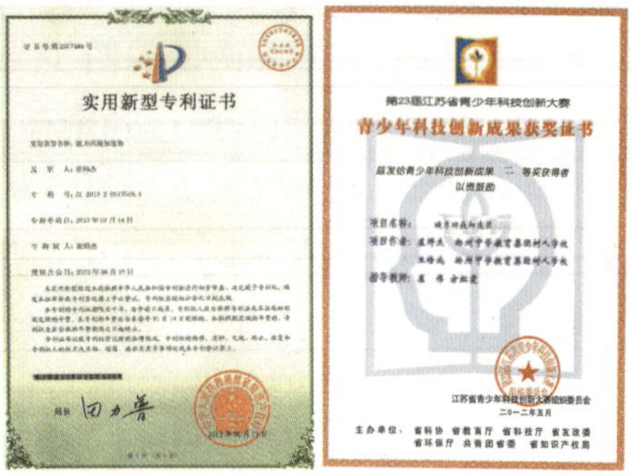

图 1－6－6

2. 变间接为直接

你的学习主要是通过教科书和教师的讲解来获取知识的，这种间接性的接受方法，势必造成学无兴趣、学后就忘的结局。因此，针对不同的教材内容，设计出让你直接参与的实验，以激发兴趣、体验美感，就能增强你学好物理的信心。

例如，在你学习"摩擦力"时，可设计一个"拉不开书"的演示实验，也会收到较好的体验效果。演示时，可将两本新书，逐页交替相叠，如图 1－6－7 所示。压平后，你可以用双手各拉住书的一边往外用力拉，任凭你有九牛二虎之力，结果还是拉不开。然后再在这两本新书自然下落的过程中拉，竟能轻松地将两本新书拉开，你也许对此会感到很惊奇。

图 1－6－7

别看这两个实验很简单，但它却可以把抽象的摩擦力概念转化为拉不开书的直观现象，将压力这个影响摩擦力的因素变得非常具体、直观。因为在两本新书自然下落的过程中，书与书之间的压力消失，其间的摩擦力也将消失，这时候拉开它们当然是轻而易举的了。

3. 变不能为可能

在一些物理概念的形成或物理知识的应用过程中，你头脑中总有一些是根据自己的"经验"积累的所谓"正确认识"，而这种非本质的或偶然的现象，却掩盖了正确的概念和规律。对这种现象的认识，你最好的办法就是参考中央电视台的挑战不可能，设计一个创新实验，变不能为可能。你就会在实验中心服口服地正确认识事物的本质。

例如，你在学习"牛顿第一运动定律"前，在头脑中很可能已经建立了一些所谓经验性的"正确认识"：①没有受力的物体就不会运动。②物体运动的速度越大时，所受的力也越大。③物体运动的方向与力的作用方向总是相同的。④为了保持物体的运动就需要不断地给它施加力。⑤当力停止作用之后，物体就会停下来。上述这五个前概念正是你学习"牛顿第一运动定律"和其他力学原理时的严重障碍，而要彻底消除你

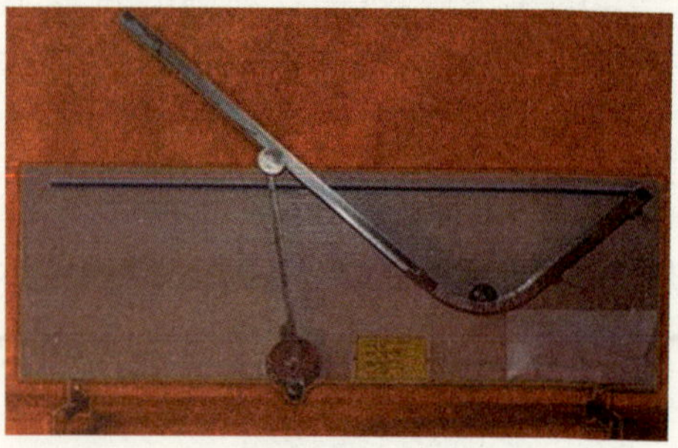
图 1－6－8

的这些原有的错误认识，非借用探究实验进行反驳不可。为此，你可设计如图 1－6－8 所示的实验。轨道的右边释放一颗钢珠，如果忽略摩擦力带来的影响，我们发现钢珠从右边滚下后，再从左边的斜面滚上，钢珠将上升到与右边释放高度相同的点；若将左边的倾斜角减小，钢珠还是上升到原来的高度，但通过的路程比原来更长；假设右边的轨道为水平，钢珠想要达到原来的高度，但钢珠无法达到原来的高度，钢珠将永远运动下去。说明钢珠在不受力的水平面上将永远运动下去。在事实面前，你原先心目中的不能成为现实中活生生的可能，这就为扫除思维障碍铺设了道路。

4. 变静止为运动

心理学的研究表明，对同一事物，人类大脑对于静止的现象刺激不起亢奋的信号，而对于运动的现象则注意力比较集中，特别是静止现象变为运动现象的时候，大脑就会高度兴奋起来。因此，在实验的设计时，你就要充分运用这一规律，尽量使静止的实验变为运动的实验，以增加实验的动态美。

图 1－6－9

例如：你在学习“力的相互作用”时，教师通常是做一个“双手接掌”的演示实验（静止的），如果你能参与到这样一个带有游戏性质的实验中的话，你的感受是完全不同的：让你挑选一位质量和你基本相同的同学各穿着溜冰鞋走到讲台前面，相对站立，如图 1－6－9 所示。中间画好红线，比谁的力气大。此时，你会发现全班同学鸦雀无声，一起瞪大眼睛看你俩的精彩表演。先你推他，再他推你，后你俩双方互推，结果是棋逢对手，不分胜负，不管谁推谁，两人离开红线的距离都相同。从中明白“力的相互作用”原理。显然后面的演示效果要优于前面的，从设计的思路上考虑，前者采用的是静止方法，后者采取的是运动方法。

信息窗

处理技巧

为使实验更好地为你提供一个符合认知规律的环境，使你得到更有效的科学方法的训练，在对探究实验进行设计的时候，还必须重视实验的处理技巧。

1. 简化处理

通过实验，展示在你面前的应该是一幅简单而清晰的物理情境，以便及时帮助你建立正确的概念和揭示规律。在设计和演示时，就有必要进行简化处理。

例如，在探究浮力本质的实验中，你把一只两端开口且蒙上很薄的橡皮膜的透明柱形塑料瓶没入水中时，就会看到左右两面橡皮膜的形变基本相同，而上面一块薄膜的形变较小，下面一块薄膜的形变较大的直观现象，如图 1－6－10 所示。它把浮力的本质是上下表面的压力差这一抽象的概念具体为上、下两块橡皮膜变形不同的物理情境，这是你对教材图示分析的一个简化处理。

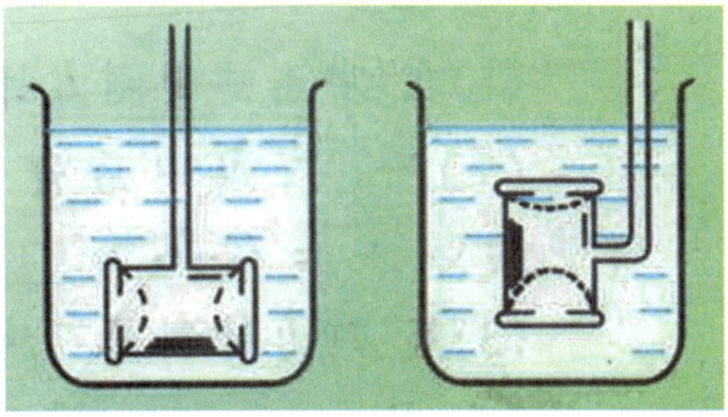

图 1－6－10

对验证阿基米德原理的实验，你可以用装满水的轻薄塑料袋口扎紧后挂在弹簧测力计下，让袋逐渐进入水中，弹簧测力计示数随之减小；当袋没入水中后，弹簧测力计的示数就变为零，这是对该实验的又一简化处理。

2. 纯化处理

物理概念和物理规律，一般都是建立在理想模型的基础上，而探究实验却又存在于客观环境中，不可能达到理想的境界。这就要求教师通过实验，再借助抽象，揭示理想的本质，这就必须对演示实验进行必要的纯化处理。

例如，你在图 1－6－11 的实验设计中，钢珠从右边滚下后，再从左边的斜面滚上，并上升到原来的高度，假设右边的轨道为水平，钢珠想要达到原来的高度，但钢珠无法达到原来的高度，钢珠势必会永远运动下去。这就是对斜面实验的纯化处理，就会加深你对“牛顿第一运动定律”的深刻认识。

图 1－6－11

再如，图 1－6－12 所示的实验，当把正在响铃的闹钟放在玻璃罩内，逐渐抽出其中的空气，闹钟的声音会逐渐变小，甚至听不到声音。由此进行纯化处理：当玻璃罩内抽成真空时，就根本听不到声音，学生就能在纯化中得出真空不能传声，或声音的传播需要介质的结论。

图 1－6－12

3. 强化处理

一些新奇、生动、有趣、神奇的实验容易引起学生的直觉兴趣，从而逐步过渡到操作兴趣和认知兴趣，这就要求你对实验原型有必要进行强化处理。

例如，在你探究“简单的电现象”时，你如果用手触摸科技馆中的静电球时，发现自己的头发突然向上飞蓬，犹如怒发冲冠那般搞笑，如图 1－6－13 所示。原来这个静电球带有电荷，在静电作用下，使你的头发带上了同种电荷，由于同种电荷相互排斥，才有了图中所示的怒发冲冠。这是你对静电实验进行了强化处理而带来的效果。在惯性实验中，教师是用图 1－6－14 甲所示的“惯性演示仪”进行演示的，你可以设计如图 1－6－14 乙所示的实验。先将三个装水的玻璃杯，排列成一条直线。在三个玻璃杯上放一块较平滑的衬板，板上放三个鸡蛋，分别置于三个杯子的正上方。然后，你举起木棒，快速用力朝衬板一击，在听到“嗒”的一声的同时，衬板快速飞出。此时你会为鸡蛋的命运而紧张，可鸡蛋却安然地几乎同时落进各自的水杯中，该实验的效果比前一个大为增强，这显然是对前一个实验进行了强化处理。

图 1－6－13

甲

乙

图 1－6－14

4. 重组处理

物理规律一般都反映三个或三个以上的物理量之间的关系，为了深刻揭示这些量之间的本质联系，实验时还必须采取重组处理，以增加其严密性和可信度。

例如，“研究通电导体在磁场中运动”的演示实验，可分为四组重复进行，如图1－6－15所示。从而得出受力方向与电流方向、磁场方向这二者之间的关系。实质上，重组处理是揭示自然界中普遍规律的常用方法，这对提高学生的思维能力大有帮助。

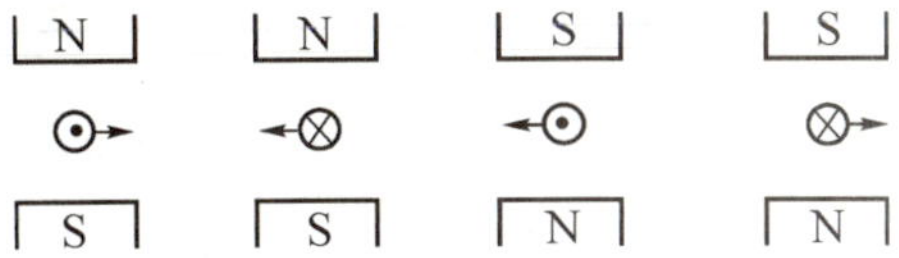

图1－6－15

5. 再现处理

对实验中有关的瞬间现象有时必须使其多次重复出现以加深认识，这就是处理。

例如，你可以给串联的节日彩灯接上一个“跳泡”，由它的通断来控制彩灯有节奏的亮灭，能产生更好的灯光效果。跳泡的结构如图1－6－16所示。在常温下，中间竖立的双金属片和旁边的倒L形引线搭在一起(图甲)。通电后由于灯丝发光发热，双金属片受热膨胀向右弯而离开原位(图乙)，切断电路。它冷却后伸直又接通电路，就会循环重复出现。如果你有这样的一串小彩灯，插在电源上，就会出现如图1－6－17所示的精彩画面，对应着出现了小彩灯的亮与灭，由灯的一亮一灭可帮助你理解节日灯的原理，就可以激起你无限的遐想。

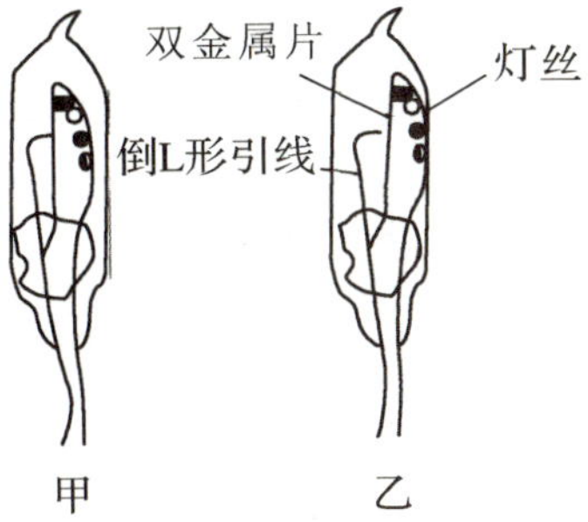

图1－6－16

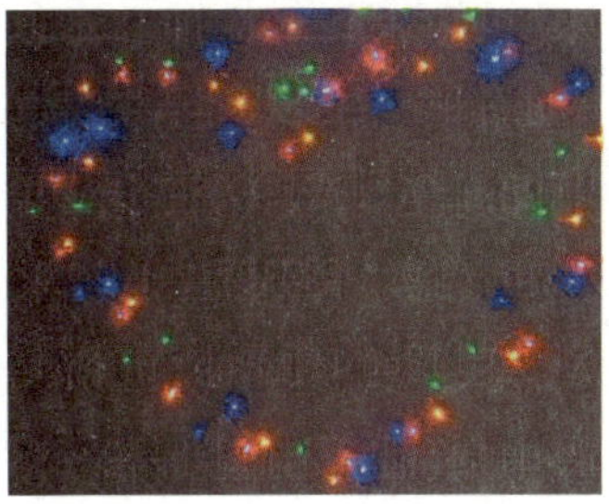

图1－6－17

6. 模拟处理

对十分抽象的概念和理论，有时还必须借助于一些模型进行模拟处理。

例如，分子间存在着引力和斥力，而总的作用效果又随分子间的距离不同而不同。这对的认识结构和思维特点来说可能是个难点。为了攻破这一难关，你可制作一个模型进行模拟处理，如图1－6－18所示：用两个小球代表分子，用一根橡皮筋穿透两个乒乓球并在两球之间串上一只弹簧，使其在两球间产生压缩形变，橡皮筋两端加以固定。模

图1－6－18

型组装后，就可以进行模拟实验。将压缩弹簧的弹力表示分子间的斥力，产生的拉力表示分子间的引力。当斥力与引力相等时，两球(分子)处于平衡状态，此时两球间的距离就是分子平衡位置距离。当两球间的距离小于平衡位置距离时，弹簧再度被压，分子斥力增强，橡皮筋缩短，分子引力减小，此时对外表现为分子斥力，反之则对外表现为分子引力。这一模拟处理可有效地帮助你克服思维上的难点，能给你以思维上的美感。

解密室

壶盖跳动

从上述的案例中，你是否已经感悟到实验设计对实验效果的充分发挥是多么的重要？而实验设计的关键是设计实验的思路及其处理的方法。实验的思路你可以从“变微观为宏观、变间接为直接、变不能为可能、变静止为运动”这四个“变”入手，实验的技巧你可以从“简化、纯化、强化、重组、再现、模拟”这六大处理上求突破。如果你在这些入手处、突破口有所启发的话，那你就可以顺利地迈进第二章“探究方法的秘密”了。

演练场

小试牛刀

请你根据自己对实验思路和处理技巧的解读，以纸飞机的发射为题，撰写一篇“我的实验思路”千字文。让你的父母给其作出“合格、优秀、点赞”的评价。

瞭望角

本章总结

科学实验是你进行课题研究的基本方法。它是通过观察外部世界的众多现象才能感知的，这才有了你心目中的自然之美。奇特的声现象、多变的热现象、绚丽的光现象、神奇的力现象、和谐的电磁现象，它们只是复杂多变的大自然现象中的几朵小小的浪花而已。虽然浪花很多、很美，但其背后的规律还需要你的研究才会变得更加精彩。

事实上，美的自然现象往往是昙花一现的，需要让其再现，只能靠人工的方法，这就是实验。它是科学研究的基本方法，你在中学课本中学到的许多物理概念、规律、原理、定则等基本上都是通过实验探究而获得的。

实验不仅在你的课题研究或科学探究中有重要作用，它还是你成才的好帮手。它是你获取知识的重要途径，对激发你的学习兴趣、提供良好的认知环境、展示学习的过程、突破学习中的重点和难点，培养你的关键能力等都有着不可估量的作用。实验中最重要的形式是演示实验，它按照其目的、要求的不同，分为导入性、验证性、探索性和应用性这四类实验。

演示实验是你对外展示创新成果、施展创新才能的有效方法。它能化抽象为具体，变枯燥为生动，把要研究的科学现象清楚地展示在评委和观众面前。它能引导评委和观众的观察和思考，达到“事半功倍”的效果。为了充分发挥演示实验在你展示创新成果时的特殊作用，你必须明白演示实验的基本要求：精心设计、紧扣课题、突出重点、确保成功、操作简便，效果显著。

要使你的演示实验真正发挥其作用，你还得培养自己良好的观察习惯，把握实验的设计思路和处理方法。在“全面观察、重点观察、选择观察、有序观察、多官观察、对比观察、直接观察、间接观察”等方法中提高你的观察能力；以“变微观为宏观、变间接为直接、变不能为可能、变静止为运动”这“四变”“四为”为设计思路，提升你的思维能力；在“简化、纯化、强化、重组、再现、模拟”这六大处理技巧中提炼你的实践能力。

收获篇

再试牛刀

通过本章的学习与总结，你对科学实验之谜是如何解读的？请再撰写一篇“我的科学之梦”千字文，让你的父母给其作出“合格、优秀、点赞”的评价。

第二章 探究方法的秘密

有一部以牛奶为主角、系统地阐释牛奶科学知识的纪录片《透视牛奶》，其一经播出，便引起了广泛的社会关注。它在全球范围内寻访了有代表性的区域和权威机构，可视化地呈现了牛奶的相关知识，更有丰富多彩的人文故事。带领你走进那熟悉又陌生的白色海洋，揭开那鲜为人知的神秘面纱，如图 2-0-1 所示。

图 2-0-1

据了解，《透视牛奶》的拍摄跨越了全球三大洲，从中国的内蒙古、四川到欧洲的荷兰、法国再到大洋洲的新西兰；从牧场到餐桌、从实验室到超市，纪录片全面解读了牛奶这种人们司空见惯的食品的诞生、发展以及今天普及的故事。当然，其意义远不止于纪录片专业领域。它带给乳制品行业和消费者的意义非常重大。饮用牛奶，已经成为人们的一种健康生活方式。同样，对教育领域的探究学习，意义同样重大。我们是否可以换个角度，也来个"透视探究"？因为探究也正在或已经成为中学生的一种健康学习方式。

本章循着这一思路，让你走进那熟悉又陌生的探究世界，揭开那探究方法的神秘面纱，如图 2-0-2 所示。

图 2-0-2

第一节 探究准备

小故事

特殊钟表

有一次，学生韦子洵外出旅游，走进一家宾馆的服务台，看到墙壁上有一只特殊的挂钟，引起了他的好奇，如图 2-1-1 所示。图中秒针、分针和标有 24 个数字的转盘都沿顺时针方向转动，这张照片是在北京时间(按 24 小时制计)时分秒拍摄的。如果是你，能读出此表的时间吗?

图 2-1-1

韦子洵为了弄清楚该表的读数问题，他决定住在这个宾馆。他对着该表思考了大约半个小时后就恍然大悟，于是回到宾馆打开其随身携带的电脑，查阅与时区相关的问题，终于明白了其中的道理。服务员问他是如何弄清楚读数问题的。他笑着对服务员说：这“24”代表地球上的 24 个时区。由于地球的自转，地球上经度不同的地区看到日出的时刻是不同的。因为地球每 24 h 自转一周，即 1 h 转过经度 15°。因此国际上规定，每隔经度 15°划为一个时区，全球共分为 24 个时区，每个时区的中央经线称为该时区的“标准经线”，而标准经线上的时间便是该时区的“区时”，相邻时区的区时相差 1 h。明确了地球上时区的划分和各时区之间关系后，就很容易明白了图中给出的钟表的结构特征：在某一给定的时刻，标有 24 个数字盘上的各个数字分别与最外圈的各个时区相对应；转盘每 24 小时沿顺时针方向转一周，从而使各个时区相应的转盘上的数字增加 1；分针每小时转一周，秒针每分钟转一周，从而指示出每小时中的分与秒。由此可知图中所示的照片是在北京时间 20 时 24 分 57 秒拍摄的。

韦子洵回校后，在少科院老师的指导下，对上述的“时区”钟表进行了创新，增加了“太极、八卦、时辰、生肖、经脉”等中国文化元素和国际交往的时区及其对应的相关城市的功能，它既是豪华别墅乃至一般家庭客厅的艺术珍品，也是现有宾馆、酒店、海关、机场、涉外单位厅堂组钟的最佳替代品，更是一个高雅的教学模型。其外观如图 2－1－2 所示。

图 2－1－2

其主要构件由八卦盘、时辰盘、时区盘、指针盘等组成。其中的八卦盘包括太极图①、八卦图②，蕴含阴、阳二仪，乾、坤、艮、兑、震、巽、坎、离八卦和天、风、水、山、地、雷、火、泽八种现象，如图 2－1－3 所示。时辰盘包括子、丑、寅、卯、辰、巳、午、未、申、酉、戌、亥这十二个时辰及其时间范围①，与之相对应的胆、肝、肺、胃、大肠、小肠、脾、心、膀胱、肾、心包、三焦这人体最旺的十二条经脉②，鼠、牛、虎、兔、龙、蛇、马、羊、猴、鸡、狗、猪这十二个生肖图③和 24 小时刻度④，时辰盘旋转一周一天，如图 2－1－4 所示。时区盘包括东一区至东十二区、西一区至西十二这 24 个时区①、与之相对应的柏林、开罗、莫斯科、阿布扎比、伊斯兰堡、科伦坡、雅加达、北京、东京、悉尼、马加丹、惠灵顿、伦敦、亚速尔、乔治敦、拉巴斯大、波哥大、纽约、芝加哥、蒂华纳、洛杉矶、阿拉斯加、檀香山、阿皮亚这代表性的 24 个城市②，如图 2－1－5 所示。指针盘包括秒针①、分针②和刻度③，如图 2－1－6 所示。

图 2－1－3

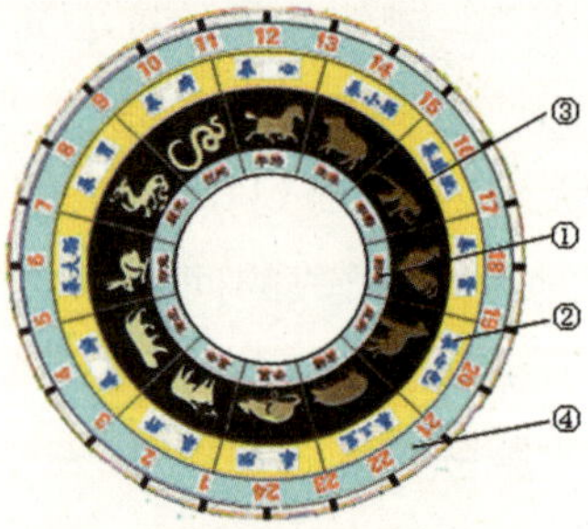

图 2－1－4

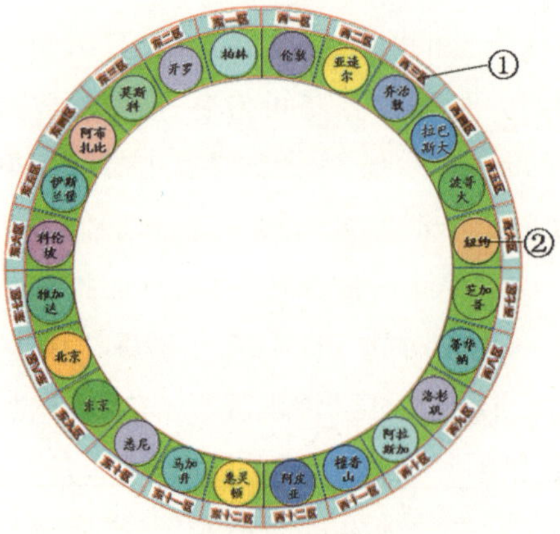

图 2－1－5

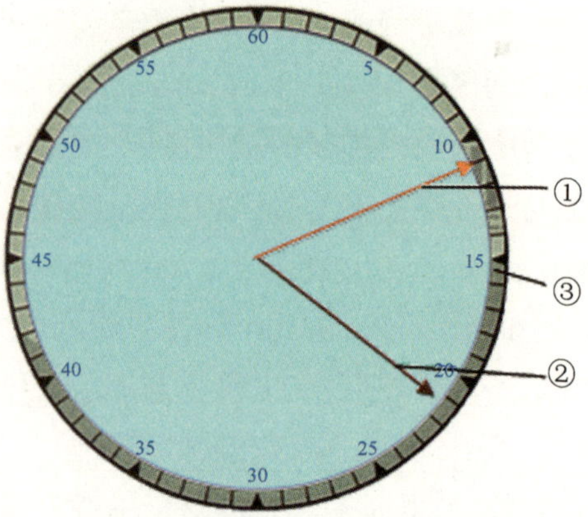

图 2－1－6

该作品成为一件比较高雅的工艺品，受到评委的青睐，在中国少年科学院小院士课题研究成果展示与答辩活动中获得全国一等奖，并被评为中国少年科学院小院士，还获江苏省青少年发明家评比二等奖。获奖后，他又对该作品进行提升，如图 2-1-7 所示。

图 2-1-7

他将原来时区盘中的有关城市创新为该城市国家的国旗，还加进了“日历盘、语音盘、养生窗、对联框和框架盘”等新的中国元素。日历盘包括年、月、日、星期、农历等信息，由液晶显示器显示。语音盘包括喇叭，与八卦盘、时辰盘、时区盘、日历盘、养生盘相关的信息存储器，以及 USB 插口、遥控器等装置。养生窗包括与卯、辰、巳、午、未、申、酉、戌、亥、子、丑、寅这 12 个时辰相对应的人体经脉的养生要领，共 12 窗口。每个窗口包括养生部位及其时间、时辰生肖图、养生知识等内容。知识窗采用灯箱式，内装 LED 灯，控制电路控制 LED 灯按时辰轮流工作。框架盘包括电源、电路控制器、时间校正器、喇叭、液晶显示器等器件的底板、面板一起将上述各盘封装。经过提升后的该作品荣获国家专利、国际发明展览会金奖，如图 2-1-8 所示。

图 2-1-8

点金石

测量器材

上述小故事中涉及测量时间的问题，由于科技的进步，课题的研究已经跨越了国界，时间的测量就得考虑时区等问题。韦子洵同学将中国元素融入其中，创新为多功能时辰养生钟，扩大了国际交往(时区)的功能。本节作为科学探究的先导，在探究之前先引入与测量相关的器材及其方法问题。它们涉及长度、时间、温度、体积、质量、力、电流、电压、电阻等物理量的测量问题。

1. 长度的测量

检查身体要测量身高，做衣服要测身长裤长，跳高比赛需测横杆高度，投掷比赛需量投掷距离，生活中到处都会遇到长度和长度的测量。科学研究和生产中也离不开长度和长度的测量。总之自然界中的一切物体都是在空间中运动的，因此长度便是普遍的客观存在。你要了解长度，就需要知道长度的测量。

(1) 测量仪器：刻度尺是测量长度的基本工具，它们有直尺、卷尺、游标卡尺、螺旋测微仪、数控长度测量仪、测距仪等，如图 2－1－9 所示。

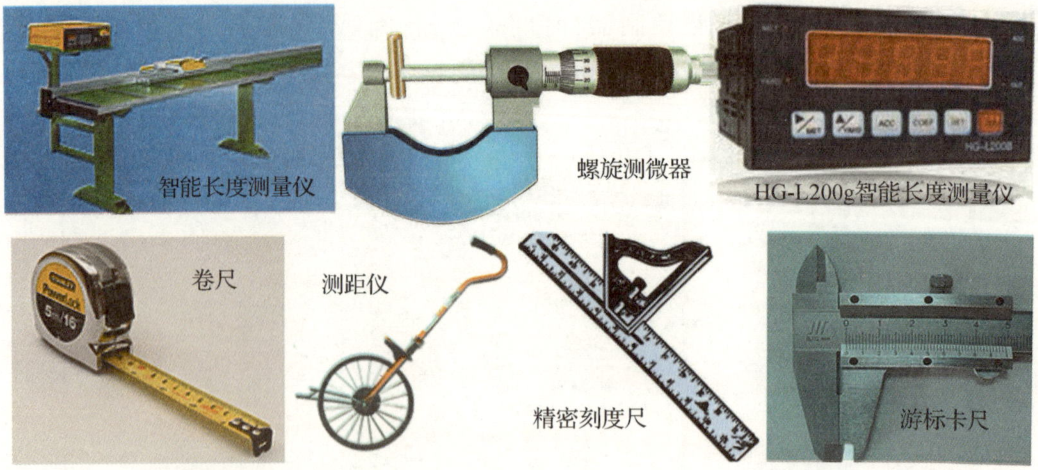

图 2－1－9

(2) 测量方法：使用刻度尺要注意四个会。①会观察：a. 观察刻度尺零刻度线的位置，以及零刻度线是否磨损，如图 2－1－9 中的直尺。可知其零刻度线已经磨损。测量时应以“9”为零刻度线。b. 观察它的量程，即刻度尺的测量范围。该直尺一次测量时能够测出的最大长度为 20 cm－9 cm＝11 cm，所以该刻度尺的量程为 0～11 cm。c. 观察它的分度值，刻度尺上两条最近刻度线之间的距离。图中刻度尺的分度值为 1 mm。②会放置：a. 零刻度线对准被测物体的一端，如图 2－1－10 甲所示。b. 刻度尺的刻度线紧靠被测量的物体，尺的位置放正，如图乙所示。③会读数：a. 视线正对刻度线，不可斜视，如图丙所示。b. 既要读准确值，又要读估计值。

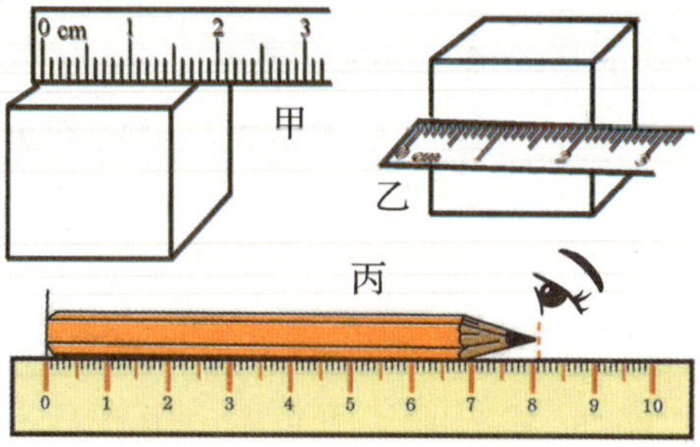

图 2－1－10

④会记录：既记录准确值，又要记录估计值，同时注明测量单位。图丙中被测铅笔的长度为 8.11 cm，其中的 8.1 为准确值，0.01 为估计值，单位为 cm。还有如游标卡尺和螺旋测微仪、精密刻度尺等测量的精度比较高，数控长度测量仪、智能长度测量仪、测距仪等已经用到数字显示，其使用方法请去网上查询，只要点击其中的关键词，就会找到它们的使用方法。相信你有这个能力。

(3) 测量精度：是不是用分度值越小的刻度尺测量就越好？其实不是，关键是要看测量要求。如服装师裁剪衣料常用厘米刻度尺；木工做家具常用毫米刻度尺；车床上加工机械零件要用游标卡尺或螺旋测微器；加工集成电路则要求用更精密的光学仪器测量。由此可见，测量工具的选择跟测量要求有关，测量要求越是精确，测量工具就越要精密。由于不同的测量要求达到的精确程度不同，如给窗户配玻璃，只要准确到毫米就行，如果准确到 0.1 mm 就没有必要，也没有意义。如果对手表等精密仪器进行测量，就得要较高的精度，否则手表就不能准确报时。

(4) 测量实践：用刻度尺测量你自己拳头的周长、脚长和身高，并通过比较发现它们之间有何关系？（完成下表）

实验次数	测量对象	测量结果/cm	相互关系
1	拳头周长		拳头的周长与脚长之间的关系是______；脚长与身高之间的关系是______
2	脚长		
3	身高		

2. 时间的测量

在我们周围的世界里，存在着一个看不见摸不着的朋友，无论是谁都离不开它。伴随着它的前进，小树渐渐长高，孩子渐渐长大，地球在转动，火箭在飞驰，社会在前进……这位既看不见又摸不着的朋友就是时间。时间的国际单位是秒，符号为 s，常用单位有：小时(h)、分钟(min)，它们之间是 60 进位的，即 1 h＝60 min，1 min＝60 s；

还有秒(s)、毫秒(ms)、微秒(μs)等单位,它们之间是千进位的:即 1 s=10^3 ms,1 ms=10^6 μs。珍惜时间就是珍惜生命,对时间的测量更显重要。

(1) 测量工具:秒表是测量时间的常用工具,如图 2-1-11 所示。

秒表分机械秒表(图甲)和电子秒表(图乙)两类,各种秒表都具有启动、暂停、回零三项基本功能。机械秒表测量前先轻轻旋动秒表的按钮,上紧发条;测量时用大拇指按一下按钮,表针即启动,分针沿小圆走,秒针沿大圆走,再按一下按钮,表针即暂停,这时表针所指的就是两次按表相隔的时间;测量后再按一下按钮,表针即回零。机械秒表的最后读数应为小表盘读数与大表盘读数之和,有的机械秒表大表盘一圈为 30 s,小表盘上有半刻度,想一想,这种秒表该怎么读数?

图 2-1-11

(2) 秒表使用:生活中我们常用钟表计时,物理实验室中,一般用秒表来计时,秒表与普通表的不同之处在于普通表的时针、分针和秒针是在不停地走动,而秒表的指针是可走可停的,秒表不使用时指针应停在零位。①会观察:观察图甲所示秒表的构造和表盘可知:大表盘一周量度的时间是________,分度值是________,小表盘一周量度的时间是________,分度值是________。②会操作:按动三次按钮,观察指针的动作;第一次按动——启动,长短指针开始转动;第二次按动——暂停,长短指针暂停转动;第三次按动——回零,长短指针迅速回零。③会读数:读数时,应该按先小表盘(min)后大表盘(s)的顺序读取两指针的示数。图 2-1-11 甲所示的时间为________min ________s。

3. 温度的测量

(1) 温标:温度的测量标准叫温标,常用温标叫摄氏温标,它是由瑞典物理学家和天文学家摄尔修斯于 1742 年建立的,它以通常情况下冰水混合物的温度作为 0 度,以标准大气压下水沸腾时的温度作为 100 度,在 0 度到 100 度之间分 100 等份,每一等份为 1 摄氏度。温度的常用单位是摄氏度,符号是℃。

(2) 温度计:要准确地判断或测量温度,应使用温度计。图 2-1-12所示为三种不同的温度计,图 A 为实验室用的温度计,图 B 为医用体温计,图 C 为家用温度计,又称寒暑表,图 D 为多用温度计,它们都根据液体热胀冷缩的性质制成。常用温度计是由一

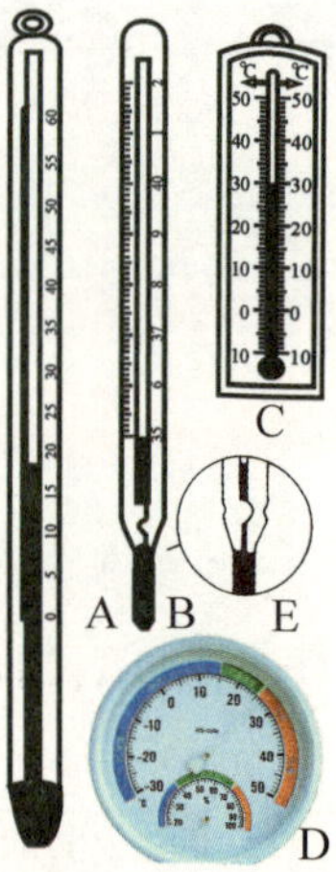

图 2-1-12

根内径很细、粗细均匀的玻璃管以及下端一个容积较大的玻璃泡组成，在玻璃泡和玻璃管内盛有适量水银，上端封闭且抽成真空，玻璃管外壁标有刻度，如图 E 所示。它是根据液体的热胀冷缩性质制成的，玻璃管越细，玻璃泡的容积越大，随温度变化而引起的液柱的升降就越明显，对温度的反应就越灵敏。

(3) 温度计：在用温度计测量物体的温度时要注意四会，如图 2－1－13 所示。①会认：使用温度计时，要先认清它的刻度范围(量程)、分度值，不能测量超过其刻度范围的温度，如图 A 所示。②会量：使用时，温度计的玻璃泡与被测物体充分接触，但不能将温度计的玻璃泡靠放在玻璃杯的壁或底上，更不能将温度计当搅拌器使用，如图 B 所示。③会读：待温度计的示数稳定后再读数，不能将温度计从被测物体中拿出来读数，如图 C 所示。读数时，视线应与温度计中液柱的上表面相平，如图 D 所示。④会记：记录温度值，标明单位。

图 2－1－13

(4) 电子温度计：如图 2－1－14 所示。操作非常方便，电子屏上直接显示温度的示数。

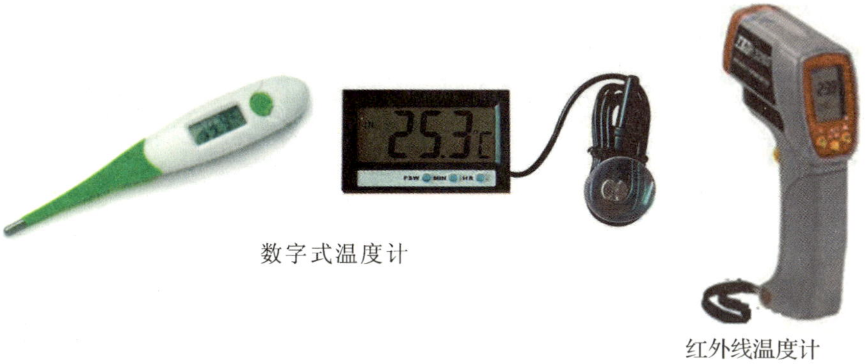

图 2－1－14

4. 体积的测量

我们经常看到在牛奶袋上或饮料瓶上一般都标有 500 mL 字样，这是指这袋牛奶或这瓶饮料的体积是 500 mL。你要了解物体的体积究竟有多大，就要懂得体积的测量。

(1) 测量工具：量筒和量杯都是用来测量物体体积的工具，如图 2－1－15 所示。

量筒(图 A)的形状是圆柱形的,口与底大小相同,刻度线是均匀的;而量杯(图 B)的形状是口大底小,刻度线是不均匀的,上密下疏。

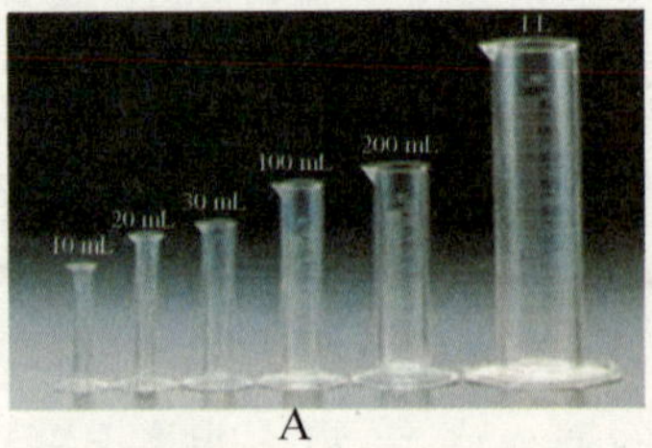

A

B

图 2-1-15

(2) 测量方法:使用量筒测液体体积时,要注意三会。①会观察:使用前要先观察其量程和分度值。不能测量超过量程或小于分度值的物体的体积。量筒壁上的分度值是 1 mL(毫升),即 1 cm^3。②会读数:有些液体的液面呈凹形,有些呈凸形,读数时,要分别按图 2-1-16 所示的方法观察和读数。若液面呈凹形(如水等),视线要与凹形底部相平,若液面呈凸形(如水银等),视线要与凸形顶部相平。在读数时,若眼睛俯视,则读数偏大;若眼睛仰视,则读数偏小,如图 2-1-17 所示。③会使用:用排水法间接测量固体体积时还要注意:量筒中预先倒入的水要适量,既要能浸没固体,同时水面又不能超过其最大刻度值。如图 2-1-18 所示。

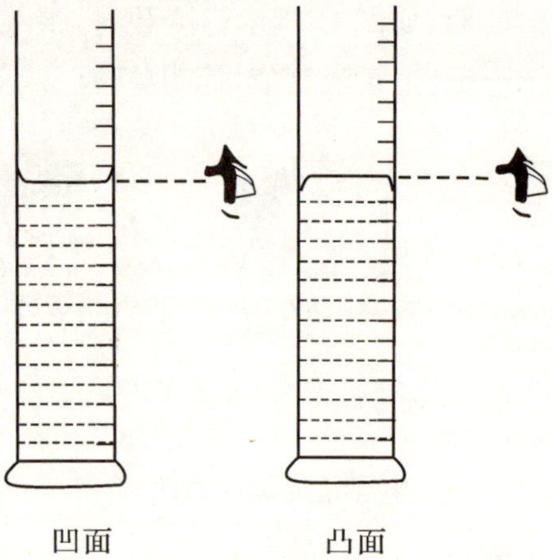

图 2-1-16

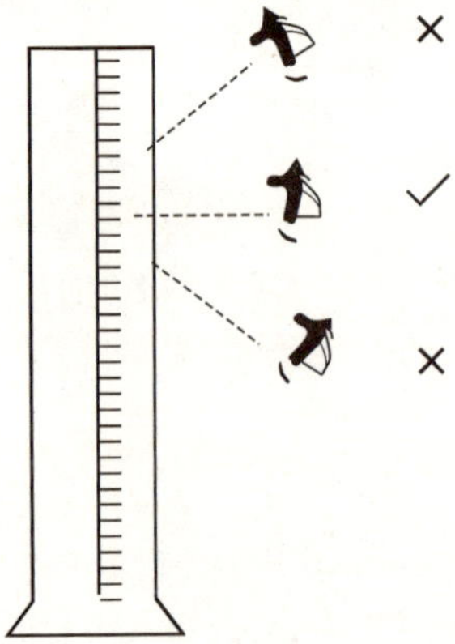

图 2-1-17

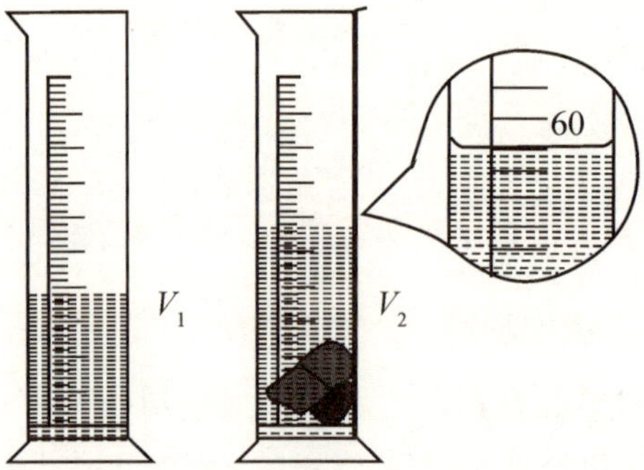

图 2-1-18

(3) 测量实践:请你测量一枚大头针的体积,按照下表要求进行测量,并将测量结果填入表 2－1－1 中。

表 2－1－1

实验次数	大头针数量/枚	水的体积/cm^3	总体积/cm^3	1 枚大头针体积/cm^3
1	1			
2	50			
3	100			

5. 质量的测量

一切物体都由物质组成，物体所含物质的多少叫质量。质量的国际单位是千克，常用单位有吨、克、毫克等，它们的换算关系是千进制。

（1）测量工具：现在市场上通常用电子秤来测量物质的质量，而实验室里现在还用托盘天平来测量物质的质量，如图 2－1－19 所示。左图为电子秤，右图为天平。

（2）天平结构：包括：①两只托盘、②指针、③标尺、④横梁、⑤平衡螺母两个、⑥刀口、⑦横梁标尺、⑧游码、⑨底座或底盘、⑩砝码盒和砝码，如图 2－1－20 所示。

图 2－1－19

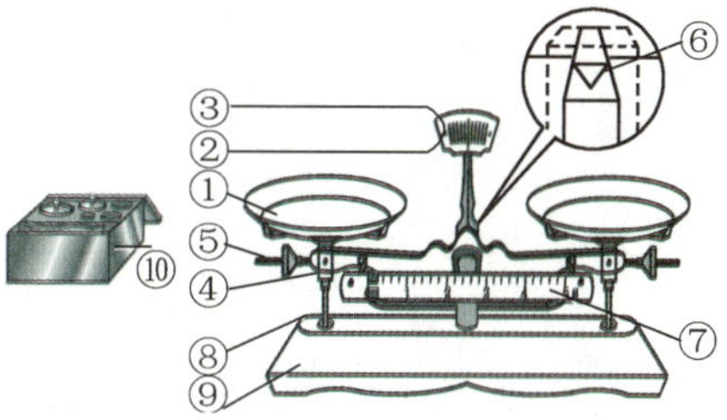

图 2－1－20

（3）天平调节：①水平调节：将天平放在水平的工作台面上；②横梁平衡调节：先将游码移至标尺左端的零刻度处，再调节横梁上的平衡螺母，使指针对准分度盘中央的刻度线。

（4）天平使用：①将被测物体放在天平的左盘，用镊子向右盘加减砝码；②在加减砝码时，先估测，再由大到小地加砝码；③移动游码在标尺上的位置，使指针对准分度盘的中线；④读数：右盘中砝码的总质量与游码标尺的示数之和即为所测物体的质量；⑤注意事项：a. 不能测超过天平量程的物体的质量，往盘里加减砝码时，应轻拿轻放；b. 天平与砝码应保持干燥、清洁，不要把潮湿的物品或化学药品直接放在托盘里；c. 应用镊子夹取砝码，不要用手直接拿砝码。

（5）测量实践：在调节天平平衡时，往往会出现无法调平的现象。这个现象多是由于天平两臂不等长或配件更换等原因造成的，要继续使用该天平进行称量，可采用下面的特殊测量方法。①替代法：将被测物体放于左盘中，在右盘中增减砝码，调节游码使天平平衡;将左盘中被测物体取出,保持右盘中砝码及标尺上游码的位置不动,再在左盘中加入另外一些砝码,待天平平衡时记下左盘中砝码的总质量,即为被测物体的质量。②多退法:在天平左盘中放一个比待测物体质量大,但又不超过天平量程的物体,再在右盘中加砝码,待天平平衡后,把待测物体放入右盘,从右盘中取出砝码,直至天平恢复平衡。此时从右盘中取出的砝码值就是待测物体的质量。③少补法:同样先在天平左盘中放一个比待测物体质量大,但又不超过天平量程的物体,再在右盘中先放待测物体,再添加砝码使天平平衡,记下添加的砝码质量 m_1;然后取下待测物体,再向右盘中加砝码,直至天平恢复平衡,记下右盘中砝码总质量 m_2,则待测物体的质量为 $m_{物}=m_2-m_1$。

6. 力的测量

(1) 测量工具:主要有机械式和数字式两类,如图 2-1-21 所示。其中的图 A、B、C 是机械式,称之为弹簧测力计。图 D 为数字式,称之为电子测力计。

A　　B　　C　　D

图 2-1-21

(2) 弹簧测力计:图 A 为伸长型,它是实验室里的主要测力计,能测拉力。图 B、C 为旋转型,其中的图 B 能测压力,图 C 能测拉力。

(3) 使用方法。①用前三看:测量前要观察测力计的零刻度、量程和分度值。在图 2-1-22 中,其量程是 0~5 N,分度值是 0.2 N。②用时三会:a. 会调零。若指针不对准零刻度线时必须调零。b. 会选择。估计待测力的大小,以选取量程和分度值合适的弹簧测力计。c. 会测量。测量时要使秤内弹簧伸长的方向与拉力的方向在一条直线上,弹簧不要靠在刻度盘上。d. 会读数。手对挂钩的拉力是 2 N。

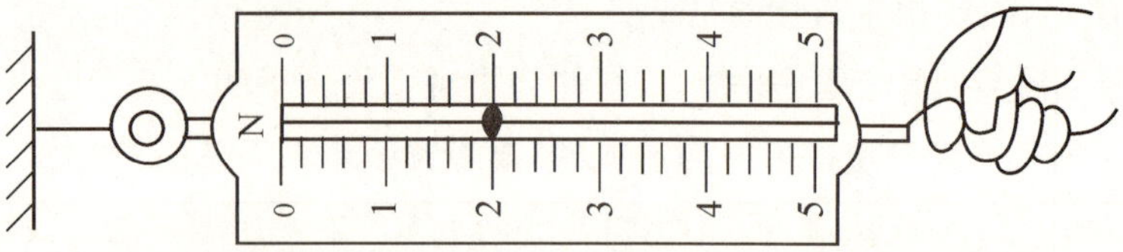

图 2-1-22

(4) 电子测力计：图D的测力计只能测拉力，不能测量压力。测拉力很简单，先调零，后测拉力，直接从显示屏上读出示数，就是所测的拉力。

(5) 厨房秤改装：厨房秤已经进入平常百姓家，如图2-1-23所示。①构造：它包括秤盘、电子显示屏以及开关、选择、计数和归零这四个控制键。a. 开关键：用来开、关电源，它具有180 s自动关机功能，省心省电。b. 选择键：有克、克拉、金衡盎司、格令、金衡、盎司等六大单位可供选择，满足各种称量需求。c. 计数键：能快速计数出质量相等物品的个数。d. 清零键：具有自动调零和清零的功能。②使用方法：a. 将选择键置于克。b. 按清零键调零。c. 将被测物体置于电子秤的秤盘上。d. 读出此时电子显示屏的示数，即为被测物体的质量，单位为克。③改装理由：厨房秤与天平相比，虽然有许多优势，但与弹簧秤相比就显得不堪一击，因为弹簧秤能测拉力，厨房秤虽然能间接测压力，却不能测拉力。

图 2-1-23

(6) 改装方法。改装一：①方法。在厨房秤的秤盘上增加一个压块，如图2-1-24所示。测量时：a. 将厨房秤的选择键置于g。b. 将压块置于秤盘上后清零。c. 将拉力作用在压块上。d. 显示屏上的示数基本上能说明拉力的大小。e. 将其单位g改为10^{-2}N。f. 记录时，将表格中力的单位记作“10^{-2}N”。②优点。表格中的测量数据就是电子秤显示屏的示数。其精度远高于弹簧秤，感量为0.01g的厨房秤，测拉力时的感量为10^{-4}N，精度是感量为0.1N的弹簧秤的1000倍。③缺点。该创新虽在精度上超越了弹簧秤，但它只能测竖直方向的力。改装二：①方法。增加一个定滑轮，如图2-1-25所示。②优点。利用定滑轮能改变力方向的特点，就能测中学物理教材中所涉及的所有力了。③创新点。结合“加一加”的发明技法，可创造出一个新的测力计来。先将压块与定滑轮组合，命名为“拉力转换器”，再将厨房秤与拉力转换器组合，命名为“创新测力计”。即：压块＋定滑轮＝拉力转换器，厨房秤＋拉力转换器＝创新测力计。在用该测力计测力时，若显示屏示数为正，测的是压力，若显示屏示数为负，测的是拉力。

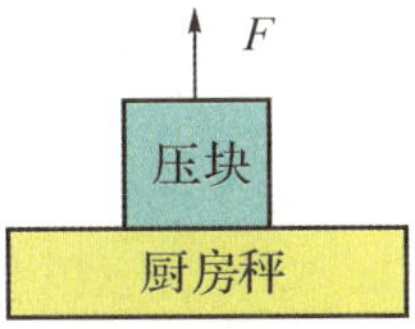

图 2-1-24

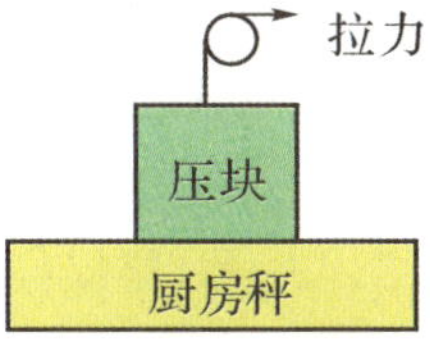

图 2-1-25

(7) 创新学具：崔师杰、韦子洵、房星辰等同学将其应用于探究向心力、安培力和摩擦力，分别发明了各自的探究仪，并获专利和大奖，如图 2－1－26 所示。

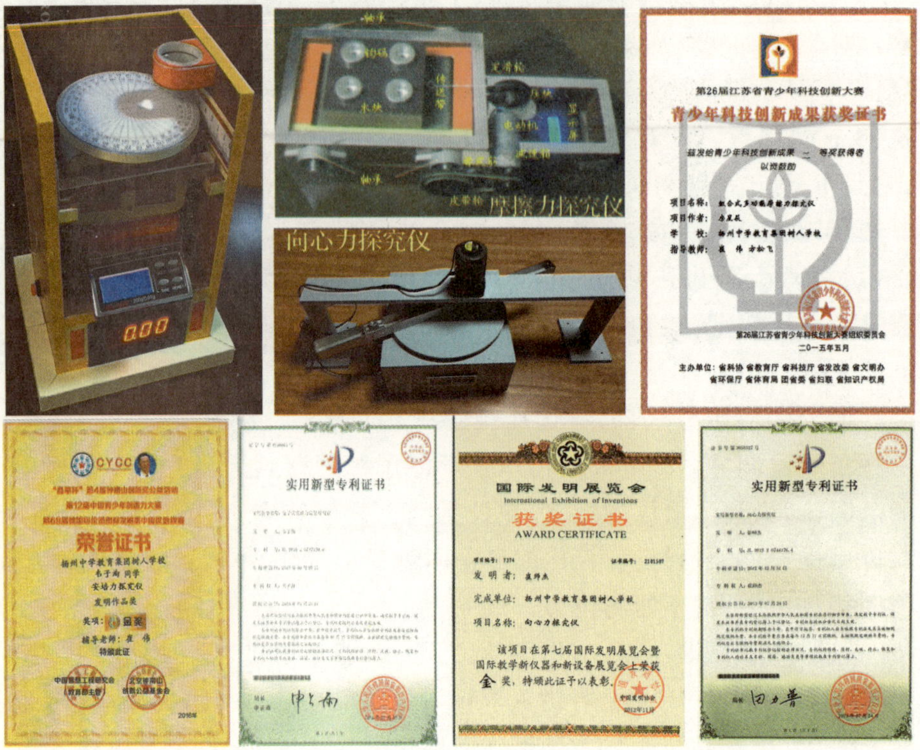

图 2－1－26

7. 电路的测量

①电路：电路是用导线把电源 U、用电器 R、R'、开关 S 等器件连接起来组成的路径。②电路图：用电路元件符号来表示电路元件实物连接的图叫电路图，如图 2－1－27所示。③测量仪器：电路要测量许多物理量，其中有电流、电压、电阻。可以用图 2－1－28 的双显电流电压表和图 2－1－29 的万用表来测量。其中的万用表可以测量电路闭合时电路中的电流，用电器两端的电压，电源的电压，用电器的电阻。双显电流电压表可同时测量电路闭合的电流和电压。④使用建议：上述两种测量仪器都是数字显示的，和上述的电子秤一样，操作十分简单，精度又高，比物理教科书中用电流表测电流、用电压表测电压、用伏安法测电阻要简便得多。其网购价格不足 100 元，建议你网上购买，使用方法可阅读相关说明书。

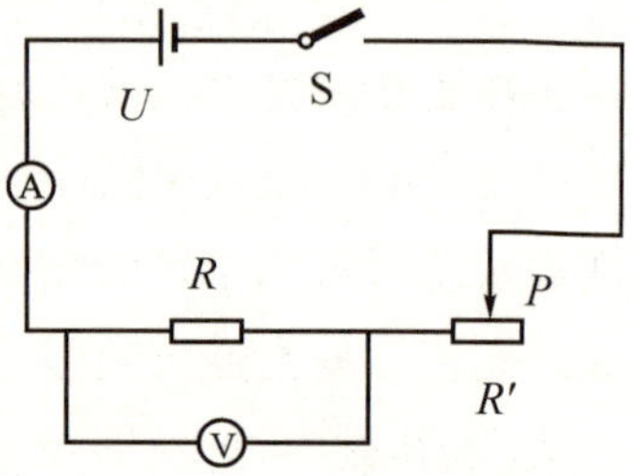

图 2－1－27

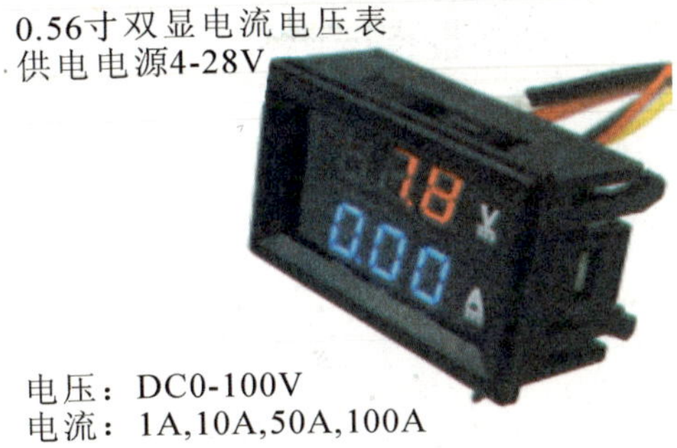

图 2-1-28

图 2-1-29

信息窗

特殊测量

有些物体的长度，用刻度尺不能直接测量，或很难测准，可以用转化思想、特殊方法，就能进行有效地测量。常用的特殊方法有以下几种：

1. 化曲为直

在实际测量中经常要遇到形状不规则的物体，如地图上海岸线、国界线、铁路线的长度测量等，其基本思路是设法将它拉直然后再测量。例如，请你设计一个测量地图册上京广铁路线长度的实验方案，如图 2-1-30 所示。可用一根弹性很小的软线与地图中的京广铁路线重合，在软线上标出北京和广州的标记点，然后将软线伸直，用刻度尺量出两个标记点间的距离再乘以上图中的比例即为京广铁路的长度。

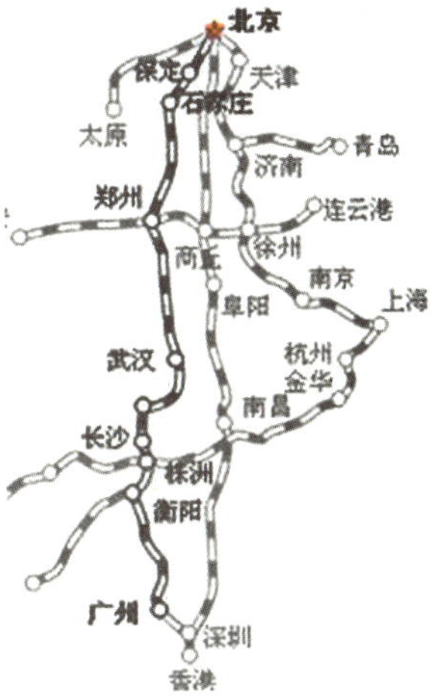

图 2-1-30

2. 化直为曲

有时用逆向思维的方法，以曲代直，也不失为一种新颖的测量方法。例如，要测出一段平直公路的长度，可先用一根尼龙绳测出自行车轮子的周长 h，再推着自行车从这段公路的一端跑到另一端，如图 2-1-31 所示。数出轮子转过

的圈数 n，则这段公路的长 $L=nh$。

图 2-1-31

3. 化暗为明

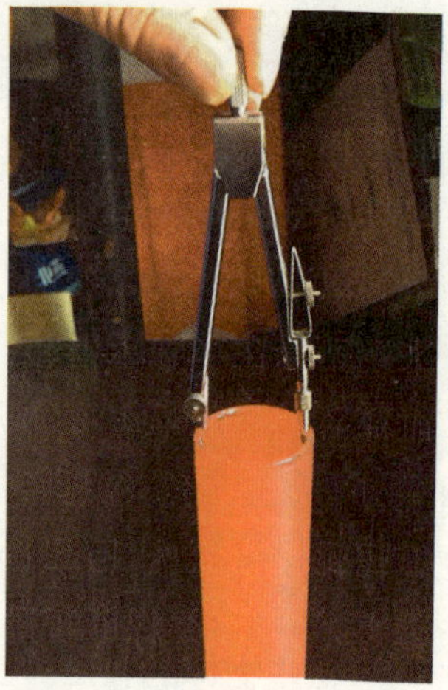

图 2-1-32

在实际测量中，我们经常要遇到内部不容易测量的物体，例如要测出一根玻璃管的内径，可先将一圆规的两只脚伸入管内，再将两只脚张开与玻璃管内壁接触，然后取出圆规，用刻度尺测出两只脚之间的距离，即为玻璃管的内径（图 2-1-32）。

4. 化整为零

对于曲线形物体的测量，我们还可以采用化整为零的方法，其基本思路是把弯曲的整体分割成近似直的许多部分，然后再累加而成。例如给你一个圆规和一根刻度尺，请你测出地图中曲线的长度。可以将圆规的两脚分开（两脚间的距离视铁路线的弯曲程度而定），再用圆规两脚分割曲线，记下它的总段数 N，然后用刻度尺测出圆规两脚间的距离 d 和最后剩下段的长度 b，则图 2-1-33 中曲线的实际长度 $L=Nd+b$。

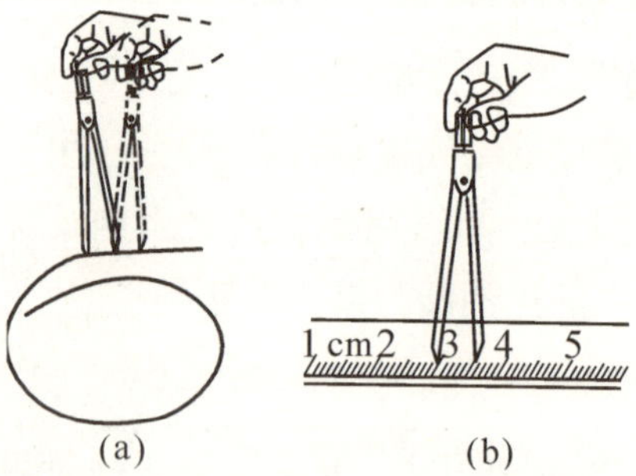

图 2-1-33

5. 化长为短

当被测物理量比较长时，可以采取化长为短的方法。如要测一楼房的高度，可先测出一个楼梯踏步的高度 d，再数出一层楼梯的踏步数 N 和楼房的层数 n，则楼房的高度 $H=Nnd$，如图 2-1-34 所示。

图 2-1-34

6. 化内为外

当被测量的物理量在物体的内部而不能直接测量时，可设法将内部的长度移到外部进行测量。例如，给你三块同样的长方体石块和一根刻度尺，请你测出石块内部斜对角线的长度。可以将三块石块紧靠着一字排开，然后小心地抽出中间的一块，如图 2-1-35 所示，用刻度尺测出石块斜对着的两顶点 A、B 的距离，就是石块内部斜对角线的长度。

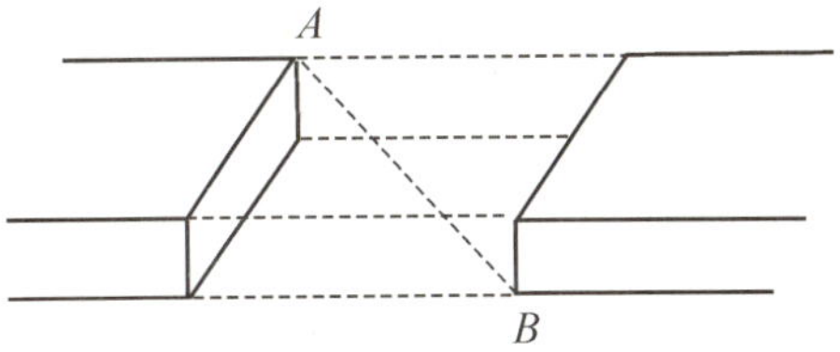

图 2-1-35

7. 化大为小

当被测物理量数值较大，现有测量工具不易测量或无法测量时，可用测出较小量的办法来等效代替较大量。例如，给你一台厨房秤、一根刻度尺，请你测量一大圈细皮线的长度。可以先用厨房秤测出这卷细皮线的质量 m，再用刻度尺量出 10 米细皮线并测其质量 m_0，则该卷细皮线的长度 $L=(m/m_0)\times10$ 米，如图 2-1-36 所示。

图 2-1-36

8. 等量替代

借助于一些简单的辅助器材（如三角板、直尺）把不可直接测量的长度“平移”到刻度尺上，从而可直接测出该长度，这种方法叫“平移”法，也叫等量替代法。例如，借助三角板、直尺便可测出硬币、乒乓球的直径，圆锥体的高，如图 2-1-37 所示。

图 2-1-37

9. 测多算少

把若干个相同的微小量“累积”起来，变得可直接测量，将测出的总量除以累积的个数，便得到微小量，这种方法叫“累积法”即测多算少。该法用于长度测量就是把多个相同的微小长度的物体叠放在一起，测出叠放后的总长度，用总长度除以叠放物体的个数，得到单个物体的微小长度。例如，要测细铜丝的直径，先把细铜丝密绕在铅笔上 n 圈，再用刻度尺测其长度 L，计算出每圈的长度，就是直径 $d=L/n$，如图 2-1-38 所示。

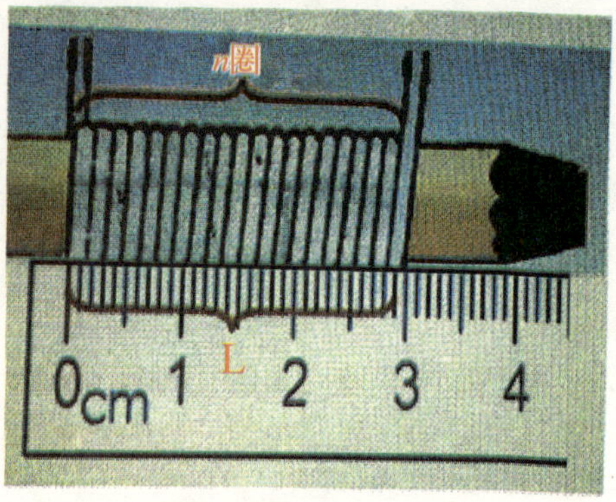

图 2-1-38

10. 化少为多

当被测的数值较小，不能用测量工具直接测出时，可以用测多算少的方法，化少为多。例如，要测出分子的直径，可将体积为 V 的一滴油酸滴到水面上，油酸均匀地在水面上扩散开，且浮在水面上，我们可以把油酸看作一个一个紧密排列的小球，它在水面上的面积为 S，由于油酸在滴入水中前后体积未变，所以 $V=SD$（D 为油酸分子的直径），则 $D=V/S$。

解密室

测量思路

测量是你进行科学探究的先导，所以在本章的探究之前，先引入与测量相关的器材及其方法问题，为你的科学探究作好技术上的准备。

其中的长度、时间、质量、力是力学中的基本物理量，用量筒来测不规则的固体是你在小课题研究经常遇到的测量问题。温度是热学中的基本物理量，电流、电压、电阻是电路中需要测量的基本物理量，上述这些物理量都可以用相关的仪器直接测量。这里值得一提的是，许多传统的测量工具正在或已经被现代化的电子产品所取代。如天平被电子秤取代，弹簧秤被电子测力计取代，机械秒表被电子秒表取代，常用温度计被红外温度计取代，机械电表被电子电表取代……

如果你把握了上述测量方法后，可以自行设计出用两种仪器测量两个物理量，再用相关公式计算出很多个物理量。如速度 $v=s/t$、密度 $\rho=m/V$、压强 $p=F/S$、电阻 $R=U/I$、$W=Pt$ 等，就都能测量了。

在特殊测量中，给你呈现了其中的测量思路：化曲为直，化直为曲，化暗为明，化整为零，化长为短，化内为外，化大为小，化少为多，等量替代，测多算少等，请你细细品味，从中会提高你设计实验的能力。

演练场

小试牛刀

请你根据本节的小故事，结合上述相关物理量的测量感悟，撰写一篇“我的测量技术”千字文，让你的父母给其作出“合格、优秀、点赞”的评价。

第二节　课题研究

小故事

厨余问题

学生顾书源通过观察，发现一日三餐都会有吃不掉的剩菜、剩饭，一天下来垃圾桶里已装得满满的，有蛋壳、菜叶、残羹、果皮等。他想到每个家庭，每天都会产生许许多多的生活垃圾，还有饭店、宾馆产生的垃圾更多，如图 2－2－1 所示。可想而知，全世界产生的垃圾是多么的惊人！他开始思索如何解决这个剩菜、剩饭的厨余问题。

社区垃圾

菜场垃圾

烂菜垃圾

图 2－2－1

有一天，一篇报道一下子吸引了他的眼球。纳尔逊山饭店位于南非开普敦，是当地最古老和最有名的饭店之一。每天，饭店守门人戴着殖民时期传统的头盔，迎接来自四面八方的各界名流。这些尊贵的客人在豪华环境中享受美味佳肴之时，绝对不会想到在饭店看不见的角落还有一批特殊的"员工"也在大快朵颐。纳尔逊山饭店在总统套房附近的房间中设有一个"蚯蚓农场"，每天把几千公斤剩菜剩饭和厨房的食物垃圾送到这里，由蚯蚓们吞吃处理。这里的蚯蚓就是人们最为常见的红蚯蚓，最长可达 15 厘米，被养在专门设计的板条箱内。成千上万的蚯蚓正在饭店内兢兢业业地为地球环保事业贡献着自己的一份力量，每天吞吃数千公斤垃圾。生物老师课上讲过，蚯蚓是地下环保工作者，也是耕耘土壤的"大力士"。

于是，他开展了对蚯蚓处理生活垃圾能力的实验研究。他将剩菜、剩饭、蛋壳、香蕉皮等倒在玉树花盆里，然后再把蚯蚓放在玉树花盆中，通过四天的观察，发现垃圾一点也没有了，玉树长得更加茂盛了。实验过程见本书 98 页"信息窗"。该课题参加了中国少年科学院"小院士"课题研究成果展示与答辩活动，他也当选为中国少年科学院"预备小院士"，如图 2－2－2 所示。

图 2－2－2

点金石

研究方案

顾书源同学通过观察，发现剩菜、剩饭的厨余问题需要解决，成为其开展课题研究的动因，从一篇报道中找到了解决问题的方法，并通过实验，证明了该方法是切实可行的，可以推广，这就是中学生课题研究的过程。

中学生研究的课题通常都比较小，称之为小课题。它是学生进行研究性学习的基本形式，也是树人少科院课题组的常态化活动，还是一种平民化或草根化的研究样式。其研究方法相对比较简单，不追求方法自身的严密性。它倡导自主、自立、自为、自用，其来源于学生的生活实际，不强调研究的学术性、规范性，较为自由。它适合中学生的认知特点和心理特征，在实践反思、经验积累中养成理性智慧，是树人少科院开展科技活动的主要方式，是学生进行科学研究、科技创新的成功舞台，如图 2-2-3 所示。

图 2-2-3

1. 课题的特点

小课题研究与你的日常学习紧密结合，是课堂教学内容的拓展与延伸；是解决你学习过程中遇到困惑的有效途径。其显著特点可归纳为“小、活、实、短、平、快”这六个字。这也是对学生进行小课题研究提出的基本要求。

(1) 问题的切口小：这些问题基本上都来源于你的日常生活和学习中碰到的困惑问题。如在茂密的树荫下玩耍时会经常发现：地面上有许多圆形的和非圆形的光斑。学了小孔成像的知识后，知道小孔所成太阳的像应该是圆形的，怎么会出现非圆形的光斑呢？它会激发了你的好奇心，进行“小孔成像”的课题研究。该课题的切口很小，直接指向你正在学习的光直线传播规律的应用。

(2) 涉及的范围小：上述小孔成像规律的课题研究，由于指向明确，涉及的范围相对较小，只涉及小孔的形状、大小、物距、像距等因素。实验的操作也比较简单，符合初中学生的认知规律，也容易引起学生的兴趣，获得成功的喜悦。有的学生直接对学习中的疑难问题进行实验论证性研究，例如有这样的问题：放在透明水杯中的小泥人，看到的现象是放大了？还是缩小了？是变胖了？还是变瘦了？若不能直接回答的话，只要做个实验就 OK 了。

(3) 研究的过程活:小课题研究的灵活性主要表现在研究的过程上。选题论证、方案设计、立项开题、实施研究等都没有规划课题研究那么复杂。研究什么?什么时候研究?怎么研究?是一个人研究还是多个人共同完成?不需要囿于教育科研课题规划部门所提供的选题指南,你可以"我的事,我做主"。

(4) 选择的内容活:小课题人人都可以研究,时时都可以开展,处处都可以进行,提倡"学习即研究,学生即研究者,成果即成长"的理念。使你的研究在兴趣中生根,在实践中开花,在过程中结果。对研究的内容可灵活选择,如小孔成像规律的研究内容,可以从成像的条件去研究,也可以从物距与像距的关系去研究,还可以从观察的不同对象(物)去研究。实验室通常用烛焰作为物,而树人少科院的小院士们却选择观察难度比较大的扬州市标志性建筑——文昌阁作为研究的物,实在是一项创新之举。

(5) 研究的时间短:小课题研究的时间短,是符合你的认知规律和学习特点的。由于小课题生成于你的学习生活之中,具有随机性、偶发性、情景性,常常是不约而至。使其研究的周期显得很灵活,课题研究的时间视研究的内容而定,可长可短,时间短的只要几个小时就可以解决问题,长的大约三至五个星期。千万不能随意延长课题的研究时间,加重课业负担则是不可取的。

(6) 契合实际水平:小课题研究必须契合你的实际水平,千万不能拔苗助长、不切实际。小课题研究一般不需要研究设计和解释的高级技术,只要具有基本的研究知识或通过网上查询能内化的知识即可。小课题在设计的程序上不需要那么严格,往往在比较自由的行动中做出调整。小课题研究最关注的是研究结果所具有的实践意义及其应用价值。如上述的小孔成像的研究内容,是初中物理教材中的弱化知识,对其进行实验探究,虽然超越了课标要求,但能契合创新人才培养的水平。如果让你以课题的形式,研究当前科学界的引力波等热点问题,那就有点拔苗助长、不切实际了。

(7) 得出的成果快:由于小课题研究的周期短,因而速度快、效率高。即得出的成果快,容易获得你的成果感。一个问题解决了,就可以得到一点收获,还可以转入到下一个问题的研究。有些研究不需要触及该问题的方方面面,也不需要形成系统的经验总结,也不苛求一定要将自己的研究心得发表,关键是要你自己体味到有所收获、有所成长,体味到"眼前一亮""心头一喜"的愉悦。

(8) 选择课题务实:小课题的选择应针对你学习或生活中遇到的盲点、热点、难点问题,选择贴近自己、贴近生活、贴近社会实际的问题作为研究的课题。有的选择如"环境污染对生物的影响研究""瓶插鲜花保鲜的实验探究""清理口香糖残留物的实验研究""废纸利用与回收的调查研究"等课题进行研究,还是比较务实的。因为环境污染问题、鲜花保鲜问题、口香糖残留物的清理问题、废纸的利用与回收问题等都是当前社会的热点问题，其选题比较务实。

(9) 研究过程踏实：这对你而言是起码的要求，涉及对待科学的态度问题。如上述的“小孔成像的实验研究”，就得经历小孔成像仪的设计、制作、应用的过程，含有不同小孔形状或大小的插片的制作和使用过程，观察物体的选择过程，物距和像距的测量和比较的过程，分析论证的过程等，都需要踏踏实实，不能务虚处理。

(10) 探究结果真实：探究的结论必须真实，尤其在定量探究中更显得难能可贵。其实不少学生在研究之初，在教学分析论证时，对收集到的实验数据中的异类数据的处理，不是从产生的原因去分析，而是采取简单的修改方法了事，这是在弄虚作假，是课题研究的大忌。树人少科院高度重视课题研究成果真实性的评价，并提到人格问题的高度来认识。

2. 选题原则

做小课题研究，总要有个目的。没有目的的研究，就好比没有靶子的射击，只能是盲目放枪，空费子弹。选题也得遵循一些原则。

(1) 可行性原则：小课题研究不能脱离实际空想、幻想。要从学生的角度，充分考虑学生学习的人文环境、认知基础、实验条件，确保小课题的研究可行。例如 8 年级学生刘睿瑶发现扬州人家家都有水养花的习惯，而玫瑰花正是一种家中普遍的水养花。问题是过不了几天玫瑰花就凋零了，没有长久性。怎样使花期更长，是养花爱好者密切关注的问题。于是，她就选择《玫瑰花保鲜技术的实验研究》为小课题，具有可行性。该课题获得中国少年科学院“小院士”课题研究成果二等奖，如本书第一章的图 1－5－9 所示。

(2) 量力性原则：小课题的选题应该贯彻量力而行的原则，从学生的生活实际出发，从“近”“小”“实”等入手，这样的小课题研究才会善始善终。例如 8 年级学生施方在做马铃薯在盐水中浮沉实验时，意外地发现浮而复沉的现象，他就选择《马铃薯在盐水中浮而复沉原因研究》为小课题，利用已有的“物体沉浮条件”等知识，凭借自身的能力，顺利解决了课题中的难点，使小课题的研究具有量力性，也获得了江苏省少年科学院“小哥白尼”科技创新作品评比二等奖，如图 2－2－4 所示。

(3) 兴趣性原则：兴趣是小课题研究的最好的老师。喜欢不单纯是一个爱好倾向问题，一个人之所以对某样东西感兴趣，往往跟他的长期关注、知识积累，生活经验，以及周围可以借助的研究资源有关，是不断激发研究兴趣和信心的有利条件。例如 8 年级学生沈瀚文从小就对乒乓球有着浓厚的兴趣，学习物理后，从物理实验的角度出发，以《乒乓球的实验功能研究》为小课题，就符合兴趣性要求。该课题获江苏省少年科学院“小哥白尼”科技创新作品评比一等奖，如图 2－2－5 所示。

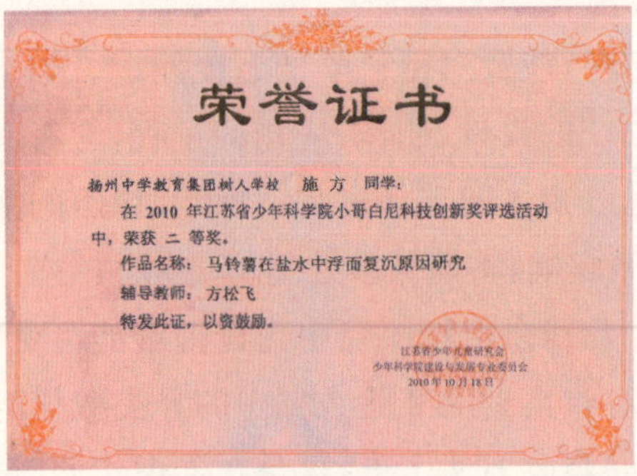

荣誉证书

扬州中学教育集团树人学校 施 方 同学：

在 2010 年江苏省少年科学院小哥白尼科技创新奖评选活动中，荣获 二 等奖。

作品名称： 马铃薯在盐水中浮而复沉原因研究

辅导教师： 方松飞

特发此证，以资鼓励。

江苏省少年儿童研究会
少年科学院建设与发展专业委员会
2010 年 10 月 18 日

图 2－2－4

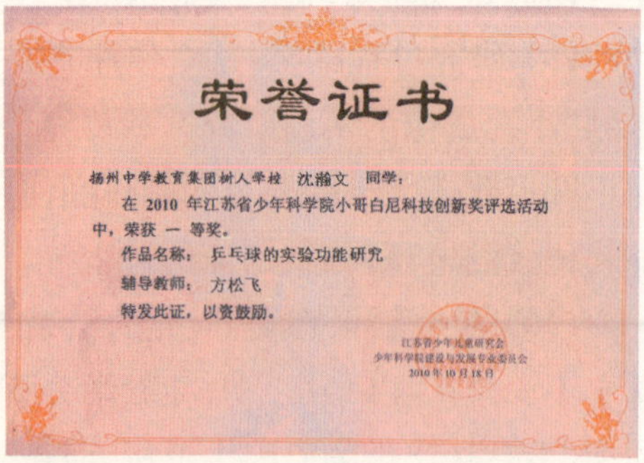

荣誉证书

扬州中学教育集团树人学校 沈瀚文 同学：

在 2010 年江苏省少年科学院小哥白尼科技创新奖评选活动中，荣获 一 等奖。

作品名称： 乒乓球的实验功能研究

辅导教师： 方松飞

特发此证，以资鼓励。

江苏省少年儿童研究会
少年科学院建设与发展专业委员会
2010 年 10 月 18 日

图 2－2－5

(4) 科学性原则：科学性体现在小课题的研究指导思想和研究目的的明确，立论科学合理，事实真实充分。具有科学性的课题既要有实践基础，又要有理论基础。对于部分优秀的初中学生来说，这既是一种自我挑战，更是一次跨越式发展的成功舞台。例如 9 年级学生张世尧从我国的汶川、玉树大地震给人们带来恐惧和不安出发，为了那些鲜活生命不在地震中消失，为了我们的美好家园不在地震中毁灭，为了同学们能有一个安全的学习生活环境，为了人们不再因地震而恐惧，如何减小地震对建筑物的破坏成了他所经常思考的问题。于是他以《抗震楼的模拟实验研究》为小课题，自己制作实验装置，进行卓有成效的课题研究，符合科学性的要求。该课题获得中国少年科学院领导的高度评价，张世尧同学还作为中国少年科学院的小院士代表走上中国少年科学院颁奖会的领奖台领奖，如图 2－2－6 所示。

图 2－2－6

3. 选题途径

小课题的选题的途径很多，有的从自己的兴趣爱好出发选题，有的从家庭的文化背景出发选题，有的从学习生活的实际出发选题，也有的是从社会的热点问题出发选题。而对初中学生而言，一般有下列三条选题途径。

(1) 从调查活动中选取课题：学校通常在寒暑假布置学生开展社会实践调查活动，将社会实践调查活动富有研究价值的问题，转化为小课题研究，是选题的一条可取途径。例如当时还是 7 年级的学生崔师杰，利用寒假对扬州的桥梁文化进行了调查，撰写的“扬州桥梁文化的调查报告”获得“树人少年科学院社会实践报告”评比一等奖。在此基础上，上升为小课题，吸引了 8 位初一学生的共同参与，成立了小课题《扬州桥梁的调查与实验研究》合作研究共同体，得到了学校的关注，使该课题的研究上了一个新的台阶。该课题的研究成果先后在江苏省少年科学院和中国少年科学院的小课题研究评比中都获得了一等奖，如图 2－2－7 所示。

(2) 从课本知识中提炼课题：将教材上的部分弱化知识提炼为小课题研究，是学生成功选题的又一途径。例如学生吕东宸的《小孔成像的条件探究》和郭清妍的《磁场屏蔽物质的实验研究》等，都是对物理教材中的“光的直线传播”和“磁体的磁场”等知识的拓展与提炼，加深了这部分学生对课本知识理解的深度和广度。其中《小孔成像的条件探究》获得中国少年科学院“小院士”课题研究论文评比一等奖。《磁场屏蔽物质的实验研究》获得中国少年科学院“小院士”课题研究论文评比二等奖，如图 2－2－8 所示。

图 2－2－7

图 2－2－8

(3) 从本地资源中挖掘课题：扬州的人文环境、民风民俗、乡土物产、人物风范等都各具特色，蕴藏着丰富的小课题资源，只要精心挖掘，也能寻找出弘扬家乡传统文化的课题。例如 9 年级学生张辛梓一直在关注着扬州的发展与变化，尤其是对老城区的保护和利用，很感兴趣。在东关街改造之初，他就多次前去现场参观，有一次还与当时正在视察工作的王燕文书记碰面。在感受到了今天东关街作为扬州一条文化历史古街所展现出的魅力的同时，也发现了资源保护上存在的一些问题。他就以此为研究课题，撰写了《东关街一带保护及旅游情况调查报告》，该课题获江苏省少年科学院“小哥白尼”科技创新作品评比一等奖，如图 2－2－9 所示。

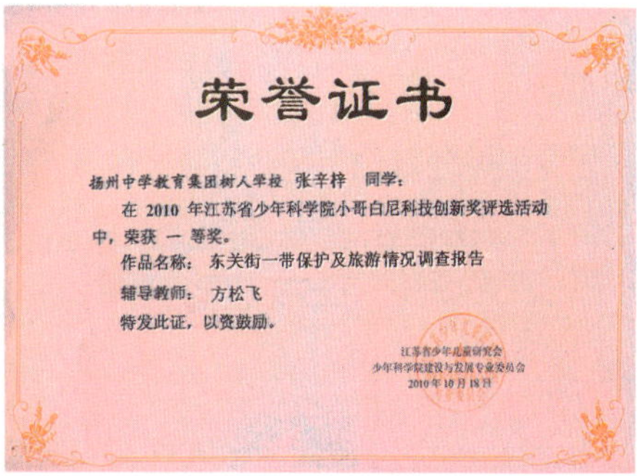

图 2－2－9

4. 制订方案

研究方案是对课题研究的总体规划，是进行课题研究的具体设想，是进行研究工作的思路和框架。它包括课题背景、意义、目标、内容、方法、步骤和实施等。现以包明威同学的《社区停车位规划的现状及其改进研究》为例说明，该成果获江苏省科技创新一等奖如图 2-2-10 所示。

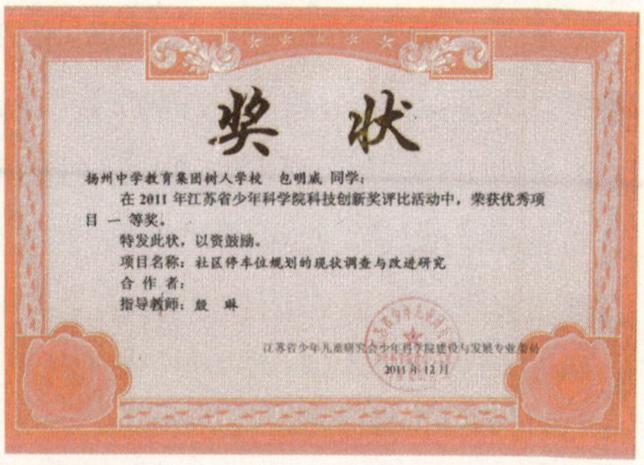

奖 状

扬州中学教育集团树人学校　包明威 同学：

在 2011 年江苏省少年科学院科技创新奖评比活动中，荣获优秀项目 一 等奖。

特发此状，以资鼓励。

项目名称：社区停车位规划的现状调查与改进研究

合 作 者：

指导教师：殷　琳

江苏省少年儿童研究会少年科学院建设与发展专业委员会

2011 年 12 月

图 2-2-10

(1) 课题背景：随着家用汽车走进千家万户，汽车的快捷和便利给每个家庭带来快乐的同时也带来了停车难的烦恼。每个小区车满为患，乱停乱放，很不文明。而且纷争不断，也不和谐。物业管理人员虽然规划了车位，可是地少车多，很多车主还是无车位可停。面对生活中的现实问题，我们能做些什么呢？恰好学校要求我们做一些自选的社会调查活动，在老师的帮助和家长的鼓励下，确立了《社区停车位规划的现状调查与改进研究》这个课题。

(2) 研究意义：在自己所在的小区里的有限空地上，设计更多的车位，对解决当前小区车位紧缺这一实际问题有一定的意义。

(3) 研究目标：通过调查、分析、改进，希望能增加 30%的停车位。即如何能在自己所在小区的有限空地上，设计更多的停车位？

(4) 研究内容：社区可停车空间、单个停车位合理空间，增加停车位方案。

(5) 研究方法：实地调查法、穷举法、图形分析法、比较分析法。

(6) 研究步骤：①选定一个小区的某个区域作为研究对象。②实地测量可用于停车的空间，并做成平面图。③分析常见车辆需要的停车空间，分成有限的种类，以便统一规划。④分析出目前停车位安排的不足和主要问题，以及可以改进的空间。⑤运用图形分析和对比分析，提出有效增加停车位的方案。

5. 实施过程

(1) 选定调查对象：选定扬州市翠岗小区白兰苑与翠竹苑之间的通道。如图 2-2-11 所示。

图 2-2-11

(2) 选定区域尺寸：该通道东西走向，双向车道，两侧设置停车位。通道东西方向长35 m，南北宽 9 m。由 2 列各 7 块的 5 m、4.5 m 宽的混凝土路基组成。如图 2 - 2 - 12 所示。

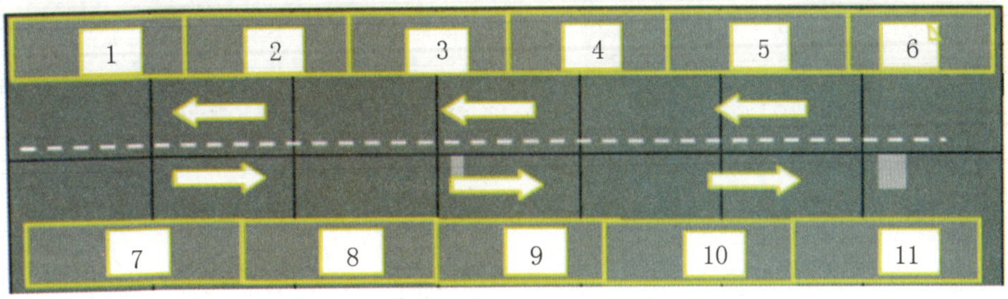

图 2 - 2 - 12

(3) 停车位现状图:北侧 6 个车位,南侧 5 个车位。顺次编号 1～11。第 6 号车位约有一半延伸出了区域东边界。测量每个车位的实际尺寸,如图 2 - 2 - 13 所示,测量结果如表 2 - 2 - 1 所示。

图 2 - 2 - 13

表 2 - 2 - 1　选定区域的各停车位的尺寸

	1	2	3	4	5	6	7	8	9	10	11	平均
长/m	6.2	6.00	6.5	6.3	6.2	6.2	7.00	6.80	6.70	7.20	7.30	6.58
宽/m	2.15	2.15	2.15	2.15	2.15	2.15	2.15	2.15	2.15	2.15	2.15	2.15

(4) 分析与改进:从实际测量的结果来看,道路两侧的停车位,宽度都是一致的。长度上不够精确、统一,没有充分利用。通过向物业管理人员了解,原因是在画线的时候适当考虑了实际的车长和安全间隔,部分车子不在现场,估算时就多留了一点。进一步观察,社区内以家用轿车为主,主要分中型车(B 级)和小型车(A 级)为主。从现场实际取样分析车子的实际占地空间,中型车的空间是 4.0 m 长、1.8 m 宽,小型车的空间是 3.9 m 长、1.7 m 宽,如图 2 - 2 - 14 所示。考虑到轿车泊位时进出时的最小转弯半径和安全间距,停车位长度应该比实际车长长 1 m。这样经济的停车位应该分两类,一类适用中型车,长 5.8 m,一类适用小型车,长 4.9 m。这样,该通道的单边停车位的设计的可选组合,可以用穷举法逐一列出,其利用率以及相对原停车位(10/2)的增加比例,一并计入表 2 - 2 - 2。

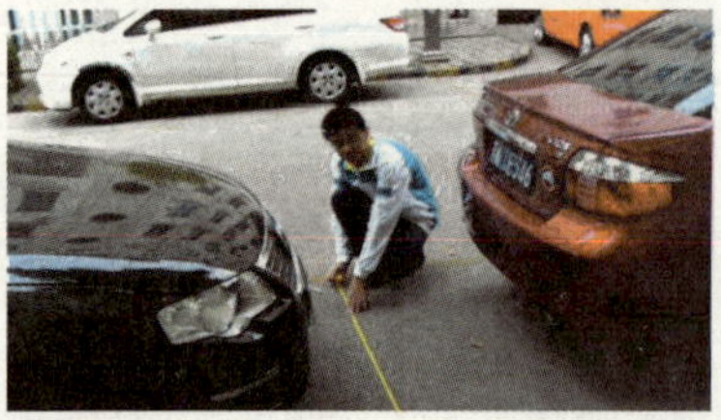

图 2-2-14

表 2-2-2　选定区域的停车位设计组合

小型车数量	7	6	5	4	3	2	1	0
中型车数量	0	0	1	2	3	4	5	6
停车位数量	7	6	6	6	6	6	6	6
利用总长/m	34.3	29.4	30.3	31.2	32.1	33.0	33.9	34.8
利用率	98%	84%	86.5%	89.1%	91.7%	94.2%	96.9%	99.4%
增加比例	40%	20%	20%	20%	20%	20%	20%	20%

(5) 改进后的效果：通过对应用需求的分析，合理地制定经济的停车位的大小。该通道两侧，至少可以停放各 6 部车，较现状增加 20%的停车位。如果通过制定不同停车位租金的政策，鼓励购买小型车，则最大可以增加 40%的停车位。如果一侧规划为中型车停车位(6 部)，一侧规划为小型车停车位(7 部)，则增加 30%的车位。

(6) 进一步的设想：有没有更好的方案，增加更多的停车位呢？仔细观测停车位的平面图发现：①由于车子进出的关系，实际车子之间都有大约 1 m 的间距，如果按一侧 6 部车计算，总间距超过 6 m，占可利用空间(35 m)的 17%，相当可观。②社区里的车子几乎是早出晚归，通道中的有效车流并不多。双向车道，实际上比较空闲。如果改为单向行驶，则可以大大增加停车位的数量。③根据上述分析，将半个通道改成停车位。但半个通道只用 4.5 m 宽，因此需要将车子以一个合理的角度停放。车长 5.2 m(0.4 m 为安全空间)，宽 2.18 m。其到原通道中心线的距离为直角边(4.5 m)。可以停放的角度和数量不太好计算。用毫米方格纸，把实际的车位紧凑地排列起来，如图 2-2-15 所示。④总共可以安排 14 个车位，再用量角器量出角度为 35°。比原计划增加了 40%的停车位。由于半边通道宽度有限，停车位与通道方向的夹角 35°比较小，明显有不少空间浪费了。假如仍以单项通车设计，在一侧停车，停车位与通道的夹角为以 90°，紧凑排列，则可以设计 16 个车位。比原计划增加 60%的停车位。如图 2-2-16 所示。

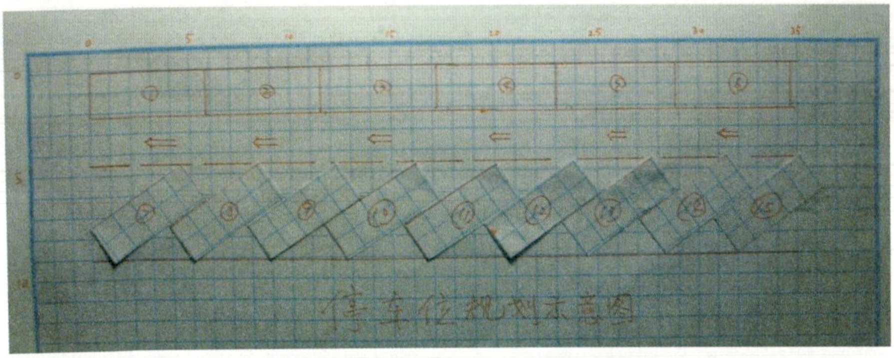

图 2－2－15

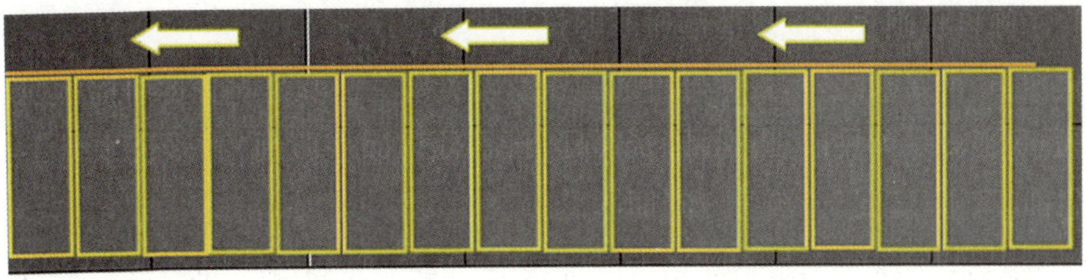

图 2－2－16

6. 对比分析

通过调查和分析，社区停车位紧张与停车位不足有关，停车位不足与规划不当造成的利用率不足有关。

（1）车位的现状分析：①现有停车位长度参差不齐。有限的空间利用不足。②中型车、小型车没有分类规划。造成小型车的空间浪费较大。③在车流量不大的现状下，双向通道占用较多空间。

（2）重新设计规划后：①如果停车位空间统一以中型车的经济长度，5.8 m 规划，可以增加 20%的停车位。②如果鼓励驾驶小型车，停车位可以增加 40%。一半中型车，一半小型车，停车位也能增加 30%。③如果能将双向通道改为单向通道，两侧停车可以增加停车位 40%，单侧垂直停车，可以增加 60%的停车位。

7. 研究结论

上述设计如果能实施，就会在不增加用地的情况下，增加 40%左右的车位，小区车位紧缺这一实际问题就会得到有效解决。

信息窗

蚯蚓实验

下面，我们一起来学习顾书源同学开展的“蚯蚓处理生活垃圾能力的实验研究”。

1. 研究意义

随着我国经济的快速发展，人民生活水平的提高，城市生活垃圾与日俱增，随之产生的环境污染问题日益严重。通过实验探究来论证蚯蚓具有很强的处理生活垃圾的能力，就能为垃圾处理找到一个可行的方法。作为一名初中生的我，用自己的实际行动在保护身边的环境，同时也希望能通过自己的行动让更多的人重视环保。

2. 实验过程

(1) 实验准备：准备铲子一把、塑料盆一只，到潮湿的草地上去挖蚯蚓。我小心翼翼地挖，生怕弄伤蚯蚓。我花了将近半个多小时，挖了有三十几条呢。我把小卫士们轻轻地放在塑料盆里带回家，如图 2－2－17 所示。

铲子一把

塑料盆一只

潮湿的草地上去挖蚯

把蚯蚓放在盆里

图 2－2－17

(2) 开始实验：将剩菜剩饭、蛋壳、香蕉皮倒在玉树花盆里，然后再把蚯蚓放在玉树花盆里，如图 2－2－18 所示。

垃圾

未放蚯蚓的玉树

把垃圾倒在花盆里

把蚯蚓放在有垃圾的花盆里

图 2-2-18

(3) 观察现象:如图 2-2-19 所示。①两天后:真神奇了！发现垃圾少了许多，同时发现了一些蚯蚓粪，如图 A 所示。②四天后:垃圾又少了许多，如图 B 所示。③八天后:发现垃圾一点也没有了，玉树长得更加茂盛了，如图 C 所示。

A. 两天后

B. 四天后

C. 八天后

图 2-2-19

(4) 实验结论:蚯蚓有处理生活垃圾的能力。

(5) 拓展提升:蚯蚓帮助地球呼吸，分解废品，用蚯蚓来处理有机废物，净化环境，可以达到零排放。蚯蚓是分解者，对于人类来说，它可以分解掉人类生产的有机垃圾，使其变成无机物，供植物等利用。蚯蚓吃垃圾的同时会产生无味、无害、高效的蚯蚓粪，是一种天然的有机肥料。蚯蚓的活动使土壤疏松，改善土质，增强土壤肥度，用于花卉，可明显延长花期，花更鲜艳;用于果蔬生产，不仅可提高产量，而且可提高品质和贮藏时间。这些蚯蚓还有益于改善气候变化问题。垃圾站堆积的有机垃圾会释放二氧化碳和甲烷等温室气体，使大气吸收热量产生“温室效应”，全球变暖。而蚯蚓能吞食掉垃圾并把它转化成固体有机物，从而阻止温室气体产生。

解密室

课题研究

课题研究是你进行研究性学习的基本形式，也是科技创新人才成果展示的主要方式。由于你还处于中学阶段，与成人的课题研究的要求不同，所以将这种课题称之为小课题。它具有“问题的切口小、涉及的范围小、研究的过程活、选择的内容活、研究的时间短、得出的成果快、契合实际水平、选择课题务实、研究过程踏实、探究结果真实”等特点，即“二小、二活、一短、一快、四实”。

选题必须符合可行性、量力性、兴趣性、科学性这四个原则，其途径来自于调查活动、课本知识、生活实际，它是你进行课题研究的关键。研究方案是你对课题研究的总体规划，实施过程则是你进行课题研究的核心部分。

本节为你选择并展示了两个小课题的实施过程，而这两个课题都来自于我们的生活实际(厨余处理、车位优化)，你是否已经有所感悟，或者有更好的实施方案?

演练场

小试牛刀

请你结合小课题研究的特点及其选题原则、途径，撰写一篇“我的课题研究方案”千字文，让你的父母给其作出“合格、优秀、点赞”的评价。

第三节　探究环节

小故事

教堂吊灯

1583 年的一个星期日，19 岁的伽利略穿戴整齐，越过大卵石铺成的广场，随着做礼拜的人群走进比萨大教堂正面的大铜门。比萨斜塔是这座建筑群的钟楼，大教堂从空中俯视呈拉丁十字型，造型厚重巍峨，颇为壮观。也许是命运的安排，主持做弥撒的是一位来访的神父。他站在神坛上，枯燥地念叨着神的教义。没有多久，伽利略就听得乏味了。只见他仰起头，两眼朝半圆形的殿堂四周转悠着。微弱的光线透过雕成小圆圈的门窗洞，教堂内高大的空间笼罩着一种庄严神秘的感觉。这时他的目光停在穹顶中央的一只吊灯上。这是一只精致的大吊灯，在橄榄状的穹顶上轻轻地摆动着。灯坠划出一道漂亮的弧线。伽利略被吊灯摆动的节奏吸引住了，如图 2-3-1 甲所示。

甲

乙

图 2-3-1

忽然，他的脑海里闪过一个念头。以前他曾经见过许多摆动的物体，但都没有注意到这个惊人的事实。伽利略发现，大吊灯随着风吹而摆动，摆动的弧线时长时短，但不管摆幅是多长，吊灯往返的时间好像是一样的。当时还没有精确的计时手段，伽利略想起上医学课时学的方法，于是用自己的脉搏来测量时间。他把右手指按在左手腕上，两眼盯着吊灯，心中默默数着："一、二、三……"这是一幅很动人的场面，年轻的伽利略扬着脑袋，目不转睛地瞅着吊灯出神，如图 2-3-1 乙所示。

他反复地测了好多次，不管吊灯摆动的距离是长是短，它往返所需的时间总是一样的！即便是吊灯摇摆得很缓慢，它在短弧线上来回一次，仍然需要那样长的时间。这个发现令伽利略很惊奇。因为按照习惯思维，摆幅短所需时间也应该短。伽利略不禁陷入了沉思：吊灯往返的时间怎么会与摆幅无关呢？那究竟是什么因素决定摆动时间呢？是摆的重量，体积，还是吊绳的长度呢？

他怀着跃跃欲试的心情赶回大学宿舍，找来绳子、挂钩以及一些重量不同的物体，立即进行了试验。他觉得感觉是不可靠的，只有通过实验才能找到真理。伽利略当时并没有意识到，他的这个研究方法竟开了近代实验科学研究的先河。伽利略用不同重量的物体作摆锤，然后通过改变绳子的长度，改变摆锤的体积大小，制作了很多种"钟摆"。他反复测定这些"钟摆"摆动的时间，而自己的脉搏就是表。他还找来鹅管笔和纸张，仔细地记下实验的结果。然后从这些记录中寻找规律。渐渐地，摆的运动规律清晰地显现出来。首先，伽利略发现摆的周期，即往返一次的时间，与摆锤的重量无关。如果绳子的长度一样，只是改变摆锤的重量，摆的周期不变。实验还表明，摆的周期与摆锤的体积、形状也没有关系。然后，伽利略使用相同的摆锤，但依次改变绳子的长度进行了实验。结果发现，绳子的长度是关键因素。摆锤的绳子越长，摆的周期也越长；相反，摆锤的绳子越短，摆的周期也越短。归根结底，摆动一次所需的时间，仅仅取决于摆绳的长度。这就是著名的摆的周期定律。

1656 年荷兰科学家惠更斯经过顽强不懈的努力，终于实现了伽利略的遗愿，制作出世界上第一座摆钟。惠更斯是根据伽利略发现的摆的原理才制作成的钟表，因此，人们把伽利略称为"钟表之父"。北京故宫博物院钟表馆收藏的钟表如图 2-3-2 所示。

图 2-3-2

点金石

探究环节

从伽利略发现比萨大教堂吊灯摆动规律的故事,我们可以归纳出科学探究的主要环节:①提出问题(被吊灯摆动的节奏吸引、闪过念头);②猜想假设(摆幅、摆重、吊绳长);③设计方案(找来绳子、挂钩,以及一些重量不同的物体);④进行实验(进行试验,脉搏就是他的表);⑤收集证据(用鹅管笔和纸张记下实验结果);⑥解释结论(绳子的长度是个关键因素);⑦交流评价(摆动一次所需的时间,仅仅取决于摆绳的长度);⑧拓展迁移(惠更斯制作出世界上第一座摆钟)。

1. 提出问题

爱因斯坦曾经有过一句名言:提出问题比解决问题更重要。这句话尤其在科学探究活动中更是头等重要。但提出问题的关键源于发现问题。

(1) 发现问题:问题不会无缘无故地来到我们的面前,它跟我们已有的知识经验、观察方法和思维习惯密切相关。在日常生活中,保持对周围事物的好奇心十分重要。而初中学生的好奇、好问、好动特征,恰恰是产生疑问、发现问题的原动力。而发现问题的真正起点在于关注社会、关心生活、关爱他人。①关注社会:小院士周小智发现各类交通事故中超载是诱发交通事故的主要因素,于是延伸出及时检测控制想法。他运用现有成熟的压力感应装置,即一种将压力变化转换为电信号或电器元件特性变化的感应器,使得对汽车重量的检测可以实时进行,同时通过电路连接可以直接控制汽车的行驶状态,并在路识标牌上加装电子标签装置,在汽车上装载射频识别装置,汽车通过相关路段前自动识别扫描,将获取到的电子标签数据与压力感应器收集到的汽车载重信息进行对比,符合条件通过,不符合条件的给予警示直至强行减速停车。本发明未来可以运用多种识别技术,如通过对空气中酒精成分检测以防酒后驾驶,通过对驾驶员的脉搏检测以防疲劳驾驶等,从而实现实时的汽车交通规范控制,达到“预防为主”的目的,切实提升交通安全。最后成功发明了“汽车行驶中自动识别判断道路承载能力的智能控制系统”,荣获江苏省青少年科技创新大赛二等奖,见图 2-3-3。图 2-3-4 是他参加决赛演示时的照片。②关心生活:小院士戴馨怡发现白天教室内亮灯的现象在我校各班级都比较普遍,造成能源浪费。究其原因,教室内的日光灯基本上都采用开关控制,这就需要学生自觉控制,但学生的节能意识还比较淡薄,也就出现了大白天依然亮灯这一较为普遍的现象。那么如何有效地克服上述现象呢?为此我进行了探索研究。发明了具有光与红外感应双重控制的特征光热双控教室节电器。

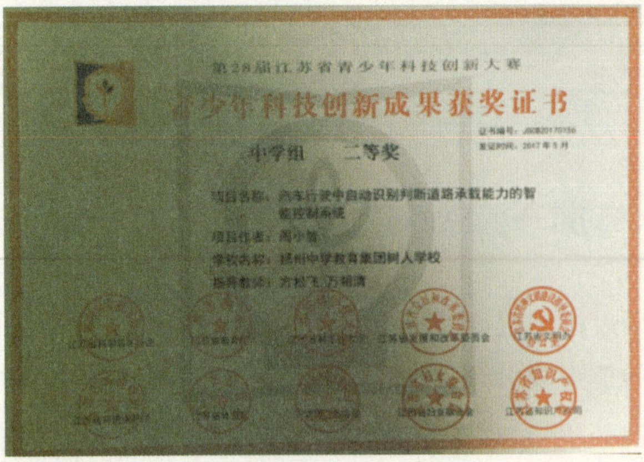

图 2-3-3

图 2-3-3

当教室内的光照强度低于 300Lx 时光控起作用，学生在教室内时，人体红外感应控制起作用，教室内的日光灯就会在双重控制下而自动发光。反之，当教室内的光照强度大于或等于 300Lx 时，或教室内无人时，日光灯就不会启动。所以本电器的显著特征是：光暗人在灯亮，光亮人走灯熄。图 2-3-5 是他在测试其成果性能时拍摄的照片及其荣获宋庆龄儿童发明奖决赛银奖证书。③关爱他人：小院士吴迪发现至少有 30%的老年人摔过跤，更有平衡能力差的老人由于害怕摔跤而限制了自己的身体活动和社会交往。老年人由于年事已高，记忆力下降，记不住自己家的位置，也记不住和子女家之间的路，不敢外出，不能来回走动；基于这些，提出了为老年人研制智能拐杖的构思，在鼓励老年人外出行走，积极生活的同时又为其提供安全保障，使他们的家人在老年人享受外出散步和聚会的乐趣时，免于担心。于是他专门为老年人设计了“基于 GPS 定位的智能拐杖”，荣获江苏省青少年科技创新大赛一等奖。图 2-3-6 是他在南京参加江苏省青少年科技创新大赛决赛时展示的作品和江苏省一等奖证书。

图 2-3-5

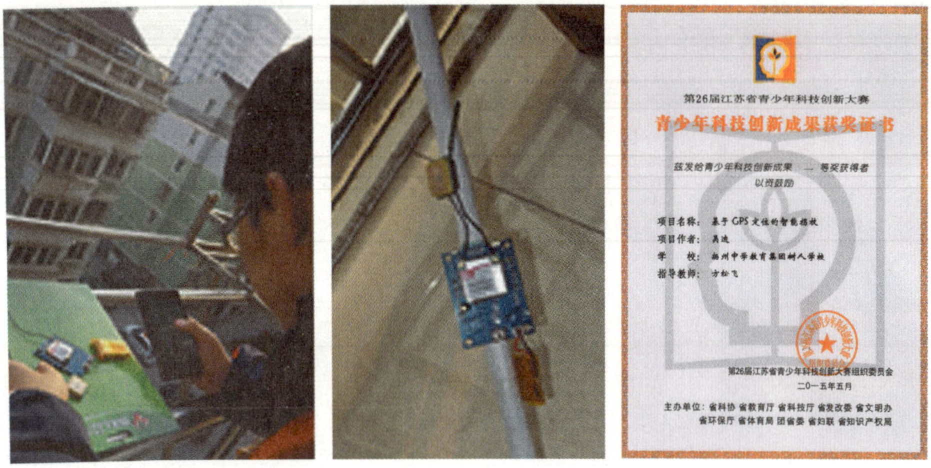

图 2－3－6

（2）提出问题：发现问题只是提出问题的基础，有人发现市场所销售的一些干电池都标有“无汞”的字样，以为无汞电池是“绿色电池”，对环境无危害。①简单问题：有的学生为了探究废无汞干电池是否真正环保，提出了这样的问题：为什么无汞电池是绿色电池？即在发现的问题上加一个为什么。显然，这样的问题指向性不明确，既不好回答，更不便探究。这样的问题只是个简单问题。②科学问题：科学探究需要将提出的问题指向已有的知识，使问题从现象的描述触及现象的本质；将完全无知的问题转化为具有某种抽象性、渗透一定知识理论的、有所知又有所不知的问题，这就是科学问题。小院士施珉从无汞电池对环境的危害出发，结合已有的知识，把问题指向废电池的浸出液是否有毒，针对无汞电池是“绿色电池”的观点提出问题：废无汞干电池浸出液无毒吗？③聚焦问题：怎样才能将科学问题变为探究课题进行研究呢，就得对提出的问题进行聚焦，增强其指向性。施珉将该问题聚焦为：废无汞干电池浸出液对小红鱼影响的实验探究，并提升为研究课题，其成果荣获江苏省青少年科技创新大赛一等奖，如图 2－3－7 所示。

图 2－3－7

2. 猜想假设

猜想假设是进行科学探究的重要环节。在提出问题后，一般要对问题可能的原因或结果作出猜想和假设。如果要设计实验，还要对实验可能出现的结果进行推测和假设。提出猜想和假设后，就可以通过观察或实验来验证假设。如果观察或实验的结果不支持假设，则需要根据观察或实验的结果重新提出新的假设。例如，胡扬静同学对

其提出的“影响水果电池输出电压的因素有哪些?”作了下列猜想:

(1) 水果电池的输出电压可能与水果的品种有关;

(2) 水果电池的输出电压可能与水果的甜度有关;

(3) 水果电池的输出电压可能与极板的宽度有关;

(4) 水果电池的输出电压可能与两极板间的距离有关;

(5) 水果电池的输出电压可能与极板插入水果的深度有关。

3. 设计方案

所谓设计实验,就是能设计出合适的观察研究方案或规范的基于变量和模型的实验方案。

图 2-3-8

(1) 选择常见的水果,如苹果、香蕉、梨、火龙果、柠檬、橙子、桃子等进行研究,如图 2-3-8 所示。

(2) 将铜片和锌片加工成水果电池的两极板,并使它们的宽度不同,但长度都相同,如图 2-3-9 所示。

图 2-3-9

(3) 将宽度相同的铜、锌两极板插入水果中,使它们插入的深度相同,并记下极板的宽度和插入的深度,如图 2-3-10 所示。

图 2-3-10

(4) 用配有鳄鱼夹的导线将水果与万用表相连,万用表选直流电压“2.5 V”的量程进行测量,记下万用表的读数,如图 2-3-11 所示。采用控制变量法分别改变水果电池中水果种类、金属片宽度、金属片间距和金属片放入水果的深度,并比较电压。

4. 进行实验

对 5 个猜想假设分别进行实验探究。

探究 1:输出电压与水果的品种的关系

(1) 实验要领:选择不同水果,控制铜、锌两极板的宽度和插入不同水果的深度以及两极板之间的距离相同,记下万用表的示数。

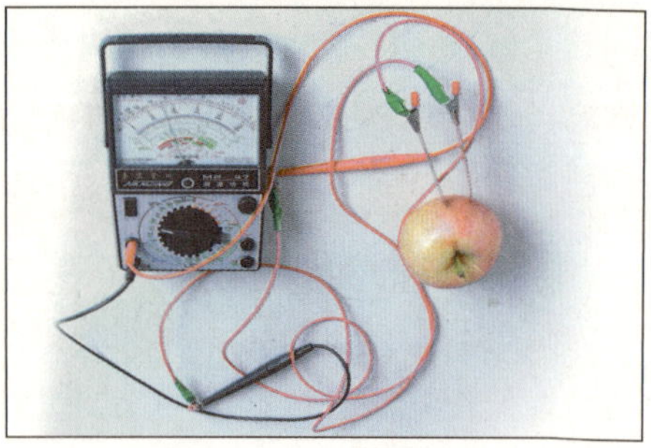

图 2-3-11

(2) 搜集数据:测量数据如表 2-3-1 所示。

(3) 分析归纳:由表中数据画出如图 2-3-12 所示的图像。在其他条件相同的情况下,不同水果电池的电压不同,火龙果的电压最高,橙子的电压最低。切开水果品尝,感觉火龙果很甜,橙子比较酸,其原因可能与水果的甜度有关。

表 2-3-1

深 2 cm、宽 2 cm、间距 2 cm		
次数	水果	电压/V
1	香蕉	0.83
2	梨	0.85
3	火龙果	0.90
4	柠檬	0.88
5	猕猴桃	0.78
6	橙子	0.73
7	苹果	0.81

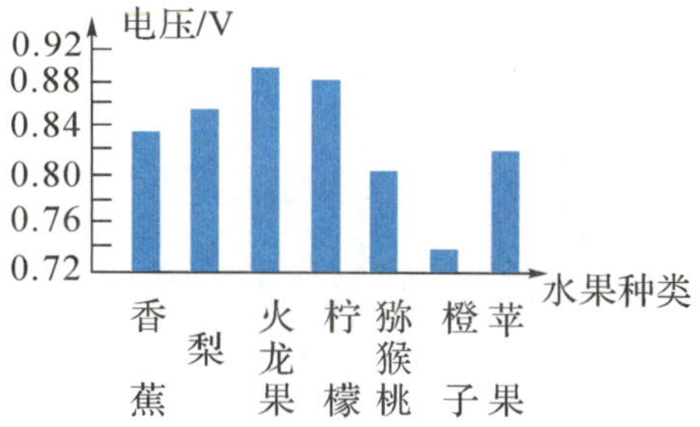

图 2-3-12

探究 2:输出电压与水果的甜度的关系

(1) 实验要领:选甜度不同的苹果(大红富士、小红富士、美国苹果、嘎啦果、红国光、青国光)做实验,控制铜、锌两极板的宽度和插入不同水果的深度以及两极板之间的距离相同,记下万用表的示数。再切开苹果品尝,比较其甜度,将感觉记入设计的表中。

(2) 搜集数据:记录数据如表 2-3-2 所示。

(3) 分析归纳:由表中数据画出如图 2-3-13 所示的图像。在其他条件相同的条件下,水果电池的电压与水果的甜度有关。同样是苹果,美国苹果非常甜,其测得的电压最高,青国光不甜,其测得的电压最低。

表 2-3-2

深 2 cm、宽 2 cm、间距 2 cm		
苹果品种	甜度	电压/V
大红富士	很 甜	0.82
小红富士	比较甜	0.80
嘎 啦 果	相当甜	0.85
美国苹果	非常甜	0.88
红 国 光	不太甜	0.76
青 国 光	不 甜	0.72

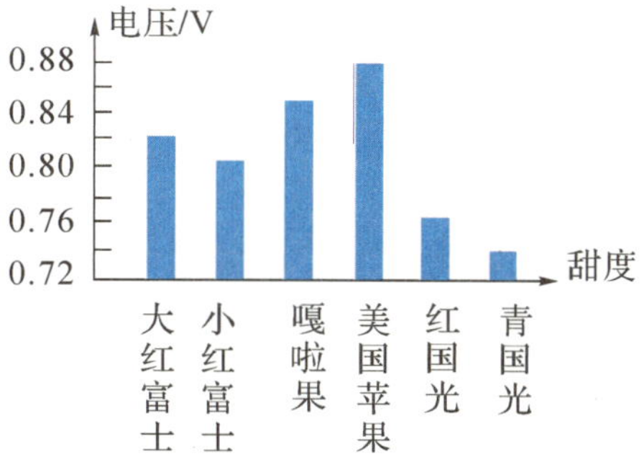

图 2-3-13

探究 3:输出电压与电池两极板间距离关系

(1) 实验要领:选红富士苹果做实验,控制铜、锌两极板的宽度和插入水果的深度相同,依次改变两极板之间的距离,记下万用表的示数。

(2) 搜集数据:记录数据如表 2-3-3 所示。

(3) 分析归纳:由表中数据画出如图 2-3-14 所示图像。在其他条件相同的条件下,水果电池输出的电压与电池两极板之间的距离有关。两极板之间的距离越小,水果电池输出的电压越高。

表 2-3-3

深 2 cm、宽 2 cm、红富士苹果		
次数	间距/cm	电压/V
1	0.5	0.90
2	1.0	0.87
3	1.5	0.84
4	2.0	0.82
5	2.5	0.79
6	3.0	0.77

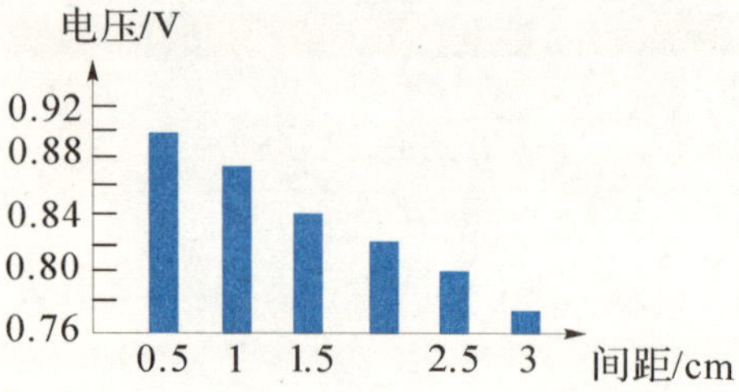

图 2-3-14

探究 4:输出电压与两极板插入水果深度的关系

(1) 实验要领:选红富士苹果做实验,控制铜、锌两极板的宽度和插入水果的距离相同,依次改变两极板插入水果的深度,记下万用表的示数。

(2) 搜集数据:记录数据如表 2-3-4 所示。

(3) 分析归纳:由表中数据画出如图 2-3-15 所示的图像。在其他条件相同的条件下,水果电池输出的电压与两极板插入水果的深度有关。两极板插入水果越深,水果电池输出的电压越高。

表 2-3-4

宽 2 cm、间距 2 cm、红富士苹果		
次数	深度/cm	电压/V
1	0.5	0.78
2	1	0.81
3	1.5	0.85
4	2	0.87
5	2.5	0.89
6	3	0.91

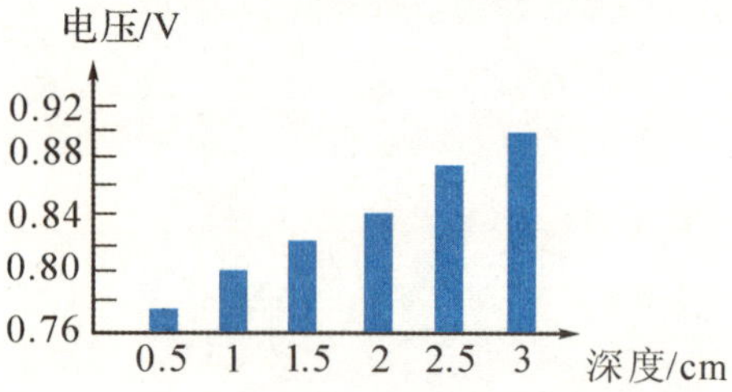

图 2-3-15

探究5：输出电压与两极板宽度的关系

(1) 实验要领：选红富士苹果做实验，控制铜、锌两极板插入水果的深度和两极板之间的距离相同，依次改变两极板的宽度，分别记下万用表的示数。

(2) 搜集数据：记录数据如表2-3-5所示。

(3) 分析归纳：由表中数据画出图2-3-16所示图像。在其他条件相同条件下，水果电池输出的电压与极板的宽度有关。极板越宽，水果电池输出的电压越高。

表2-3-5

深2 cm、间距2 cm、红富士苹果		
次数	宽度/cm	电压/V
1	1	0.77
2	2	0.80
3	3	0.83
4	4	0.85
5	5	0.87
6	6	0.90

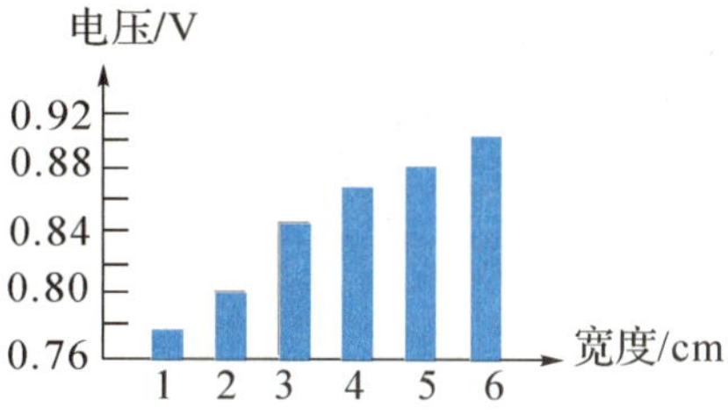

图2-3-16

5. 收集证据

如表2-3-1至表2-3-5及其图2-3-12至图2-3-16所示图像。

6. 解释结论

水果电池输出电压与水果的甜度、极板的宽度、极板插入水果中的深度和两极板之间的距离都有关。水果越甜、极板越宽、极板插入水果中越深，水果电池输出的电压就越高。

7. 交流评价

不同种类水果在其他条件都相同时，输出电压之所以不同，关键在于其甜度的不同，水果越甜，其内部所含有的电解质就越多，由于水果中有水，电解质在水溶液中能电离出的正、负离子就越多，分别流向两极板，形成的电流就越大，两极板之间形成的电压就越高，其输出的电压也就越高。极板越宽，在水果中插入得越深，极板与水果的接触面积就越大，与其交流的正、负离子就越多，导致其输出的电压也就越高。而两极板之间的距离越大，使其内阻增大，电流变小，对外输出的电压也就越低。

8. 拓展迁移

在上述影响因素中，水果的甜度是决定水果电池输出电压高低的内部原因，极板的宽度、极板插入水果中的深度和两极板之间的距离都是影响水果电池输出电压高低的外部原因。不同水果进行探究时的实验如图2-3-17所示。该成果还荣获中国少年科学院小院士课题研究成果一等奖，并当选为中国少年科学院小院士，如图2-3-18所示。

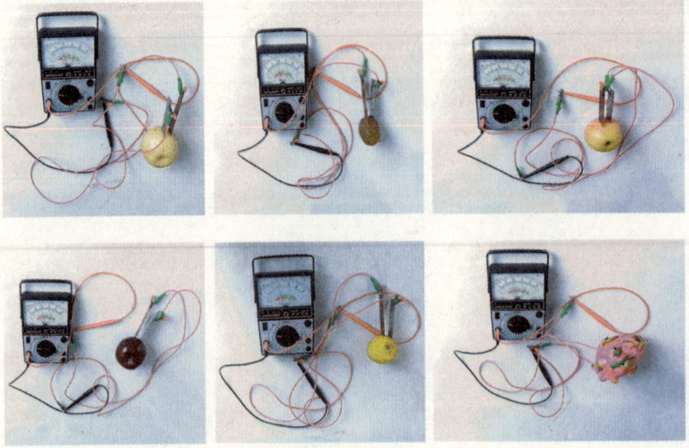

图 2-3-17

图 2-3-18

信息窗

单摆探究

我们再回过头来还原伽利略发现摆的周期定律的探究过程。

先建立一个如图 2-3-19 所示的单摆模型，其左图是实物，右图是示意图。

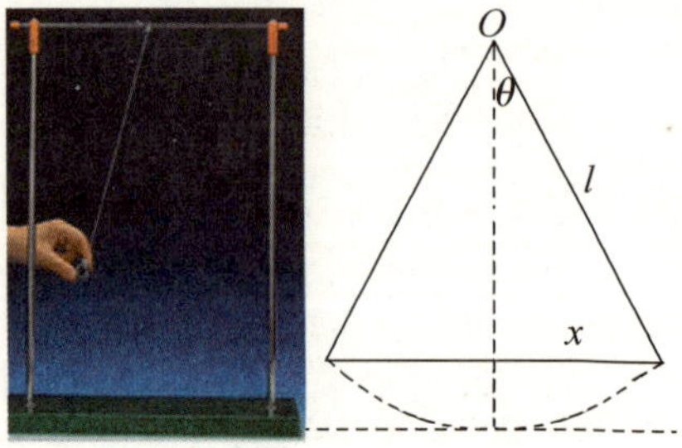

图 2-3-19

1. 提出问题

单摆的周期与哪些因素有关?

2. 猜想假设

(1) 单摆的周期可能与摆重 G 有关;

(2) 单摆的周期可能与摆幅 x 有关;

(3) 单摆的周期可能与摆长 l 有关。

3. 设计方案

取摆长约为 1.5 m 左右的单摆，用刻度尺测量摆线长，测摆长时，应注意使刻度尺和被测摆线平行，并尽量靠近，读数时视线要和尺的方向垂直以防止由于视差产生的误差。用秒表测量单摆连续摆动 20 个周期的时间，测 3 次。注意摆角 θ 要小于 10°。用停表测周期时，应在摆锤通过平衡位置时按停表并数“0”，在完成一个周期时数“1”，以后继续在每完成一个周期时数 2,3,…最后,在数第 50 的同时停住秒表。摆线尽量选择细些,伸缩性小,尽可能长些的。摆球要选择质量大,体积小的。

4. 进行实验

(1) 探究周期 T 与摆重 G 之间的关系。选择质量不同的三个摆球,控制摆长、摆幅相同,分别用秒表测量单摆连续摆动 20 个周期的时间 3 次,将其换算为 1 个周期的平均时间,记录在表 2-3-6 中。

(2) 探究周期 T 与摆幅 x 之间的关系。用同一个摆球,使其摆幅不同,实验方法同(1)。

(3) 探究周期 T 与摆长 l 之间的关系。用摆幅相同的同一摆球,使其摆长不同,实验方法同(1)。

表 2-3-6

序号	G/N	l/m	x/cm	T/s
1	0.5	1.0	20	1.99
2	0.8	1.0	20	1.98
3	1.0	1.0	20	1.99
4	1.0	1.0	23	1.98
5	1.0	1.0	26	1.99
6	1.0	1.1	20	2.09
7	1.0	1.2	20	2.18
8	1.0	1.3	20	2.27
9	1.0	1.4	20	2.36
10	1.0	1.5	20	2.44

5. 收集证据

如表 2-3-6 所示。

6. 解释结论

①分析表 2-3-6 中序号为 1、2、3 的数据可知,单摆周期与摆重无关;②分析表中序号为 3、4、5 的数据可知,单摆周期与摆幅也无关;③分析表中序号为 5、6、7、8、9、10 的数据可知,单摆周期与摆长有关。摆长 l 越长,其周期 T 也越大。

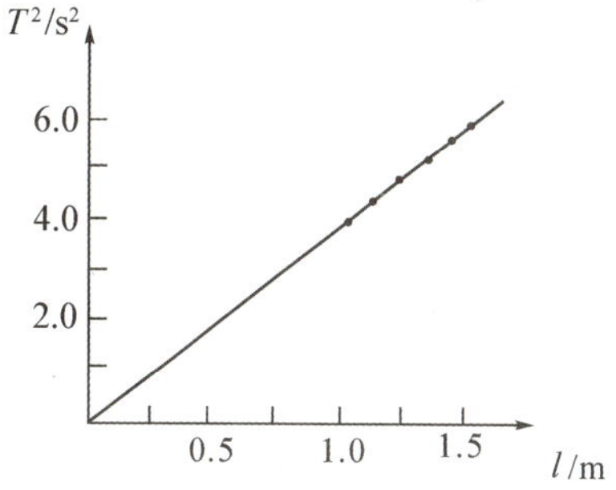

图 2-3-20

7. 交流评价

将其画成函数图像,有可能是二次函数。由于周期相邻数据之间的差距比摆长相邻数据之间的差距略小,二次函数的变量可能是周期的平方,将表 2-3-6 中与摆长和周期相关的数据变换成表 2-3-7,画出周期平方与摆长之间关系的函数图像,如图 2-3-20 所示。

该图像是一条过原点的直线,说明周期的平方与摆长成正比,有 $T^2=kL$。根据这一规律,可以通过调节摆长来调节单摆的周期,这为钟表的发明和修理提供了技术保证。在图 2-3-21 的钟表中,若钟走慢了,只要将摆锤的调节螺丝往上调,减小其摆长,就会使钟表走快,直到调至准确为止。

图 2-3-21

8. 拓展迁移

若要继续探究公式 $T^2=kL$ 中的 k 究竟多大，我们只要对 T^2 进行一下修正，与摆长精确到一位小数，就将表 2-3-7 变换成表 2-3-8。很显然，这个 $k=4$。我们也可以从伽利略的钟摆周期 $T=2\pi(L/g)^{1/2}$，$T^2=4\pi^2L/g$，即 $k=4\pi^2/g$，将 $\pi=3.1416$、$g=9.8$ 代入，也得到 $k=4$。

表 2-3-7

序号	l/m	T/s	T^2/s^2
5	1.0	1.99	3.960 1
6	1.1	2.09	4.368 1
7	1.2	2.18	4.752 4
8	1.3	2.27	5.152 9
9	1.4	2.36	5.569 6
10	1.5	2.44	5.953 6

表 2-3-8

l/m	T^2/s^2
1.0	4.0
1.1	4.4
1.2	4.8
1.3	5.2
1.4	5.6
1.5	6.0

解密室

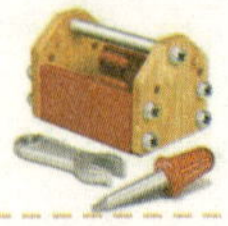

探究环节

上述的探究八个环节，是从科技创新人才早期培养出发而设计的，你要明白“①提出问题、②猜想假设、③设计方案、④进行实验、⑤收集证据、⑥解释结论、⑦交流评价”这七个环节是中学物理课程标准所要求掌握的。而第八个环节“⑧拓展迁移”则是你参加青少年科技创新大赛的特殊要求，它是将探究得出的结论进行拓展，就衍生出的新问题继续进行新的探究。它会使你的探究有新意、有深度。

例如上述对单摆的探究，对一般的初中生而言，得出 $T^2=kl$ 后，能解决挂钟快慢的调节问题就足够了。而更进一步，就要明白其中这个常数 k 究竟为多大？本文只是从实验数据出发推导出 $k=4$。你如果自学了简谐运动或者微分的相关知识，就可以分别从牛顿第二定律、机械能守恒定律和简谐运动规律这三个角度，用三种方法推导出 $T=2\pi(L/g)^{1/2}$，相信你的思维水平、创新能力就会有新的跨越。你有这个自信心吗？

演练场

小试牛刀

请你根据科学探究的八个环节，撰写一篇“小孔成像的实验探究”小论文。让你的父母给其作出“合格、优秀、点赞”的评价。

第四节　课内探究

小故事

市级教研

9 月 24 日下午，扬州市直学校初二物理教研活动在树人学校九龙湖校区进行，锁伟老师在微格教室开了一节市级公开课“人眼看不见的光”。他通过新颖的引入、学生的展示以及最后 iphone X 人脸识别的应用，充分展示了“课内探究”的教学特色，给全体师生以耳目一新的感觉，也给到场观摩的外校老师许多启发，如图 2－4－1 所示。

图 2－4－1

该课是苏科版 8 年级物理第三章第二节，锁伟老师彻底改变了以往的教学方法，让学生自己尝试探究不可见的事物。在老师演示实验后，他向学生交代：“后面的探究活动都看你们学生自己的了！因为今天这堂课的内容，你们在课前已经自学过了，据说有的学生还做了实验探究呢？老师相信你们今天的表现。”真是一石激起千层浪，整个课堂好像炸开了锅一样，学生处于异常的兴奋之中。因为这种课堂对这些学生而言是从未有过的。学生们的表现确实让听课老师震惊，有些学生实验及其相关资料介绍对有的老师而言，也是闻所未闻、见所未见。那么，学生们是如何完成这堂富有挑战性的公开课的呢？

点金石

过程探究

上课伊始，锁伟老师用一个发射器对准墙壁上预先设置好的接收器发射信号，同学们看到接收器上有比较清晰的信息反映，如图 2－4－1 红圈中的亮点，但看不到也听不到中间传播的是何种物质。那么这种物质是什么呢？怎样揭示发射器发射出信息的特征？他让学生去猜想、假设并设计实验。

第一位学生举手发言了，并叫同桌的学生一同走上讲台说："我俩认为老师用发射器发出的信号可能是超声波，也可能是我们今天要学习的'人眼看不见的光'。但我的猜测是看不见的光。为了验证我们猜测的准确性，我要求老师将这个发射器给我，来解开这个谜。"

1. 不可见光的实验探究

他拿了老师刚才演示的发射器直径瞄准接收器，发出信号，接收器显示了与刚才老师演示的同样的信号。然后他让另外一位学生拿起老师的书本，挡住了发出的信号，果然在接收器上就接收不到刚才的信号了。这说明该发射器发出的信号不可能是超声波，因为超声波是会绕道而行的。那这个信号应该是课上要学的"人眼看不见的光"。当然，如果改用透明的物体给予阻挡的话，就能看到接收器接收到这个信号了。另一个同学拿起讲台上的玻璃板，进行了又一次实验，验证了他俩的猜想，并解释：光射到透明物体能透过，射到不透明物体就不能透过，但能反射，改变了传播方向，所以接收器不能接收到信号。精彩的演示与回答博得了一片掌声。

2. 红外线的实验探究

接下来，又有三组学生走上讲台，分别演示他们探究红外线的相关实验。分别解决了如下问题：①如何得出不同的色光？②如何比较不同色光产生热量的多少？③为使实验效果更明显，温度计应如何设计？如图 2－4－2 所示。

图 2－4－2

(1) 红外线的获得实验：第一组用竖立于地面上的三棱镜，进行光的色散实验，垂直于三棱镜的方向用手电筒从右侧向左射出一束白光，如图 2-4-3 所示。解决了红外线的获得与对比测量问题，其中的①为红光区域，②为红外线区域。

图 2-4-3

(2) 红外线的测量实验：第二组三人协作，一个人手持三棱镜，在地面上获得色散的彩带，其余两人用各自的温度计分别测量红光区域①和红外线区域②的温度，如图 2-4-4 中图 A 所示。由于图 A 中色散的彩带图片太小，如图中红圈内的小彩带以及二支温度计的玻璃泡。所以将其放大，如图 B 所示。两支温度计的示数比较如图 C 所示。解决了如何比较不同色光产生热量的多少问题。

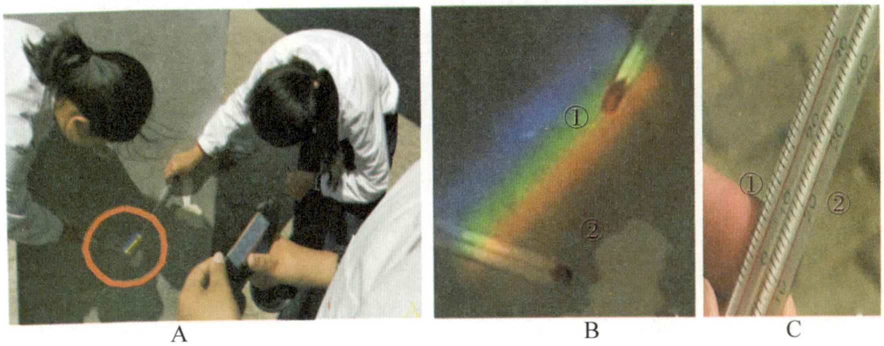

图 2-4-4

(3) 红外线的定量探究：第三组有 4 个学生汇报他们做的实验，他们将三棱镜安放在地面上，获得的彩带如图 2-4-5 中图 A 的红圈所示。彩带图片也太小，不清晰，将其放大为图 B 所示。然后用两支规格相同的温度计，其中一支的玻璃泡用黑色的胶带包上，让其同时测量红光区域和红外线区域的温度，分别如图 C 和图 D 所示。四个学生并分别测得四组数据，如表 2-4-1 所示。

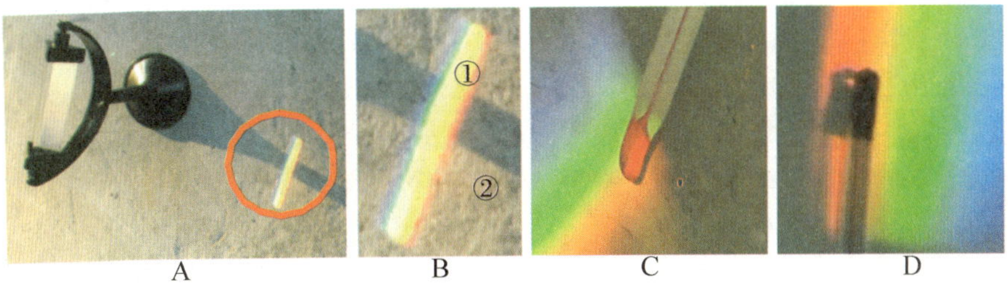

图 2-4-5

表 2-4-1

序号	测量部位	温度计特点	测量时间和测得温度					
			0 s	30 s	60 s	90 s	120 s	150 s
1	红光区域	玻璃泡黑色	15 ℃	25 ℃	28 ℃	32 ℃	33 ℃	34 ℃
2	红光区域	玻璃泡红色	15 ℃	23 ℃	25 ℃	29 ℃	30 ℃	31 ℃
3	红外线区域	玻璃泡黑色	15 ℃	29 ℃	32 ℃	36 ℃	38 ℃	44 ℃
4	红外线区域	玻璃泡红色	15 ℃	27 ℃	30 ℃	31 ℃	32 ℃	33 ℃

分析表中数据，不难看出：红外线区域温度计示数比红光区域温度计示数上升得快，说明红外线的热效应比红光显著。同样在红光区域后红外线区域，玻璃泡用黑色胶带包上的温度计示数上升得比玻璃泡没有包的要快，说明黑色物体吸热本领强。该组同学经过实验得出的结论比前两组更丰富和多彩，得出下列四个结论：

①红外线能使被照射的物体发热，具有热效应。②红光也能使被照射的物体发热，也具有热效应，但效果比红外线要差。③红色物体吸热本领较强，所以温度计的玻璃泡中的液体染成红色，是深色物体的吸热本领比浅色物体的吸热本领强的原因。④黑色物体吸热本领比红色物体更强，因为黑色比红色的颜色更深。所以在用温度计测量红外线区域温度变化时，将玻璃泡包上黑色胶带后，温度计示数上升得就比较快，观察到的现象就比较明显。解决了实验效果不明显的问题。

3. 红外线的应用探究

有四组同学汇报了他们的探究体会。

（1）苹果手机人脸识别探究：人脸发出的与众不同的红外线信号进入手机的人脸识别系统，经过手机的扫描，包含了大量的细节，这些细节就被用来训练面部识别系统。一旦你的面部进入了扫描视野，那就进入了匹配范围，如果你使用手机的角度是自然的，那么它就能自动解锁。图 2-4-6 是对此问题的精彩互动。

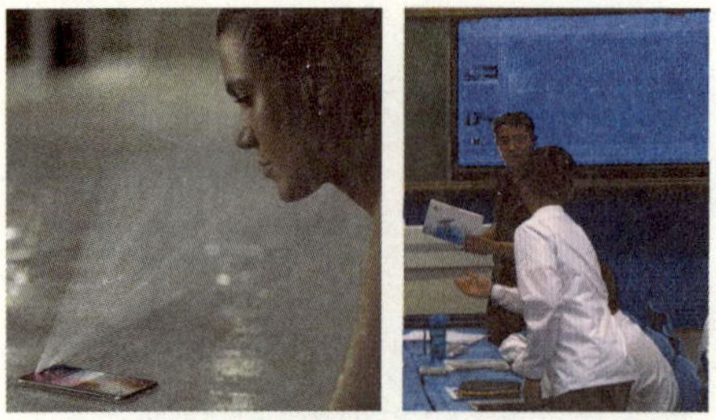

图 2-4-6

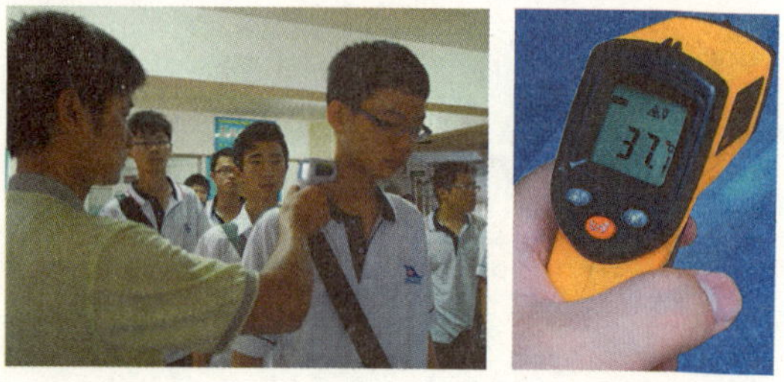

图 2-4-7

（2）红外线温度计测体温：体温计从最传统的口表发展到红外线测温仪，方便程度已经有了很大的提高。清晰的液晶显示，轻便易携带，既缩短了测量时间也使整个测量过程更卫生、安全。红外测温仪最快只需 1 秒，温度立刻测量，当场测得一位学生的体温为 37.1 ℃，如图 2－4－7 所示。

(3) 红外线夜视仪的探究：红外线夜视仪是通过识别不同温度物体辐射的红外线，达到侦察目的的一种设备。伊拉克在攻击科威特前，为了避免美国的飞机炸毁伊拉克的战车，于是在沙漠中挖了很多地道，让战车躲入沙漠下的坑道内。一片黄沙滚滚让美国的飞机无法找到战车的位置。可惜沙漠中白天时温度非常高，战车又大多是金属，吸收了很多热量，黑夜时沙漠的表面温度很快就降低，可埋在沙土里的战车温度较四周的沙土高，辐射出人眼看不见的红外线。于是美国的飞机黑夜时利用红外线探测器，将每辆沙土下的战车看得一清二楚，导致一部部的战车皆被摧毁殆尽。夜晚，由于人体或其他物体的温度各不相同，所辐射红外线的强度也不同，在夜视仪上就会有不同的显示，如图 2－4－8 所示。

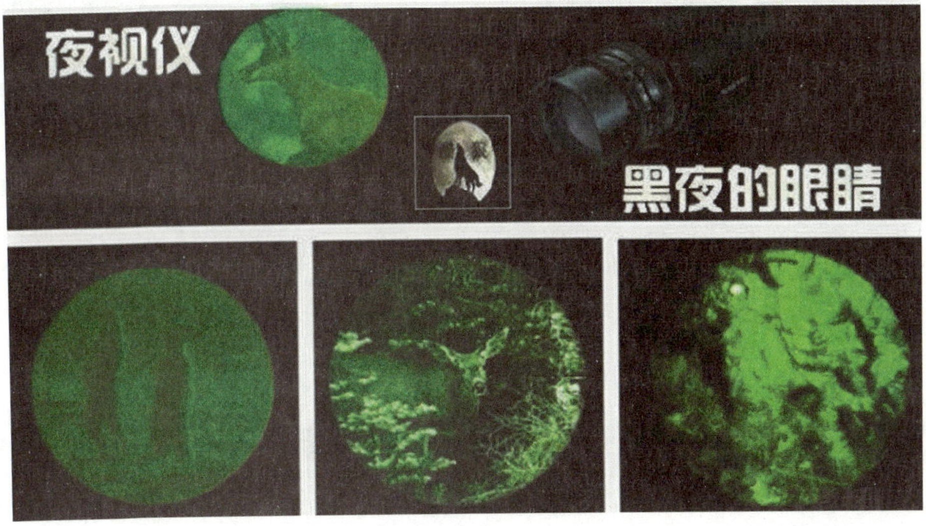

图 2－4－8

(4) 电子红外感受仪的探究：响尾蛇的视力很差，几十厘米近的东西都看不清，但是在黑夜里却能准确地捕获十多米远的田鼠，其秘密在于它的眼睛和鼻子之间的颊窝。这个部位是一个生物的红外感受器，能感受到远处动物活动时由于有热量产生而发出的微量红外线，从而实现“热定位”。导弹专家由此产生联想，用电子器件制造出和响尾蛇的生物红外感受器类似的“电子红外感受器”，用于接受飞行中的飞机因发动机运转发热而辐射的红外线，就可以通过这种“热定位”来实现对目标的自动跟踪。而红外跟踪响尾蛇导弹就是在此基础上设计出来的，如图 2－4－9 所示。

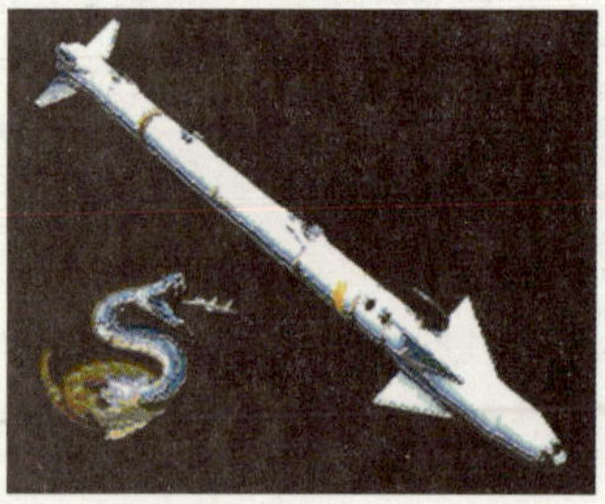

图 2-4-9

4. 紫外线的实验探究

又有学生向大家展示了他们对紫外线的实验探究。紫外线源于图 2-4-10 中的紫光外侧。

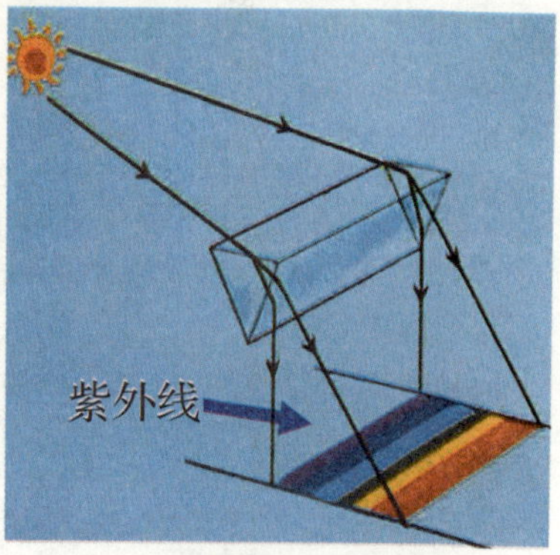

图 2-4-10

(1) 真假人民币的探究：他们将 100 元人民币放在用三棱镜获得彩带的紫光外侧，发现有部分亮起，如图 2-4-11 中图 A 所示。再将 10 元的人民币放在紫光外侧，发现"中国人民银行"部分也亮了起来，如图 B 所示。而亮起的"100"和"中国人民银行"部分，是含有荧光物质成分的，就是说紫外线能使荧光物质发光。另外一组同学用紫外线灯对发光部分进行照射，发现荧光物质更明显了，且为一个"10"的字样，如图 C 所示，这就是人民币防伪设置中的一种。

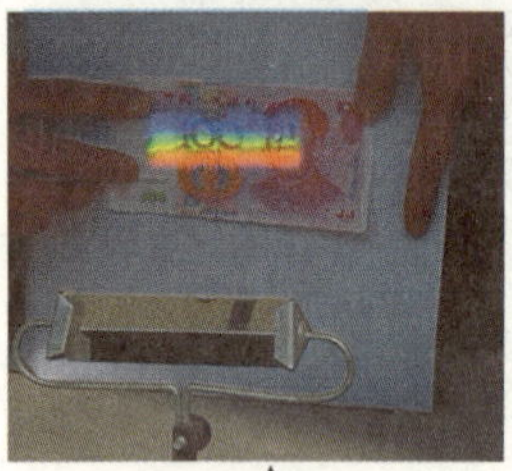

A

B

C

图 2-4-11

(2) 荧光物质发光的探究：还有一组同学用紫外线灯分别照射其他荧光物质，如足球比赛中的队长袖标 A、荧光笔写出的字 B、家中的 LED 灯 C，结果发现，这些被照射的部分都亮了起来，如图 2-4-12 中的 A、B、C 所示。上述实验实验都说明紫外线能使荧光物质发光。

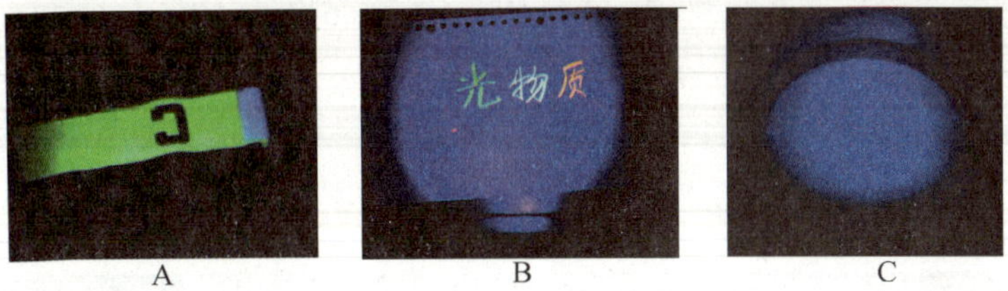

A　　B　　C

图 2-4-12

5. 紫外线的应用探究

(1) 灭菌作用探究：三位学生分别探究了三种灭菌设备的紫外线原理。如图 2-4-13 所示。图 A 为紫外线灭菌灯，是利用较低汞蒸汽压被激化而发出的紫外线，能起到很好的杀菌作用。图 B 的紫外线灭菌器是由波长为 200～300 nm 的紫外线起作用的，在这个波长范围内，都有杀菌能力，其中以 260 nm 的杀菌力最强。在波长一定的条件下，紫外线的杀菌效率与强度和时间的乘积成正比。紫外线灯距照射物以不超过 1.2 m 为宜。图 C 的紫外线衣物灭菌消毒柜，其原理与上述的相同。

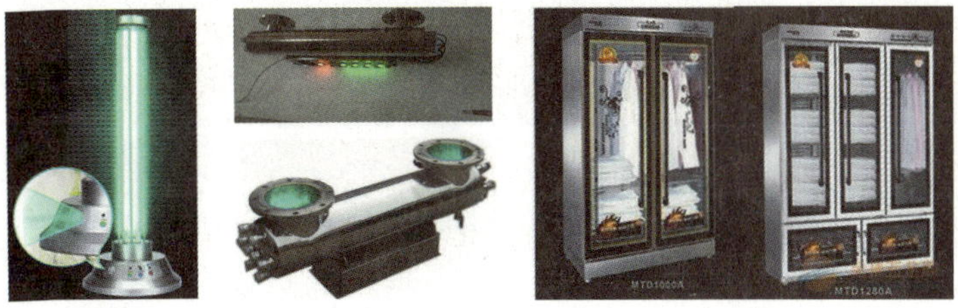

A　　B　　C

图 2-4-13

(2) 保健作用探究：他们分别从紫外线对人的保健作用进行探究。认为适量紫外线照射对人体有许多好处：杀菌消毒就是依靠人体表皮中分布着的一种基底细胞，这种细胞含的“黑色素原”是一种酪氨酸物质，在紫外线的作用下会变为黑色，沉着于被晒的皮肤表面，使皮肤呈均匀的黑褐色。它可吸收较多的光能，迅速转变为热能，并刺激汗腺分泌而散热。晒太阳能杀死皮肤上的细菌，预防疖疮、毛囊炎等皮肤病。图 2-4-14 是通过检测建筑物(图 A)、人体不同部位的温度分布(图 B)和人体运动过程中能量消耗(图 C)等情况来探究紫外线的作用。

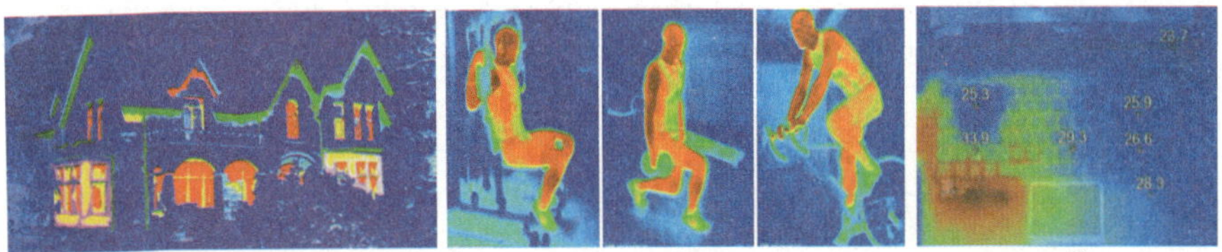

A　　B　　C

图 2-4-14

（3）紫外线的防止探究：过度接触紫外线，会烧伤皮肤，或引起老年性白内障，甚至引起皮肤癌等，所以需要采取防护措施，如图 2－4－15 所示。其中的图 A 是电焊工人在工作时要戴防紫外线照射的防护罩，图 B 是扬州市天气中的紫外线指数的预报，提醒出行的人们要注意携带如图 C 所示的紫外线防护伞。

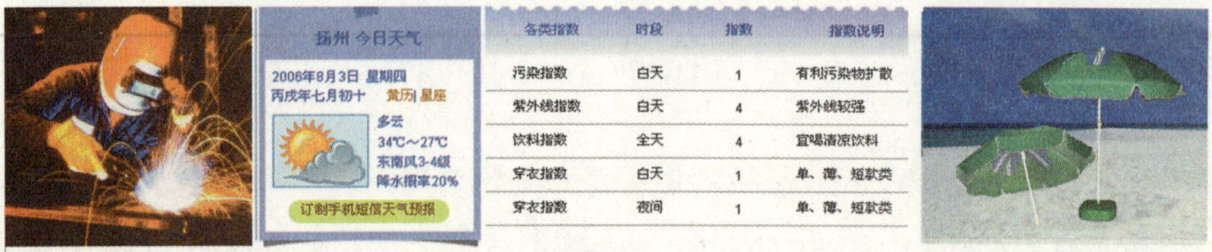

A　　　　B　　　　C

图 2－4－15

信息窗

阳光疗伤

芬森（图 2－4－16）是丹麦的科学家，他家里养了只猫。这只猫非常调皮。一天，他一走到阳台就发现猫正静静地躺在地板上晒太阳。芬森觉得很奇怪，这只猫今天怎么这么安静呢？而且这么热的天，为什么猫还要晒太阳呢？他后来发现只要阳光照不到猫身上，它就会移动到有阳光的地方。

出于好奇，他走到猫身边去看个究竟。突然，芬森发现猫身上有一个伤口，而且已经化脓了。难道猫是在用太阳光治疗伤口吗？经过几天观察，芬森发现这只猫每天都会晒太阳，而且化脓的伤口也在一天天愈合。

图 2－4－16

为了证实自己的推断，芬森开始对太阳光进行研究。他收集了很多资料，做了大量的实验。终于，他发现太阳光中有一种我们肉眼看不见的光线，他将这种光线命名为紫外线。紫外线具有杀菌的作用，用来治疗疾病效果很好。

后来，紫外线就被广泛应用于医学。芬森对紫外线的研究对现代医疗事业做出了突出贡献，并于 1930 年获得了诺贝尔医学奖。紫外线虽在医学上有很大作用，但过强的紫外线会对身体造成伤害。凡事都有两面性，所以我们应该充分了解事物的特性，扬长避短。

解密室

课内探究

红外线和紫外线的教学要求虽然属于了解性的，却与高科技密切相关。锁伟老师抓住了教材的这一特色，为学生的自学创新搭建了一个平台，激发了学生的创新意识和探究欲望。他们从网上下载了许多相关材料，在了解红外线和紫外线的基础上分小组合作，设计了富有挑战性的探究性实验。尤其是学生对苹果手机最新的 iphone X 人脸识别技术进行了探究，彰显了树人学校物理教学课内探究的教学特色，为物理探究教学常态化找到了突破口。

演练场

小试牛刀

请你结合上述红外线和紫外线的实验设计，撰写一篇“我的光现象探究”千字文。让你的父母给其作出“合格、优秀、点赞”的评价。

第五节　课后探究

小故事

课后作业

折纸飞机是学生喜爱的一项科技实践活动，在苏科版物理 8 年级引言二、“体验科学探究”的课后作业栏，就安排了“动手折一个，比比谁的纸飞机飞得远”的活动，如图 2－5－1A 所示。

不少学校还开展了别开生面的纸飞机比赛，有的还与大飞机、隐形飞机、无人机等高科技科普活动联系起来。孩子们一起将手中的纸飞机投向天空，谁飞得远、在空中停留得长将获得纸飞机飞行比赛的胜利，如图 B 所示。

美国著名的纸飞机设计者托尼弗莱特 1985 年创下飞行距离的世界纪录——193 英尺（58.82 米），到目前为止没有人能打破它。而另一架名为“空中之王”（SkyKing）的纸飞机，则在 2009 年创造了飞行 27.9 秒的最长时间纪录，如图 C 所示。

树人校园的纸飞机科技活动“怎样使纸飞机飞得远、飞得快”为学生们插上了想象的翅膀。活动中，学生们对纸飞机的设计、折叠、发射及其性能的探究成果展示为评委所称道，在扬州市、江苏省乃至全国屡获大奖。比如，2017 年的江苏省青少年科技创新大赛中，郭怡然同学的“纸飞机飞行性能的实验探究”荣获江苏省一等奖，全国二等奖，她也成为中国少年科学院预备小院士，其获奖证书如图 2－5－2 所示。

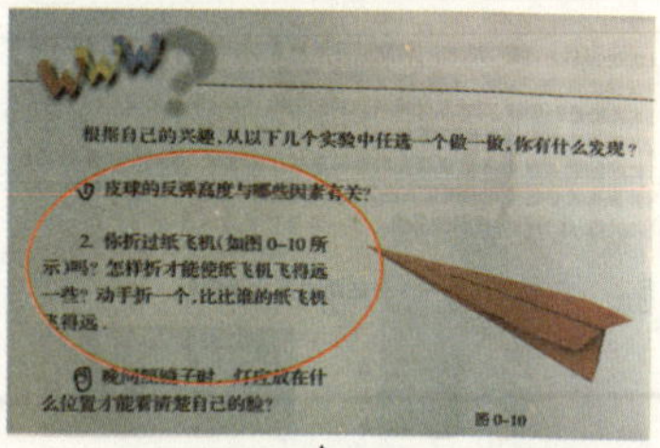

A

B

C

图 2－5－1

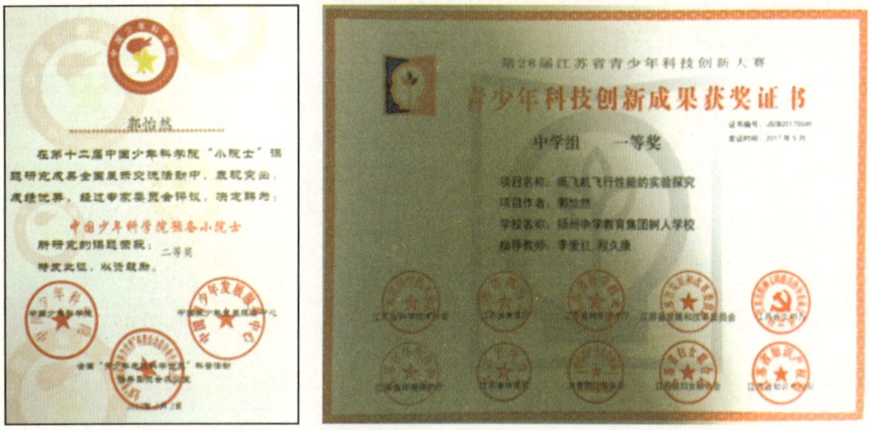

图 2－5－2

点金石

探究过程

不少学生在中国C919大飞机成功研制消息的鼓舞下，以物理教材中的课后作业为契机，对纸飞机的制作、发射及其飞行性能进行了实验探究。郭怡然同学认为纸飞机是最简单，也是最适合自己加工的航空类折纸玩具。其制作过程非常简单，最快的只要六步就能完成，成本又很低，人人可以动手制作。作为中学生的她，研究纸飞机的意义不仅是在乎技高一筹，更是对航空动力学的一次初探。她将纸飞机的飞行性能的指标确定为纸飞机飞行的水平距离，便于测试及其定量探究。其课后探究经历了下列过程。

1. 提出问题

纸飞机的飞行距离与哪些因素有关?

2. 猜想假设

(1) 纸飞机的飞行距离可能与发射的速度有关；

(2) 纸飞机的飞行距离可能与发射的仰角有关；

(3) 纸飞机的飞行距离可能与纸飞机的表面积有关。

3. 实验探究

(1) 探究飞行距离与发射速度的关系。①实验器材：纸飞机、弹射器，A4纸，卷尺。②说明：本实验是针对假设一进行探究。弹射器有五个刻度线，从每一刻度线弹射的飞机速度从一到五挡依次加快。③实验设计：a. 用A4纸制作三架相同的1号纸飞机，如图2-5-3所示，一架为实验机，另两架备用。b. 将弹射器架设好(离地高度：0.1米)，调好发射角度15°，如图2-5-4所示。将纸飞机由一到五挡依次弹射，每一挡弹射3次，记录飞行距离。c. 取每3次弹射的数据平均值。④收集数据：如表2-5-1所示。⑤得出结论：同一纸飞机，在发射角度一定时，发射的速度越大，飞行的距离就越远。

(2) 探究飞行距离与发射速度的关系。①实验器材：仍然用上述1号纸飞机。②实验设计：将弹射器的发射角度分别从15°调整为30°、45°、60°，如图2-5-5所示。在每一角度将纸飞机由第三挡速度依次弹射，弹射3次，记录飞行距离，取每3次弹射的数据平均值。③收集数据：如表2-5-2所示。④得出结论：同一纸飞机发射的速度一定时，发射角度越接近45°，飞行的距离就越远。

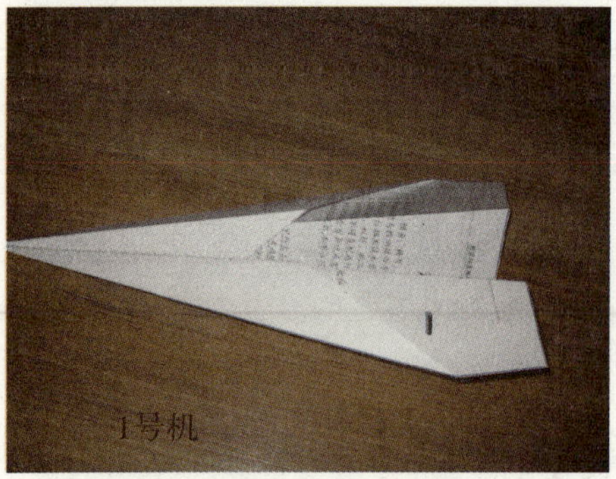

图 2-5-3

图 2-5-4

表 2-5-1

角度	挡位	距离/m	平均值/m
15°	1	2.59	2.81
		2.87	
		2.97	
	2	4.80	4.63
		4.21	
		4.89	
	3	6.20	6.20
		6.38	
		6.02	
	4	6.73	6.40
		6.03	
		6.44	
	5	6.73	6.69
		6.53	
		6.80	

图 2-5-5

表 2-5-2

挡位	角度	距离/m	平均值/m
3	15°	6.20	6.20
		6.38	
		6.02	
	30°	6.03	6.13
		5.96	
		6.41	
	45°	7.08	7.08
		7.04	
		7.12	
	60°	4.72	5.02
		5.43	
		4.9	

（3）探究飞行距离与纸飞机表面积的关系。①实验设计：a. 都用一张 A4 纸折叠而成的 6 种型号的飞机纸，保证质量相同，如图 2－5－6 所示。b. 弹射时的发射角为 30°，使用第三挡。c. 分别测量机长（机翼与机身相连处）、机宽（机翼最宽处），计算机翼面积，测量飞机重心。d. 记录飞行时间、飞行姿态。②收集数据：如表 2－5－3 所示。③评价：1 号机，这个机型为最常见的折法。细长型，较小的机翼面积只提供了较少的升力，虽然重心很好，但飞行时还是头部较重，向下滑行，不是太平稳，但速度很快。2 号机，这个机型也为细长型，但重心比 1 号机向前，能较好地与后部较大的机翼平衡，但是机翼面积较小，使得升力不足，并未达到理想的效果。3 号机，这个机型可以说较为完美了，飞行时相当平稳。离开弹射器后，略向上飞行，之后，以近乎水平的状态滑行了较远距离（近 5 米）。之后速度降低，缓慢下降，平稳着地。这是最满意的机型。4 号机，这个机型的造型尤为特殊，机翼近乎为矩形，机翼面积大，在空中为盘旋姿态，速度较慢。离开弹射器后急速爬升，然后在空中停顿，重心向下坠落。5 号机，这个机型与 2 号机较为相像，但奇特之处在于机头处有向内的凹口，但与 2 号机同样的问题，机翼提供的升力较小，不够理想。6 号机，这个机型是最差的，机翼面积过小，离开弹射器后，垂直爬升，坠落。④实验结论：a. 纸飞机的飞行效果与机翼面积有很大的关系。b. 纸飞机长宽比例适中的机型飞行姿态平稳。c. 尖头的纸飞机的飞行姿态常为快速或中快速的滑行；平头的纸飞机飞行姿态常为低速滑行或盘旋。d. 纸飞机受到的升力略大于其重力时，飞机的滑行状态最佳。

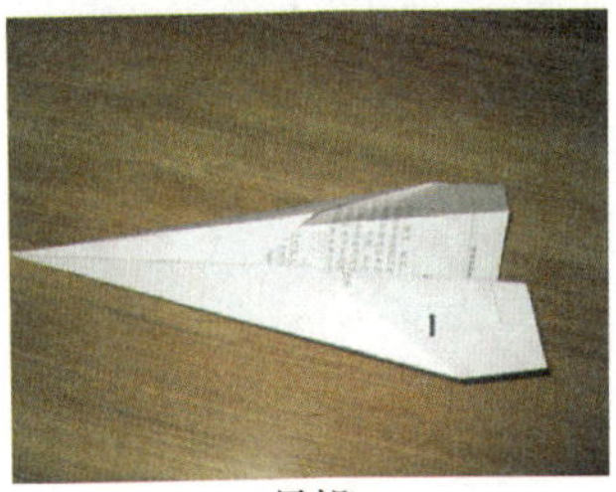
1号机

2号机

3号机

4号机

5号机

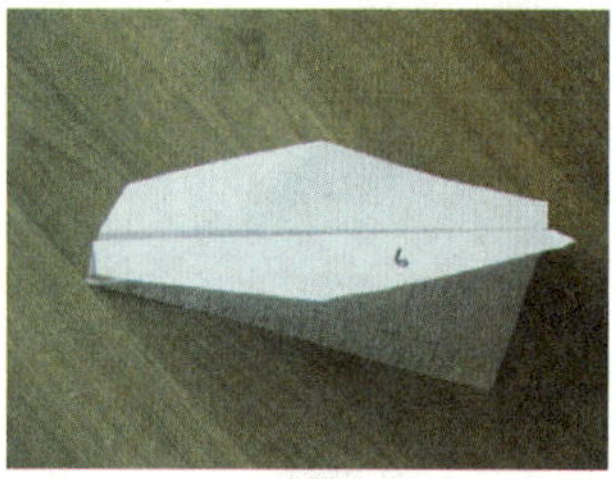
6号机

图 2－5－6

表 2-5-3

机型	机长/cm	机宽/cm	面积/cm²	头型	重心	时间/s	飞行效果
1	30	10.6	178.35	尖头	1/2 处	4.12	向上爬升,向下平稳滑行落地
2	22.5	10.6	138.6	平头	2/5 处	4.03	水平平稳飞行,向下滑行落地
3	19.4	11.2	131.12	尖头	7/15 处	7.53	缓慢下降,贴地滑行,停止
4	14.9	13.0	172.77	平头	1/4 处	3.39	向上爬升,向下盘旋落地
5	18.2	10.6	115.81	下凹	9/25 处	2.89	向上爬升,向下滑行,落地
6	20.8	10.6	133.84	平头	7/25 处	1.53	向上爬升,空翻一周盘旋落地

(4) 再探飞行距离与发射角的关系。①原因：纸飞机发射处离地达到接近人体高度时,探究 2 的结论是否成立? ②实验设计:a. 将弹射器架高到常人身高 1.6 米。b. 纸飞机在不同角度,相同速度(3 档)弹射飞机,测量飞行距离。③收集数据:如表 2-5-4 所示。④实验结果:分析数据发现,纸飞机在常人身高 1.6 米处仰角为 40°时发射,飞得最远。⑤原因分析:根据抛体运动的规律可知,在发射处与落地处都在水平地面时,当发射角为 45°时,纸飞机飞行的水平距离最大。在纸飞机的发射离开地面有一定高度时,这个最佳发射角就不再为 45°了,如图 2-5-7 所示,这是体育课上老师讲的推铅球的道理。所以,这个最佳发射角就会小于 45°,为 40°。

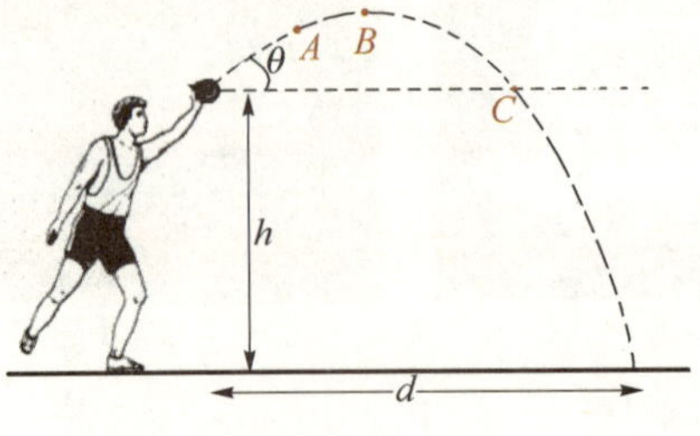

图 2-5-7

表 2-5-4

挡位	角度	距离/m	平均值/m
		4.90	
	5°	4.64	4.89
		5.13	
		5.26	
	10°	5.58	5.65
		6.12	
		6.00	
	15°	6.04	5.98
		5.90	
		5.75	
	20°	6.73	6.12
		5.89	
		6.05	
3	25°	6.48	6.25
		6.22	
		6.49	
	30°	6.85	6.77
		6.97	
		7.26	
	35°	6.60	6.93
		6.94	
		7.02	
	40°	7.66	7.33
		7.31	
		6.71	
	45°	6.95	6.83
		6.83	

4. 实验结论

综合上述四次实验探究，归纳出下列结论：

纸飞机的飞行性能与其发射时的速度、发射的角度、发射处与地面的高度、纸飞机的形状、机翼面积等因素都有关系，具体表现为：

(1) 同一纸飞机在发射角度一定时，速度越大，飞行距离越远。

(2) 同一纸飞机在地面处发射时，其发射角为 45°时，其水平飞行的距离最远。

(3) 同一纸飞机在离地面有一定高度的地方发射，最佳发射角与离开地面的高度有关，而且都要小于 45°，在离开地面 1.6 米处的最佳发射角为 40°。

(4) 纸飞机的飞行效果与机翼面积有很大的关系。

(5) 纸飞机长宽比例适中的机型飞行姿态平稳。

(6) 尖头的纸飞机的飞行姿态常为快速或中快速的滑行；平头的纸飞机飞行姿态常为低速滑行或盘旋。

(7) 当纸飞机受到的升力略大于重力时，飞机的滑行状态最佳。

5. 交流评估

通过实验探究，要使纸飞机飞得远、飞得快，有以下几点要引起注意：

(1) 纸飞机要尽量折得两边对称，若不对称，飞机容易转弯，就飞不远了。

(2) 纸飞机翅膀和机身的比例要恰当。机身小翅膀大，飞机升力是够了，但重心上抬，投出去的飞机容易发飘；机身大翅膀小，重心过于下移，飞机就像飞镖一样，惯性十足，但却失去了飞行滑翔的行程，仿佛是扔出去的纸团。

(3) 注意前后的平衡。机头太重，容易一头扎在地上；机头太轻，又容易造成机头上翘而失去平衡。通过调整纸飞机的外形可以调节飞机的平衡。

(4) 纸飞机的发射要注意风向，不要侧风发射，否则容易被刮偏；顺风发射也没有足够的动力，最好是迎着不太强的正面逆风发射。

(5) 如果不是用发射器发射，而是用手投射，如图 2－5－8 所示，其投射出的角度要大于 15°，飞机要平稳向前送出，到最后一刻才自然脱手，飞得才最远。

图 2－5－8

6. 拓展迁移

郭怡然同学在纸飞机研究的基础上，将探索内容拓展到我国飞机工业的发展上。

她通过网上查询，知道了新中国刚成立时能飞的只有 17 架飞机，发展到现在，已经有了完全自主研究制造的隐形飞机、C919 大飞机、J－20 战机等，成为世界空中强国。尤其是她听了中国工程院戚发轫院士莅临树人学校作航天科普讲座《航天技术与中国航天》后，决心将发展我国的航空航天事业作为自己的奋斗方向，如图 2－5－9 所示。

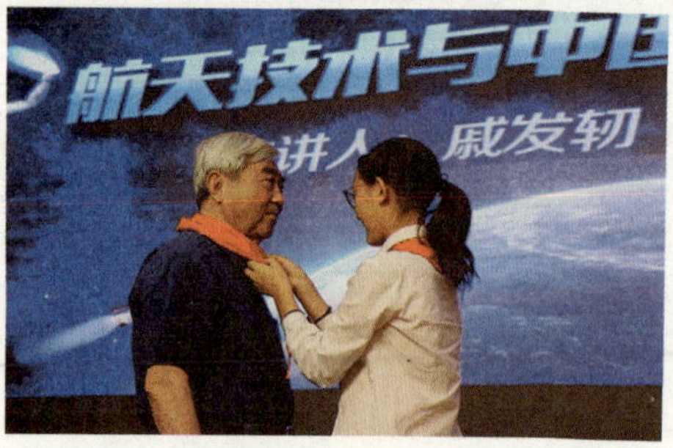

图 2－5－9

信息窗

弹射有法

郑志皓同学为了探究纸飞机的飞行性能，设计制作了纸飞机弹射器，参加了相关的创新大赛和答辩展示活动，荣获中国少年科学院小院士和江苏省青少年科技创新大赛二等奖，如图 2－5－10 所示。

图 2－5－10

1. 主要作用

使用自制弹射器，代替人手做实验，使投扔纸飞机的力、投射角或投扔速度得到精准控制，也使实验测出的数据更具可靠性，得出的结论更有可信度。

2. 设计原理

弹射器的设计采用压簧弹射原理，即通过压缩弹簧，撤销外力时弹簧产生弹力，将纸飞机弹射出去。通过控制弹簧压缩的长度来控制弹射纸飞机的外力、发射的速度。通过调节轨道台与底座之间的夹角来控制纸飞机的弹射角度。

3. 构造特点

弹射器由可转动轨道台(0°～90°)、底座、飞机底座、触发器、弹簧、拦截装置组成，如图 2-5-11 所示。轨道台由两根口径 25 mm 的不锈钢管和 2 mm 的钢板组成，轨道横截面为 25 mm×25 mm 的正方形。轨道前端为拦截装置。轨道台与底座用铰链相连。纸飞机底座与触发装置组合使用。弹簧为 40 cm 长的、簧丝直径为 2 mm 的压簧。

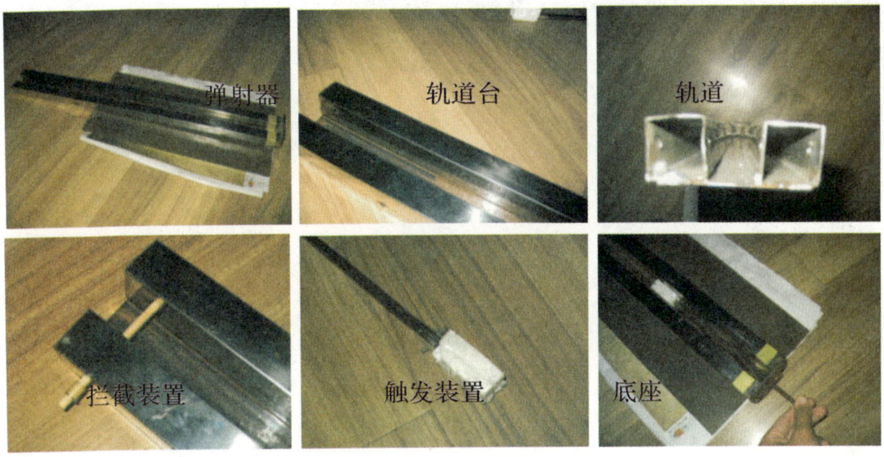

图 2-5-11

4. 存在问题

(1) 弹射器的制作，因使用压簧弹射原理，所以在制作触发装置时困难较大。在否定了几种方案后，最终选择了用筷子拉伸弹簧并且作为触发装置的方法。不仅方便快捷，而且易于更换。

(2) 因是弹射纸飞机，而纸飞机下部只有很薄的托手，所以只得做了底座发射，但如何在纸飞机脱离轨道前做到机座分离成了问题。最终，在轨道前段制作拦截装置，纸飞机由于惯性，实现机座脱离。

(3) 纸飞机飞行受天气影响较大，于是选择了小区地下汽车库完成实验，无风无雨，使测量更为精准。

5. 改进方法

图 2-5-11 所示的是第一代弹射器，制作较为简陋，技术不够成熟，设计不够完

美而导致失误较多。郑志皓等同学后与扬州丰益机械制品有限公司合作制作了第二代弹射器，如图 2 - 5 - 12 中的图 A 所示。

图 2 - 5 - 12

其整体结构由可转动轨道台(0°～90°)、底座、发射底座、角度器、触发器、弹簧、拦截装置等组成。

轨道台(图 B)由两根口径 10 mm×30 mm 的不锈钢管和厚度 2 mm 的不锈钢板组成，轨道横截面为高 30 mm 宽 40 mm 的矩形，轨道最大长度为 900 mm。轨道上部两边分别有两块长 900 mm 宽 25 mm 的不锈钢板(如图 C)，板间间距为 30 mm。轨道前端为拦截装置，为可拆换式，有 700 mm 和 900 mm(图 D 和图 E)两种长度。底座(图 F)由两根口径 10 mm×30 mm 的不锈钢管组成。角度器(图 G)架在底座与轨道间，两边各有一个不锈钢材质的，角度器为 1/4 圆，每 15°打一个孔，共 7 个孔。飞机底座(图 H)为长 50 mm 宽 30 mm 高 40 mm 的长方体木块，材料为轻木。其后端打孔(图 I)，前端垂直割缝(图 J)。横截面为凸字形(图 K)，上方凸部高 15 mm、宽 20 mm。触发装置(图 L)为手动装置。弹簧为压簧，簧丝直径为 2 mm。

6. 创新分析

第二代弹射器(除发射底座外)各部分皆为不锈钢制作。其质量较轻，经抛光处理，通体银亮，美观大方。

与第一代弹射器相比，第二代弹射器的长度增长了，分为 700 mm 和 900 mm 两种轨道规格，可调节使用。

与第一代的敞口式不同的是，第二代对飞机发射底座采用了封闭式设计(图 M)，使底座嵌入轨道中，并改用轻木作材料，解决了第一代弹射器底座易飞出轨道、易损坏的问题，几乎达到零失误。

7. 成功发射

图 2 - 5 - 13 是郑志皓同学用自己设计第二代弹射器发射纸飞机时拍摄的照片。

图 2 - 5 - 13

8. 实验探究

他在探究纸飞机弹射距离与弹射角之间关系时，将记录到的实验数据画成了图 2 - 5 - 14。可知，在弹射角为 40°时的弹射距离为 7.1 m，即最佳弹射角为 40°（探究的过程和具体内容与郭怡然同学的类似，故略）。

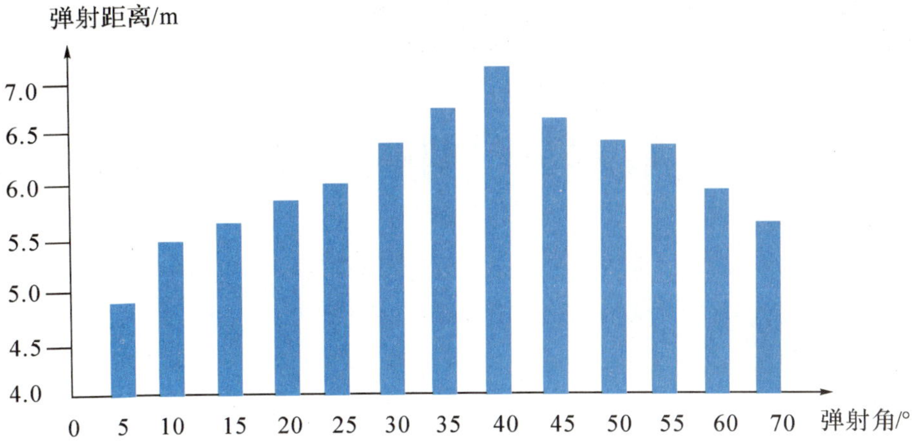

图 2 - 5 - 14

解密室

课后探究

课后探究既是课内探究的延续，也是消化课内教学内容而布置的探究作业。它是以自主学习、合作学习、探究学习为特征的一种学习方式，能培养你的创新精神和实践能力。利用该作业，还可以较好地培养你分析问题和解决问题的能力。

纸飞机飞行性能的实验探究，既是有趣的，又是有疑的。因为它可以用一张 A4 纸折叠而成，能飞起来，所以有趣。而如何弹射得更高、更远，所以有疑。它是集“趣、疑、动、思”于一体的课后探究活动。它既有利于你巩固书本知识，掌握研究方法，培养学习能力，形成科学价值观，还有利于你参加各级各类组织的青少年科技创新大赛或课题研究成果展示活动，为你创设一个展示聪明才智的成功舞台。

演练场

小试牛刀

请你结合“纸飞机”的实验探究，提出自己的实验设想并记录下实验过程与结论，让你的父母给其作出“合格、优秀、点赞”的评价。

第六节　课外探究

小故事

达·芬奇桥

有一次，树人学校组织学生参观上海科技馆，其中的木棒拱桥深深地吸引了学生孔梓萱，它通过棒与棒之间的巧妙搭接，成为一个稳定的结构，可以站人过桥，如图2-6-1所示。

图 2-6-1

图 2-6-2

据说这套接搭件是根据达·芬奇手稿中的拱桥为模型设计而成的。在孔梓萱的印象中，达·芬奇是因名画《蒙娜丽莎》而享誉世界的，想不到他在科学上也有如此成就，她对这位艺术大师真是太佩服了。

无独有偶，她在校园网上看到少科院的学生用报纸也搭建了一座能过人的纸桥，如图 2-6-2 所示。其实这也是对达·芬奇拱桥的一次创新实践。于是她萌发了对达·芬奇拱桥的探究欲望。她的科技创新作品“由达·芬奇拱桥引发的探究与思考”参加中国少年科学院小院士课题研究成果展示与答辩活动和江苏省青少年科技创新大赛，分别荣获全国二等奖和江苏省青少年科技创新大赛二等奖，她也获得“中国少年科学院预备小院士”称号，如图 2-6-3 所示。

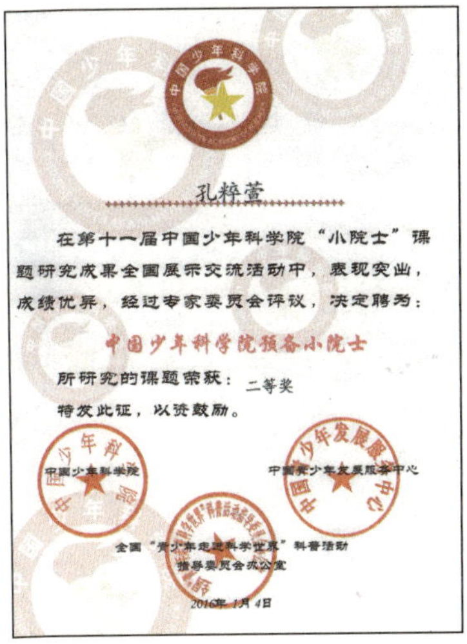

孔梓萱

在第十一届中国少年科学院“小院士”课题研究成果全国展示交流活动中，表现突出，成绩优异，经过专家委员会评议，决定聘为：

中国少年科学院预备小院士

所研究的课题荣获：二等奖

特发此证，以资鼓励。

中国少年科学院　　中国青少年发展服务中心

全国“青少年走进科学世界”科普活动指导委员会办公室

2016年1月4日

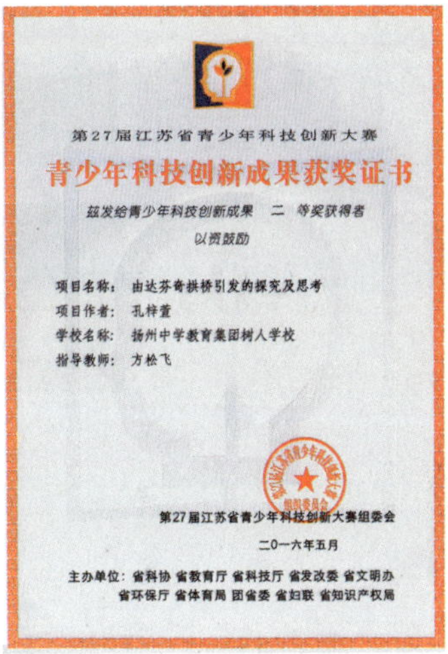

第27届江苏省青少年科技创新大赛

青少年科技创新成果获奖证书

兹发给青少年科技创新成果　二　等奖获得者

以资鼓励

项目名称：由达芬奇拱桥引发的探究及思考

项目作者：孔梓萱

学校名称：扬州中学教育集团树人学校

指导教师：方松飞

第27届江苏省青少年科技创新大赛组委会

二〇一六年五月

主办单位：省科协 省教育厅 省科技厅 省发改委 省文明办 省环保厅 省体育局 团省委 省妇联 省知识产权局

图 2-6-3

点金石

学生成才

树人学校每年都要组织学生去北京、上海、西安等地参加校外和课外的综合实践活动，让学生从中选择自己感受颇深的内容作为课题研究。孔梓萱同学的“由达·芬奇拱桥引发的探究与思考”就是在这种背景下成为实验探究成果而获奖的。

1. 网上查询

图 2-6-4A 是她在网上查到的达·芬奇在 500 年前为苏丹巴耶赛特二世绘制的

一座美丽绝伦的单跨长达 240 米的桥梁草图，计划跨越博斯普拉斯海峡口的金角湾。可当时的君主因其无法想象而未付诸实施，图 B 是 500 年后由挪威艺术家桑德将草案付诸实施的一座真实而实用的桥梁。图 C 则是我国在 1 400 多年前由李春设计建造的赵州桥，它是当今世界上现存最早、保存最完整的古代单孔敞肩石拱桥。无论是达·芬奇拱桥还是赵州桥，都有一个核心的东西，那就是“结构”。所谓结构，是指组成整体的各部分的搭配和安排，即结构是由各部分的搭配和安排而成的，它是一个整体。一个好的结构是有魅力的，如达·芬奇的拱桥草图。一个好的结构是有力量的，如赵州桥，虽经 1 400 多年的风吹雨打和地震灾害，但至今还完整地保存着，供人通行和欣赏。这就是结构的魅力和力量。

A　B　C

图 2-6-4

2. 实验探究

她将最简单普通的 A4 纸作为实验器材，来探究结构的力量。

(1) 松散组合：分别将一张 A4 纸或将其 2 等分、3 等分和 4 等分，并分别将它们叠放在如图 2-6-5 所示的有一定距离（跨度）的两块木板上，结果如表 2-6-1 所示。说明单张纸形不成结构，双分纸、三分纸、四分纸都是分开后叠放的，只能是松散型组合，也形不成结构。它们都自顾不暇，各自在重力的作用下自然下垂，不能承载硬币，如图 2-6-5 所示。

表 2-6-1

序号	纸类型	现象	结论
1	单张纸	纸都受重力作用下垂，形不成合力	单体和松散组合成不了结构
2	双分纸		
3	三分纸		
4	四分纸		

图 2-6-5

(2) 形成结构：她将 A4 纸设计成板式结构，其中的平面板 A 分对折板、双折板、三折板三种类型，还有拱形板 B、槽形板 C、双 T 板 D、巢形板 E、瓦形板 F，其截面图如图 2-6-6 所示。

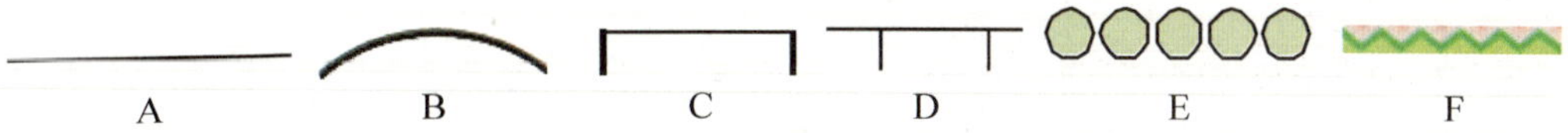

图 2-6-6

A4 纸对折时，只有 1 条折痕，称之为“加强筋”，简称为“筋”，对折板只有 1 条“筋”，双折板有 2 条“筋”，三折板有 3 条“筋”。

(3) 承载实验：将上述结构进行承载实验，承载物设计为小纸盒中放一元钱的硬币，承载结构的材料(1 张 A4 纸)相同、跨度相同。加载的硬币数越多，说明结构的承载能力越强。①平面结构：对平面结构进行承载实验，结果如表 2-6-2 所示。看到有折痕的那边的纸面刚好伸直，另一边纸面仍在下垂，还不能承载小纸盒，虽没有承载能力，但有克服自身重力，避免自然下垂，双折能承载一个小纸盒，三折能在小纸盒内加载 1 个硬币。说明平面板的承载能力随筋个数的增加而增大。②瓦楞结构：对瓦楞结构进行承载实验，其结果如表 2-6-3 所示。瓦楞 1 有 8 条筋，能在小纸盒内加载 16 个硬币。瓦楞 2 也有 8 条筋，但有 1 条筋受伤而变短，并短于跨度，它只能承载 8 个硬币，表示其承载能力迅速减小。这也说明结构的承载能力是由小于跨度的那条最短的筋决定的，其本质就是木桶的短板效应。瓦楞 3 有 16 条筋，但其承载能力却反而减小，比 8 条筋的少了 6 个硬币，这是因为筋数增加得过多，使板的相对厚度减小了，结构的和谐性受到了破坏，其承载能力变小了，也是短板效应所致。③其他结构：对槽形结构、T 形结构、巢形结构进行承载实验，其结果如表 2-6-4 所示。分别能在小纸盒内加载 8、6、10 个硬币。其中的槽形板和瓦楞板的承载实验如图 2-6-7 所示。该结构被广泛应用在建筑构件的设计上，如槽形或 T 形的梁板和空心的楼板。

表 2-6-2

序号	结构	承载硬币数	原因
1	对折	一边刚伸直	1 根加强筋
2	双折	刚好放纸盒	2 根加强筋
3	三折	盒中放 1 个	3 根加强筋

表 2-6-3

序号	结构	承载硬币数	原因
1	瓦楞 1	16	结构和谐
2	瓦楞 2	8	短板效应
3	瓦楞 3	10	短板效应

表 2-6-4

序号	结构	承载硬币数	应用
1	槽形	8	槽形梁板
2	T 形	6	T 形梁板
3	巢形	10	空心楼板

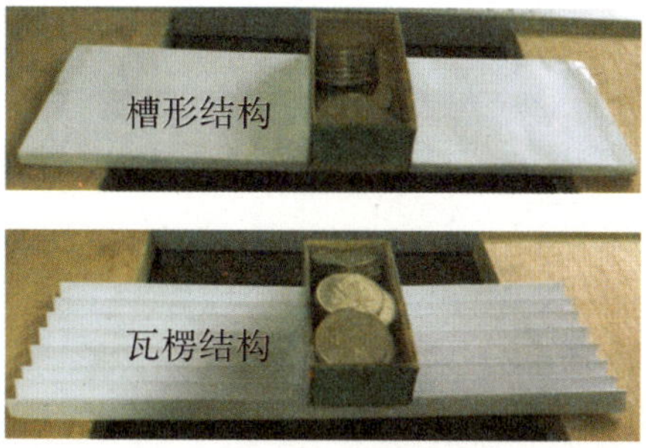

图 2-6-7

3. 探究结论

(1) 结构是个和谐的整体:它是由各部分的搭配和安排而成的一个整体。单一的、松散的结合成不了结构。

(2) 结构是能承载力量的:其外显特征是有和谐的魅力,均衡与对称,如达·芬奇的拱桥草图曾吸引过不少艺术家为之奋斗,直到500年后,才由挪威的艺术家桑德将它成为现实。如李春设计建造的赵州桥,虽经1 400多年的风吹雨打和地震灾害,但至今尚存。

(3) 结构是需不断调整的:其理论依据是木桶的短板效应。它是指盛水的木桶由许多块木板箍成的,盛水量也是由这些木板共同决定的。若其中一块木板很短,则盛水量就被短板所限制。这块短板就成了木桶盛水量的限制因素。若要使木桶盛水量增加,只有换掉短板或将短板加长才成。结构也是如此,与时俱进,不断调整才行。

4. 拓展思考

上述结论,可以应用到我们日常学习和生活中来,从结构优化的角度来提高我们的学习效率和管理水平,如教室布局的创新。

(1) 传统布局:班级是学校的细胞,教室是课堂教学的主战场,其布局能反映班主任的治班理念和管理水平。但我校班级布局基本上都在沿用着适合灌输式教学的传统布局,如图 2-6-8 所示。

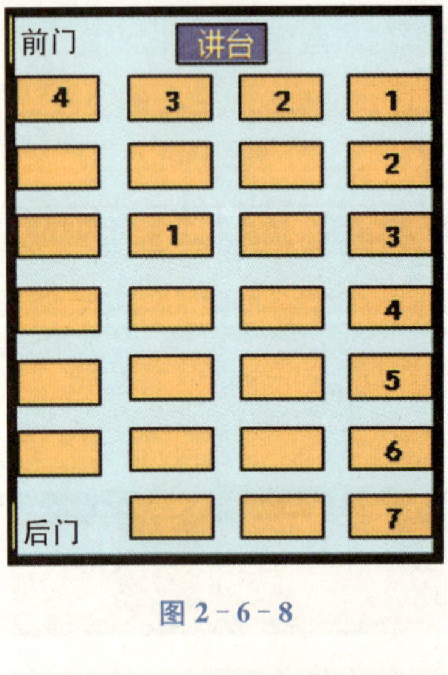

图 2-6-8

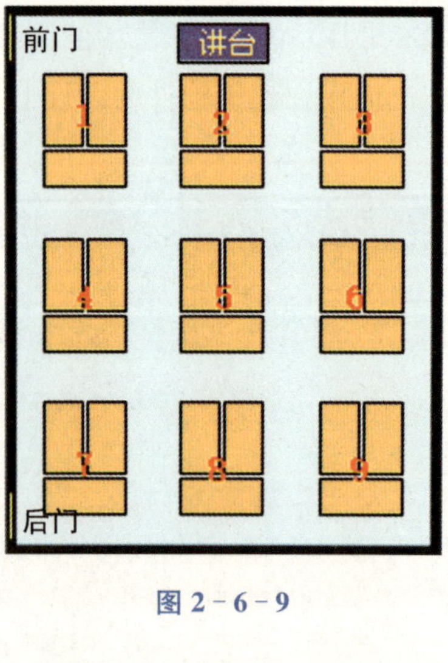

图 2-6-9

(2) 布局改进:我们学校正在实施"差异式合作学习"的课堂教学结构,已成为江苏省教育科学"十二·五"规划课题。图 2-6-8 所示的四平八稳的教室布局显然不能适应这种课堂教学的结构改革。于是出现了如图 2-6-9 所示的布局,6 人围成一组,便于小组合作学习。

(3) 布局创新:从结构优化的角度设计,我们认为图 2-6-9 还不够理想。为此,我们设计了图 2-6-10 所示的教室布局。这种结构布局设计了 9 个按桌围坐的学习小组,8 个正六边形的课桌,围绕在圆桌的周围。可 5 人一组(班额 45 人左右,前面这座位空着,可避免上课听讲时要转身),也可 6 人一组(班额 54 人左右),圆桌既可解决班额不是 5 或 6 的倍数问题,还能激励学生创造条件进入这核心位置。教室的三面设立壁柜,每生一柜。学生可将与课堂教学暂无关系的学习资料放在壁柜内,使每堂课的桌面始终保持整洁。这种布局虽然需要作一些成本投入,但要用六个学期,与高效课堂相比,这笔经济账还是算得过来的,即使由学生按六个学期分摊,家长也能接受。

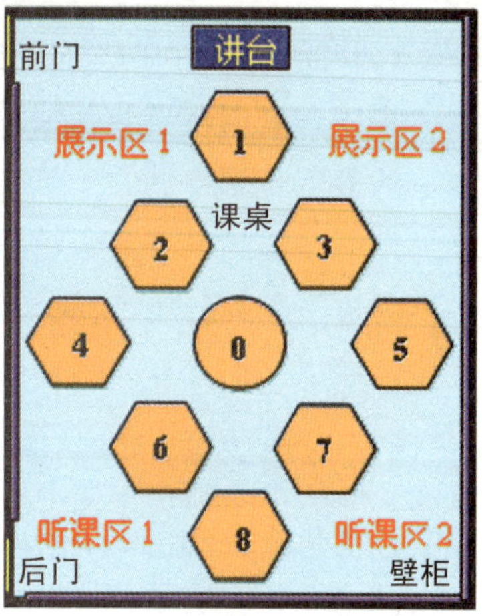

图 2-6-10

(4) 创新分析:这种布局结构有下列优势:①利用率高:学生按桌围坐,既可节省课桌的占有空间,又能开辟 2 个展示区和 2 个听课区,其空间利用率将大大提高。既便于学生在课内进行集体汇报、展示或表演。又便于上课教师巡视或关注每个小组、每位学生。既能及时把控好课堂教学的进度、节奏以及目标的达成情况。还由于设置了听课区,能吸引其他教师前来听课指导。②和谐性好:8 张正六边形课桌围绕在圆桌周围,犹如众星捧月一般,与图甲的松散型布局相比,结构的力量就大得多。好像 8 大行星一样,被一股强大的万有引力牢牢吸引,能紧紧地围绕太阳旋转,更像 8 个八卦符围绕太极盘而成八卦图那般流传近五千年。教室的这样布局,可象征该班的学生结构如太阳系和八卦图那样和谐。③凝聚力强:这种布局结构由于自成一组,抱团而成,与图 2-6-8 所示的松散型相比,容易形成凝聚力。人数 5 至 6 人,比较适中,人员位置容易调节,如图 2-6-11 所示。它能及时找到短板,进行调节,从而有效地避免短板效应。图甲的①号位置是小组长,先由小组推选产生,以后由进步大的学生接替。由于学生的座位集中,课堂表现一目了然,学生的位置也实行动态管理,座位号与其个人在小组中的阶段评比排名相一致。中间的圆桌,由班委干部居之,图乙的①号位置是班长,也是先由班主任推荐产生,以后凭借实力由进步大、能力强、威信高的学生接替。由于圆桌居中,既能接受全体学生监督,也能以榜样示人,还能动态观察并关心周围小组学生的一言一行。班委干部也实行动态调节,能上能下,通过阶段评比,普通学生可以成为班委干部,班委干部也可成为普通学生。圆桌的座位号与其个人在全班的阶段评比排名

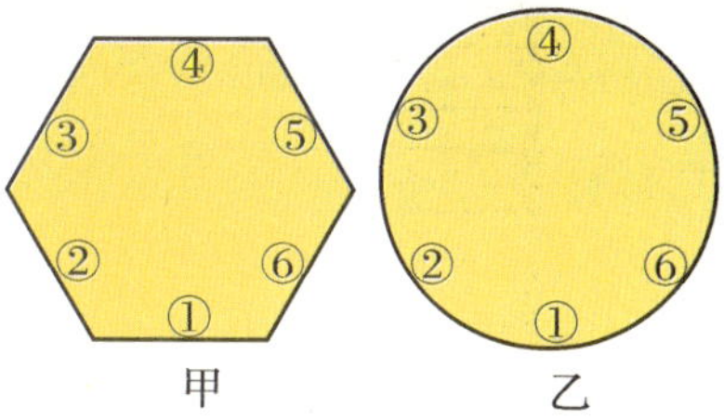

图 2-6-11

相一致。周围小组之间也实行动态管理，其组号与其小组的阶段评比排名相一致。

(5) 教学效果：在这样的教室布局中进行课堂教学，教学效果将大幅度提高。

现以一堂用建模的思想解直角三角形的数学课为例说明。该堂课是在图 2－6－8 所示的教室布局中上的一节校级公开课（我班数学老师执教）。其教学结构为：通过三道直角三角形的热身训练，提出用建模的方法来解直角三角形的实际问题。然后用一道例题进行探究导航，解决如何用数学模型来解决实际问题的思路。接着用 4 道典型的中考题就如何计算河的宽度、桥的长度、山的高度、灯的位置进行拓展，最后进行课堂小结。该课基本上属于学生围着教师转的课，学生的自主性很少。如果该课在图 2－6－10 所示的教室布局中上的话，我们设计了如下结构：①让围坐在一起的学生讨论如何在最简单的含 30°角的直角三角形中添一条特殊线，构成一个有三个三角形的数学模型。只要知道其中的两个角和一条边，就能计算出该图中所有三角形的边长。②让学生反复对该图赋一些特殊值，如$\angle 1=60°$，$\angle 2=30°$，$BD=1$，并熟练地计算其他各边的边长，从中提高学生的基本计算能力，如图 2－6－12 所示。③将该数学模型转化为实际问题，将边长 BD 想象为河宽、桥长，将边长 AB 想象为山高、灯高，将 AD 和 AC 想象为由 D 和 C 两个位置分别发出并共同射向 A 点的两条视线、两道激光、两条红外线或两道超声波，将边长 DC 想象为 D 和 C 两个位置间的距离，将$\angle 1$ 和$\angle 2$ 想象为上述两条视线的仰角。④让学生以小组为单位，根据上述想象，利用图 2－6－12 所示的数学模型编写成实际问题。⑤教师将各小组编写的实际问题展示在电子白板上，并进行评价和计算。⑥引导学生将模型中的二角进行变式，分别为 45°与 30°的组合或 45°与 60°的组合。通过上述六步的课堂教学结构的设计，真正实现了以学生为主体，教师为主导的课堂教学模式，课堂的教学力大为提高。

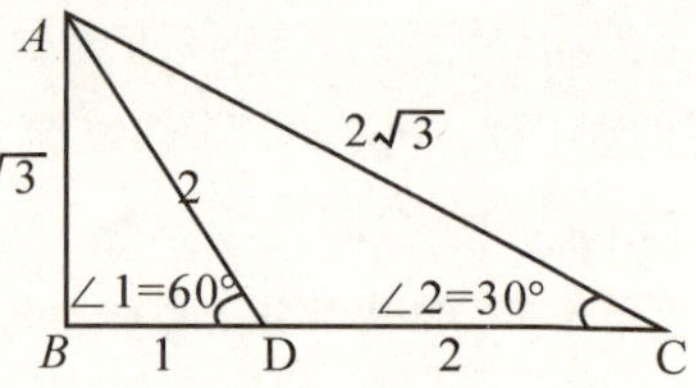

图 2－6－12

信息窗

书信往来

姚克豪同学在学习了液体压强后，结合老师布置的课外相关作业，对水流冲过大坝后流速的减少量进行实验探究，该成果荣获中国少年科学院小院士课题研究成果一等奖和扬州市青少年科技创新大赛一等奖，他被评为中国少年科学院“小院士”，如图 2－6－13 所示。

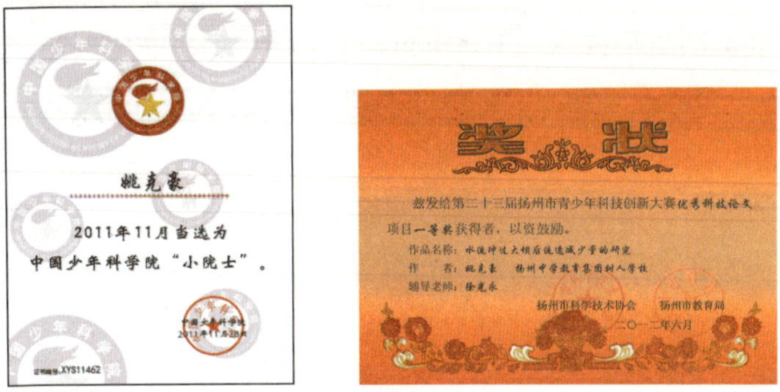

图 2-6-13

1. 查找资料

世界上最早的水坝是公元前 2900 年埃及人为首都孟菲斯供水而在尼罗河上建造的一座高 15 米的砌石坝。目前仍在使用的最古老的水坝现存于伊拉克，它建于公元前 1300 年。公元前 700 年—前 250 年，亚述人、巴比伦人、波斯人修筑了多座供灌溉用的水坝。在也门、斯里兰卡、印度、中国也修筑了各种水坝，如中国的都江堰，约建于公元前 240 年。古罗马人在西班牙普洛色皮纳修筑了一座高 12 米，用混凝土做芯，可以看作现代填土坝的先驱。在科纳尔市修筑的另一座水坝采用了倾斜的迎水面，代表了一种更完善的设计，这两座水坝至今还在，如图 2-6-14 所示。

图 2-6-14

公元 550 年，拜占庭人在今土耳其与叙利亚边界的德拉建造一座弯曲结构的水坝，为现代重力拱坝的前身。14 世纪初伊朗人在一狭窄的石灰岩峡谷上修筑了一座拱坝，高 26 米，而坝身的厚度还不到 5 米，中间弯曲部分的长度和半径均为 38 米，由两座直线坝支撑。1579 年至 1589 年，西班牙蒂维建造了一座重力拱坝，高 42 米，在后来近 3 个世纪中，始终是欧洲最高的水坝。

在第二次世界大战结束前的 100 年中，设计和建造水坝的经验在许多方面取得了进展。如 1936 年美国建造的胡佛水坝是一座采用先进理论设计的重力拱坝。1940 年竣工的佩克堡水坝，土方量 9 600 万立方米，是当时世界最大的水利工程。

当今世界最大的水坝就是中国建造的三峡大坝。大坝坝顶总长 3 035 米，坝高 185 米。据《读卖新闻》网站报道，2011 年 3 月 11 日袭击太平洋沿岸的日本大海啸一举摧毁了世界最大型的三陆海岸防护堤坝。早稻田大学海岸工学专业教授柴山知也于 19 日下午，乘坐直升机进行了高空视察，就此次摧毁了岩手县釜石湾入口处的“世界最深”防护堤的海啸进行了估算。他表示，“此次海啸的力度相当于 250 架以上的时速为 1 000 公里/小时的巨型飞机的冲击力”。位于釜石湾入口处的南北走向的防护堤，全长约为2公里。地震前堤坝约高出海面8米，厚约20米，守护着港湾。然而，震后从空中望去，北部的防护堤坝有大约800米已基本损毁，而残留下来的部分也如同被虫蛀般支离破碎地露在海面上。而露出海面的部分，也被冲击得七零八落。

据悉，该防护堤是2009年才建成的，由相当于东京巨蛋体育馆7倍大小的约700万立方米大小的水泥块沉到最深63米的海底，其上部铺制水泥外壁建造而成。国土交通厅表示，该堤坝是参考了发生于1896年的8.5级三陆地震的强度和海啸冲击力度而设计建造的，曾被作为“世界最深”的堤坝而被载入吉尼斯纪录。

2. 器材准备

木板、水、刻度尺、乒乓球等。

3. 进行实验

(1) 将一块木板卡在浴缸里，再用两块木板将其加固。在距离浴缸底25厘米处做上记号，用盆分别装相同质量的水，在记号处将水倒出。水的冲击力在受到阻拦后，部分水会冲过大坝，以此模仿海啸来时子坝初步阻拦的情景，如图2-6-15中的图A所示。

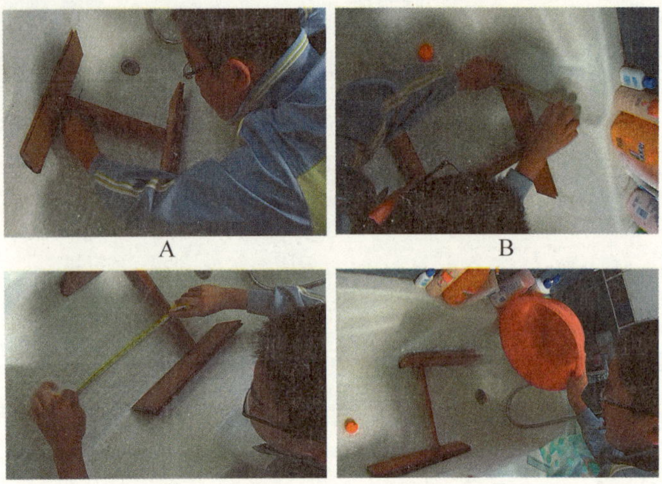
A B C D

图 2-6-15

(2) 探究水流冲过后流速与大坝高度的关系，3次改变大坝高度，控制木板甲与乒乓球乙间的距离不变，测出水冲过后乒乓球运动的距离。实验中发现，大坝高度越高，乒乓球运动的距离短，并近似成一次函数，如图B所示。

(3) 水流冲过后流速与两坝距离的关系，5次改变距离，控制其他变量不变，实验发现一开始由于甲、乙距离较近，水冲过后，并未直接推动乒乓球，只是由于流速大，压强小，乒乓球被大气压压了过去，所以甲、乙距离越长，乒乓球运动距离越远，如图C所示。

(4) 到20 cm时，水直接推动乒乓球，所以甲、乙距离越远，运动距离越远，如图D

所示。

4. 收集数据

实验记录到的数据如表 2－6－1 和表 2－6－2 所示。

表 2－6－1

实验次数	大坝高度/cm	甲、乙间的距离/cm	乒乓球运动距离/cm
1	4	10	30
2	5	10	16
3	6	10	4

表 2－6－2

实验次数	大坝高度/cm	甲、乙间的距离/cm	乒乓球运动距离/cm
1	5	5	12
2	5	10	16
3	5	15	18
4	5	20	21
5	5	25	5
6	5	30	3

5. 分析论证

其中表 2－6－1 是水流冲过后流速与大坝高度的关系，将其画成函数图像，如图 2－6－16 所示。表 2－6－2 是水流冲过后流速与两坝距离的关系，函数图像如图 2－6－17 所示。分析图像可得出下列结论。

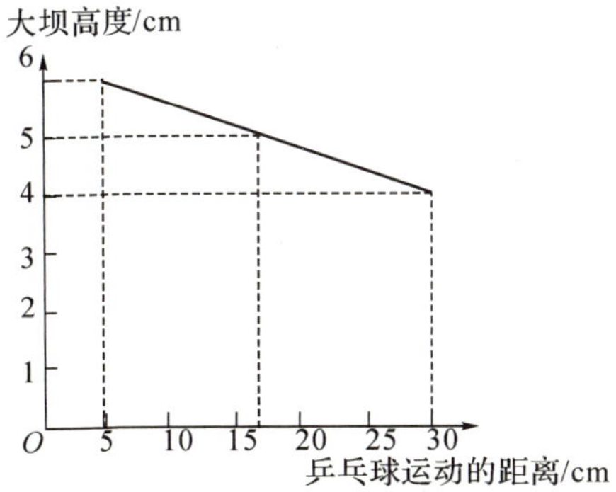

图 2－6－16

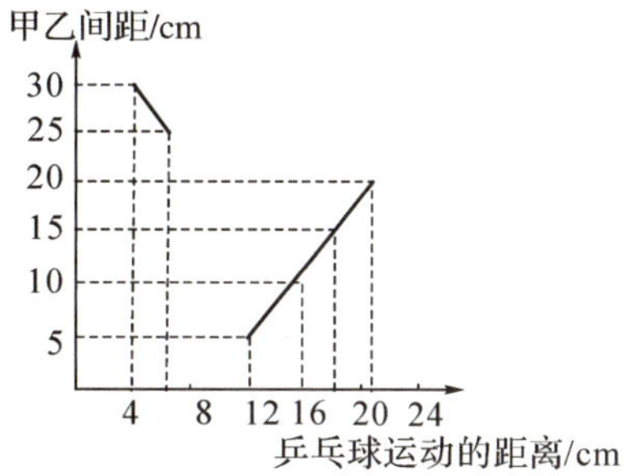

图 2－6－17

6. 探究结果

(1) 相同条件下，水坝高度越高，水流冲过后，流速越小。

(2) 相同条件下，当甲、乙距离小于 K 时（K 随水冲过水坝时的速度变化而变化)，甲、乙距离越远，运动越离越远，近似呈一次函数；当甲、乙距离大于 K 时，甲、乙距离越远，运动距离越近。

解密室

抓住机遇

课外探究是你课堂学习的延伸，也是你成才之路的必要关卡。作为一名中学生，课外探究不需要教师的监督与辅导，探究的质量完全由你自己来掌控。而为了提升你课外探究的能力，你首先得激发自己的探究兴趣，才能在探究活动中掌握正确的探究方法。孔梓萱同学在参观上海科技馆时，看到棒与棒之间的巧妙搭接，竟然成了一个稳定的拱桥结构，可以站人过桥，激发她对结构的力量进行探究。姚克豪同学则是在学习了液体压强后，引发了对水流冲过大坝后的流速问题的探究。从中你能否感悟到这样的道理：课外探究是你走上科技创新及成才之路的必要环节。

演练场

小试牛刀

请你结合孔梓萱和姚克豪同学提供的两个课外探究的案例，撰写一篇“我的课外探究”千字文。让你的父母给其作出“合格、优秀、点赞”的评价。

瞭望角

本章总结

通过本章六节的解读，你是否对探究方法已有灵犀？测量是你进行科学探究的先导，它让你在探究之前，熟悉长度、时间、质量、力、温度、电流、电压等基本物理量的测量方法。有了这个基础，你就可以自行设计出用间接测量的方法测出速度、密度、压强、电阻等物理量的基本方法了。尤其是特殊测量中隐含的测量思路，为你后续的定量探究作技术上的准备。

课题研究是你进行研究性学习的基本形式，它具有“问题的切口小、涉及的范围小、研究的过程活、选择的内容活、研究的时间短、得出的成果快、契合实际水平、选择课题务实、研究过程踏实、探究结果真实”等特点。其途径来自于调查活动、课本知识、生活实际，它们都是你的成才之源。而探究则是一把钥匙，能开启你生活宝库的大门，让你在未知世界里翱翔。探究的基本环节是：①提出问题、②猜想假设、③设计方案、④进行实验、⑤收集证据、⑥解释结论、⑦交流评价、⑧拓展迁移。前七个环节是课程标准的内容。第八个环节是将你已探究的结论进行拓展，衍生出新问题，进行新探究，使你的探究有新意、有深度，才有可能在强手如林的数理化竞赛或科技创新大赛中脱颖而出。

课内探究以一堂扬州市级公开课为例，以与高科技密切相关的红外线与紫外线为探究内容，设计了富有挑战性的探究实验，尤其是对当今最新手机 iphone X 人脸识别技术进行了探究，彰显了课内探究的教学特色，为探究常态化找到了突破口。课后探究既是课内探究的延续，也是消化课内教学内容而布置的探究作业。它是以自主、合作、探究为特征的一种学习方式。它有利于固书本知识，掌握研究方法，培养学习能力，形成科学价值观。课外探究是你课堂学习的延伸，成才之路的关卡，探究的质量完全由你自己来掌控。而为了提升你的探究能力，你得激发自己的探究兴趣，才会在探究活动中掌握正确的探究方法。

收获篇

再试牛刀

通过本章的学习与总结，你对“探究方法的秘密”是如何解读的？请再撰写一篇“我的探究之梦”千字文，让你的父母给其作出“合格、优秀、点赞”的评价。

第二章 人才发现的秘密

现在人们对人才的发现有这样一个误区：以为学习成绩好就是人才，以至于“学霸”就成了人才的代名词，在新闻媒体上满天飞。当然，作为学生而言，对考试中获得高分的“学霸”，尤其是对那些中考、高考第一名怀着敬畏之心是无可厚非的。但有些“学霸”最后之所以成为众人仰慕的人才，不是因为他是学霸，而是他有富国强民的成果。因为人才是指具有一定的专业知识或专门技能，进行创造性劳动，并对社会作出贡献的人，是人力资源中能力和素质较高的劳动者。

再看一下，我们仰慕的那些对社会作出贡献的人，有多少人是学霸？马云第一次走进高考的考场，那是 1982 年。结果，那一年他的数学考了 1 分。这个成绩，说是全国倒数第一未免太过武断，但在整个浙江省是“榜下有名”的。而如今，马云已是一个众所周知的成功企业家，已成为中国乃至全世界最具影响力的人物之一。还有如中国著名的教育家罗家伦，投考北京大学时，校委们查看他的成绩单后大吃一惊。原来，罗家伦的数学成绩竟然是 0 分，其他各科分数也平平。著名散文家朱自清，1916 年报考北京大学预科，数学只有 0 分。著名作家钱钟书，报考清华大学时，数学也只有 15 分。著名语言学家季羡林，1930 年报考清华大学时，数学只考了 4 分。

如果你对此感到还不过瘾的话，你还可以搜索信息“成绩差的名人”，网上会跳出令你大吃一惊的一连串的名字：爱因斯坦、爱迪生、比尔 · 盖茨、达 · 芬奇、达尔文、牛顿。

那么，人才是如何被发现的呢？你将用什么方法来把自己培养成人才呢？本章将为你一一揭开其中的奥秘。

第一节 展示交流

小故事

获奖感言

第十二届中国少年科学院“小院士”课题研究成果全国展示交流活动于2017年元旦期间在北京举行。该活动按初评50分（选题、创新性、科学性、实用性、整体性）、终评答辩50分（语言表达、认知程度、问题解答、仪态仪表）、能力测试20分（闭卷考试），按综合评分的高低确定获奖等级，再评出称号。一等奖的课题主持人获“小院士”称号，其中的前十名荣获“十佳小院士”称号。包昕玥因“不同条件下蜡烛的熄灭顺序及原因探索”荣获“全国十佳小院士”荣誉称号，如图3－1－1所示。

A E D C B

图3－1－1

她在发言中声情并茂地说：“我来自扬州古城树人学校。新年伊始，便在祖国的首都北京，迎来了我生命中的一次重要盛典。我非常荣幸能获得全国十佳小院士并代表发言。在此，感谢我的指导老师对我的谆谆教诲，是您引领我走向科学的殿堂。特别感谢中国少年科学院为我们提供了创造的舞台！在这里，我们可以尽情探索世界奥妙，质疑现有理论，畅谈奇思妙想。创造是人类最重要、最根本的特征，创造活动是人类最具价值、最有意义的实践。过去人类依靠创造性劳动得以脱离猿群，今后也将依靠创造性劳动迈向美好的未来。在科学探究的实践中，我深深体会到，我们要善于综合运用已有的知识、信息、技能和方法；敢于提出新方法、新观点；还要有进行发明创造、改革的意志、信心、勇气和智慧。发扬不怕困苦，甘于平凡，无惧单调，勇于开拓的科学精神，以及勤于思考，善于发现，勇于挑战的创新精神！"

有人说"环境太平凡了，不能创造"。平凡无过于一张白纸，而八大山人挥毫画它几笔，便成为一幅名贵的杰作；有人说"生活太单调了，不能创造"。单调无过于坐监牢，但是就在监牢中，产生了《易经》之卦辞，产生了《正气歌》，产生了苏联的国歌，产生了尼赫鲁自传。可见平凡单调，只是懒惰者之遁词。我们就是要在平凡上造出不平凡；在单调上造出不单调。也有人说"年纪太小，不能创造"。但是，让我们看看莫扎特、爱迪生，以及冲破父亲数学层层封锁的帕斯卡，他们的伟大成就都归功于他们幼年时期的研究生活。有人说"我是太无能了，不能创造"。但是鲁钝的曾参，传了孔子的道统；不识字的慧能，传了黄梅的教义。有人说"山穷水尽，走投无路"。但是，粮水断绝，众叛亲离的哥伦布，竟然发现了新大陆，冻饿病三重压迫下，莫扎特竟然写了《安魂曲》。蚕吃桑叶，尚能吐丝，难道我们天天吃白米饭，便一无贡献吗？

哈佛大学第 24 任校长 Pusey 强调："一个人是否具有创造力，是一流人才和三流人才的分水岭。"我国伟大的人民教育家、创造教育的先驱陶行知先生，身体力行，勇于实践，大力倡导创造力的发展。科学是引领社会发展的重要法宝，科学技术已经深深地影响着我们的日常生活，在经济社会发展中扮演着不可或缺的角色。可以说：处处是创造之地，天天是创造之时，人人是创造之人。让我们向着创造之路迈进吧。在创造上的任何怯懦和退缩都会让人感到无地自容，我们只有迎着风浪奋起，只能踏着困难前进……

展示台

获奖成果

不同条件下蜡烛的熄灭顺序及原因探索

作者：包昕玥　指导教师：崔伟

"哪一支蜡烛先灭？"是苏科版物理教材八年级（上册）引言中的一个探索性实验，

如图 3-1-2 所示。这个问题对应的另一个问题是：为什么要贴着地面逃离火灾现场？这两个问题的本质都是探讨燃烧时空气中二氧化碳的分布和变化。为了深入分析这类问题，本文设计了不同的实验条件，通过观测在不同条件下蜡烛熄灭的顺序来分析二氧化碳的分布及变化，揭示其规律。

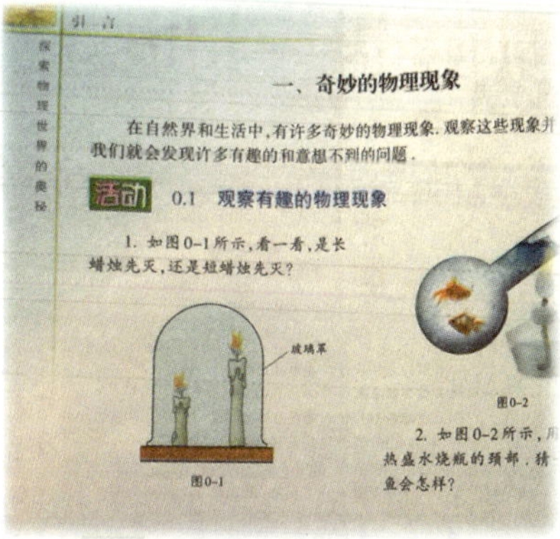

图 3-1-2

1. 实验方案

(1) 器材准备：本文涉及的实验器材主要包括长度分别为 3 cm、5.5 cm、8 cm、10.5 cm 和 13.5 cm 的蜡烛 12 套（长度根据实验中所用的玻璃罩的高度而决定），打火机或火柴，大、中、小玻璃罩各一只，内径分别为 14.5 cm、11.5 cm 和 8.5 cm；高分别为 20 cm、22 cm 和 18 cm，球形玻璃罩一个（口内径 21 cm，腹部最大直径 29 cm，高 16 cm），食用油，自来水等如图 3-1-3 所示。

蜡烛　　大中小玻璃罩　　球形玻璃罩　　自来水　　食用油　　点火工具

图 3-1-3

(2) 方案设计：由于影响蜡烛熄灭顺序的原因较多，玻璃罩的大小和形状、玻璃罩底部的密封程度等都可能影响实验结果。为探明各种影响因素的作用，本实验采用控制变量、表格图像、对比分析等方法。实验分无液封、用水封和油封三种情况，每种情况分小、中、大和球形玻璃罩四组，每组做 2 次以上实验，每次均取长短不同的 5 根蜡烛同时点燃，后盖上玻璃罩，观察并在设计好的表中记录蜡烛熄灭时间，并画出相关的函数图像。

(3) 探究准备：①准备长度分别为 3 cm、5.5 cm、8 cm、10.5 cm 和 14.5 cm 的 5 支蜡烛；②将 5 支蜡烛分别固定在玻璃板上；③倒入适量水或油；④点燃蜡烛；⑤罩上玻璃罩；⑥观测现象并记录蜡烛在玻璃罩内熄灭的时间，如图 3-1-4 所示。

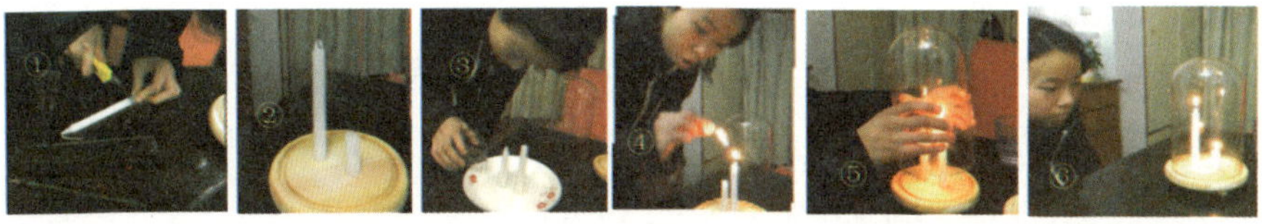

图 3-1-4

2. 实验过程

按玻璃罩密封（无液封、水封、油封）的这三种情况，及其大小、形状（小、中、大和球形）这四种情形，设计成 12 个实验，现象如图 3－1－5 所示。

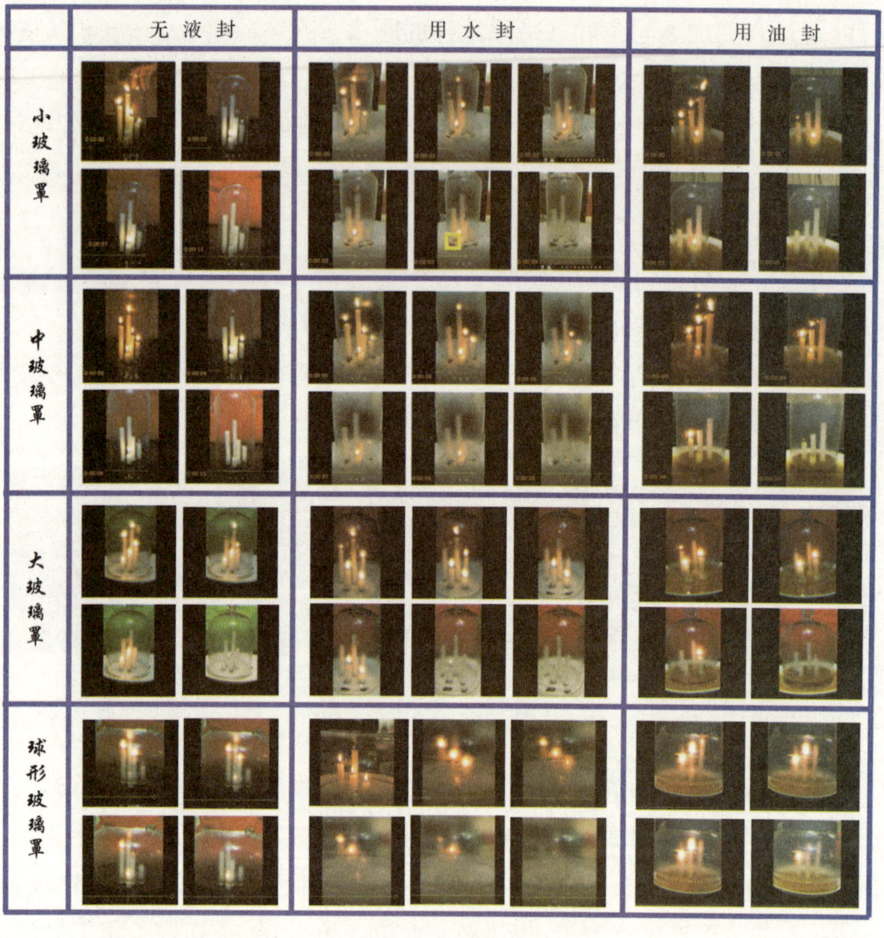

图 3－1－5

(1) 在无液封条件下的实验：第一次，控制外部条件为无液封。将长度分别为 3 cm、5.5 cm、8 cm、10.5 cm 和 13.5 cm 的蜡烛固定在玻璃板上（注意占地面积要小于玻璃罩口径）；点燃蜡烛；罩上小玻璃罩；观测并记录 5 根蜡烛熄灭的时间。重复上述实验。初步判断二氧化碳的分布及变化。第二、三、四次，分别将上述小玻璃罩换为中、大和球形玻璃罩，重复第一次实验。

(2) 在用水封条件下的实验：第五次，将长度分别为 3 cm、5.5 cm、8 cm、10.5 cm 和 13.5 cm 的蜡烛固定在玻璃槽（或其他可以装液体和玻璃罩的器皿）内；倒入适量的水，罩上小玻璃罩，观察玻璃罩的底部有没有全部浸泡在水中，如果没有，再加适量的水，直至玻璃罩底部完全被封住，取下玻璃罩；点燃蜡烛；重新罩上玻璃罩；观测并记录蜡烛熄灭的时间。重复上述实验。初步判断二氧化碳的分布及变化。第六次、第七次和第八次，分别将上述小玻璃罩换为中玻璃罩、大玻璃罩和球形玻璃罩，重复第五次实验。

(3) 在用油封条件下的实验：第九次，控制外部条件为用油封口。将长度分别为 3 cm、5.5 cm、8 cm、10.5 cm 和 13.5 cm 的蜡烛固定在玻璃槽(或其他可以装液体和玻璃罩的器皿)内；倒入适量的食用油，罩上小玻璃罩，观察玻璃罩的底部有没有全部浸泡在油中，如果没有，再加适量的油，直至玻璃罩底部完全被封住，取下玻璃罩；点燃蜡烛；重新罩上玻璃罩；观测并记录蜡烛熄灭的时间。重复上述实验。初步判断二氧化碳的分布及变化。第十次、第十一次和第十二次，分别将上述小玻璃罩换为中玻璃罩、大玻璃罩和球形玻璃罩，重复第九次实验。

3. 实验数据

将上述 12 个实验中的 5 支蜡烛在玻璃罩内燃烧的时间分别记录在已经设计好的表格中，如表 3-1-1 所示。

表 3-1-1

外部条件	蜡烛 / 玻璃罩	3 cm	5.5 cm	8 cm	10.5 cm	13.5 cm	次
无液封	小	13 s	7 s	2 s	2 s	2 s	1
	中	15 s	9 s	4.2 s	4 s	4.6 s	2
	大	24 s	17 s	6 s	5 s	8 s	3
	球形	28 s	21 s	22 s	26 s	25 s	4
用水封	小	9 s	1 s	2 s	2 s	3 s	5
	中	18 s	9 s	7 s	5 s	6 s	6
	大	11 s	11 s	9 s	6 s	10 s	7
	球形	28 s	21 s	22 s	26 s	25 s	8
用油封	小	/	5 s	2 s	1 s	1 s	9
	中	/	10 s	20 s	5 s	4 s	10
	大	/	13 s	21 s	5 s	2 s	11
	球形	/	32 s	43 s	41 s	28 s	12

4. 对比分析

根据表中数据，分别画出 5 支蜡烛在玻璃罩内燃烧的时间随其长短变化的图像，如图 3-1-6 所示。并由图像中提供的信息进行对比分析。

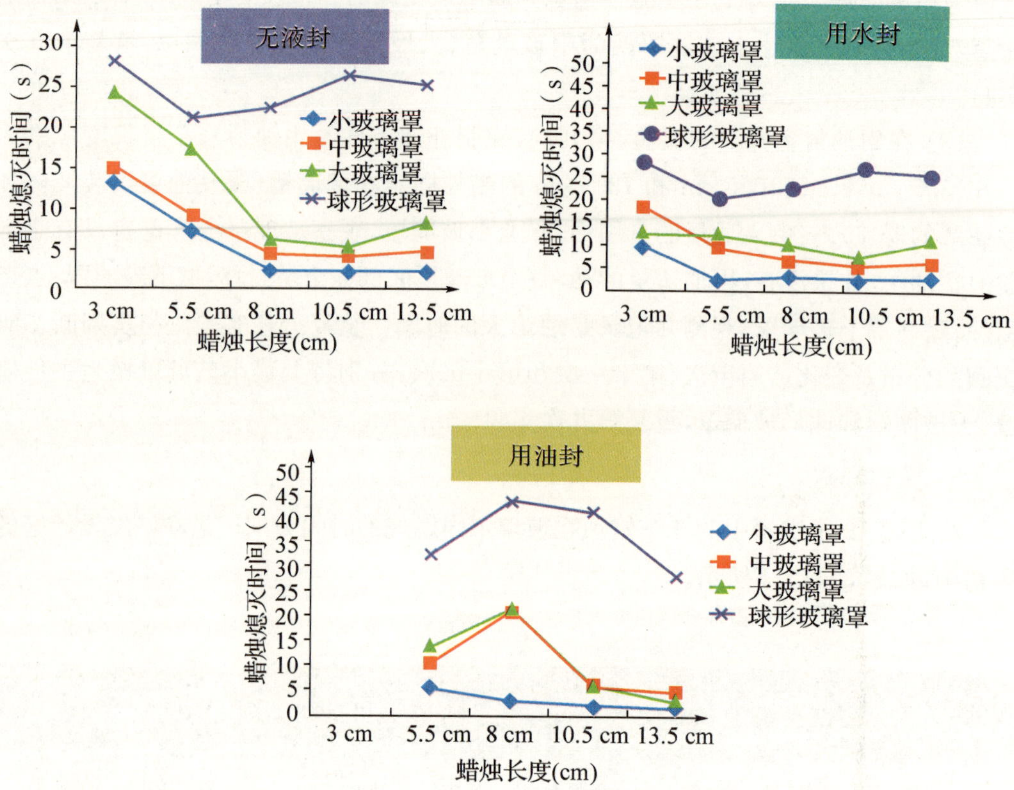

图 3－1－6

（1）玻璃罩底部无液封：①实验现象：扣上小玻璃罩后约 2 s，13.5 cm、10.5 cm 和 8 cm 三支蜡烛很快熄灭，7 s 时 5.5 cm 的熄灭，9 s 时 3 cm 的蜡烛开始变暗，但在 11 s 又奇迹般地亮了一下，直到 13 s 才熄灭。换成中玻璃罩后约 4 s，10.5 cm 和 8 cm 的熄灭，接着 13.5 cm 的也熄灭，9 s 时 5.5 cm 的熄灭，3 cm 的持续到 15 s 熄灭，基本上是越高的蜡烛越容易熄灭。换成大玻璃罩后 5 s，中间高度的 10.5 cm 蜡烛先熄灭，6 s 时 8 cm 的熄灭，8 s 时 13.5 cm 的熄灭，17 s 时 5.5 cm 的熄灭，3 cm 的蜡烛则在 24 s 才最后熄灭，即中等高度的蜡烛先熄灭。换成球形玻璃罩后约 21 s，3 cm 和 5.5 cm 的似乎要同时熄灭。但就在 3 cm 即将熄灭的瞬间，5.5 cm 的却先熄灭，并引发 3 cm 的重新旺盛起来。此后 22 s 前后出现了奇特的现象：3 cm 的先变暗，但随着 8 cm 的熄灭，3 cm 的又一次复燃，25 s 时 13.5 cm 的熄灭，26 s 时 10.5 cm 的熄灭，再经过 2 s，3 cm 的才最后熄灭。②分析论证：无液封的小号和中号的玻璃罩，得到的结果均是长蜡烛先灭。长蜡烛先灭说明玻璃罩内蜡烛燃烧产生的二氧化碳首先集中在玻璃罩内的上部。但大玻璃罩的空间大，二氧化碳迅速冷却而下沉，使得短蜡烛先灭。而且当短蜡烛变暗时，玻璃罩内的空气温度降低，使得外面的空气带着氧气从密封不太好的底部钻进玻璃罩内，首先给最矮的蜡烛供氧而维持燃烧，导致玻璃罩下口的密封性影响了实验的结果。

（2）玻璃罩底部用水封口：①实验现象：用水封住小玻璃罩后，中间的 5.5 cm、8 cm和 10.5 cm 蜡烛在 2 s 左右几乎同时熄灭，3 s 后 13.5 cm 的熄灭，3 cm 的坚持到 9 s 熄灭。蜡烛熄灭时会有大量气泡涌进玻璃罩内。中玻璃罩扣上 5 s 后，10.5 cm 的先熄灭，6 s 时 13.5 cm 的熄灭，7 s 时 8 cm 的熄灭，9 s 时 5.5 cm 的熄灭，3 cm 的则持续到 18 s 才熄灭。大玻璃罩扣上 6 s 后，10.5 cm 的先熄灭，接着是 13.5 cm 和 8 cm 的，几乎同时熄灭，然后 3 cm 的熄灭，5.5 cm 的却是最后熄灭。球形玻璃罩扣上 5 s 后，13.5 cm 和 3 cm 的熄灭，21 s 时 13.5 cm 的熄灭，34 s 时 3 cm 的进入熄灭状态，但到 36 s 时，3 cm 和 5.5 cm 的才一起熄灭。40 s 时 10.5 cm 的熄灭，8 cm 的蜡烛 43 s 才最后熄灭。②分析论证：水封的小号和中号的玻璃罩，得到的结果均是长蜡烛先灭，而且时间很短。大号和球形玻璃罩内蜡烛熄灭的顺序有错乱的现象，中等长度的蜡烛反而先灭，说明二氧化碳分布在玻璃罩中部的成分偏多。在蜡烛熄灭的过程中，玻璃罩内不断有气泡出现，表明用水封口还不能完全防止玻璃罩内外之间的气体相互流通。

（3）玻璃罩底部用油封口：①实验现象：用油封住小玻璃罩后 1 s，13.5 cm 和 10.5 cm 的先熄灭，2 s 时 8 cm 的熄灭，5 s 时 5.5 cm 的熄灭。并且玻璃罩内的油面逐渐上升，特别是最后一支蜡烛熄灭后，油面迅速上升，几乎将 5.5 cm 的蜡烛整个淹没。中玻璃罩在 4 s 时 13.5 cm 的先熄灭，5 s 时 10.5 cm 的熄灭，5.5 cm 的也很快熄灭，但 8 cm 的却持续到 20 s 才熄灭。大玻璃罩内 13.5 cm 的蜡烛 2 s 后先熄灭，10.5 cm 的蜡烛在 5 s 熄灭，5.5 cm 的在 13 s 熄灭，最后熄灭的是 8 cm 的蜡烛。球形玻璃罩由于体积较大，直到 28 s，13.5 cm 先熄灭，5.5 cm 的则以非常微弱的火势坚持了 32 s 后熄灭。41 s 时 10.5 cm 的熄灭，8 cm 的坚持到 43 s 才熄灭。②分析论证：油封玻璃罩后其密封性增强了很多，二氧化碳的运动完全取决于玻璃罩的大小和形状。在小玻璃罩内清楚地表现为蜡烛越高的越先熄灭，表明二氧化碳开始时出于顶端。中、大号和球形玻璃罩内中等高度的蜡烛并不容易熄灭。表明二氧化碳首先上升，碰到玻璃罩的壁后迅速冷却，然后沿着玻璃壁向下运动。

5. 得出结论

蜡烛的熄灭顺序不仅跟玻璃罩的大小有关，还与形状有关，形状比大小更主要。更与密封程度有关，在液封条件下，较小的玻璃罩内的蜡烛按照由高到低的顺序熄灭，较大的玻璃罩内中间高度较低的蜡烛容易熄灭，且密封性越好效果越明显；底层蜡烛受到密封程度的影响更大。导致蜡烛熄灭的直接物质是二氧化碳，因此二氧化碳在玻璃罩内的分布是影响蜡烛熄灭顺序的直接原因。瘦高型玻璃罩内二氧化碳最先分布在玻璃罩的顶端，使较高的蜡烛先熄灭；比较宽敞的容器内，二氧化碳从顶部沿着内壁迅速冷却下沉，使得较高和较低的蜡烛先熄灭，而中间高度的最后熄灭，如图 3－1－7 所示。

图 3－1－7

信息窗

交流活动

中国少年科学院“小院士”课题研究成果全国展示交流活动，每年举办一次，时间一般为当年的 12 月，地点在北京。参加对象是年龄在 7～18 岁之间，品学兼优、热爱科学、勇于创新的青少年科技爱好者。课题研究方向主要是青少年在学习、生活中发现并能够通过所掌握的科学原理和知识开展研究，论证解决的科学问题和社会问题，或与人们日常生活密切相关的科学和社会现象，以及各种探索性研究或创意项目、科学小发明、小制作等。它由中国少年科学院、中国青少年发展服务中心主办，全国少工委、中国科学院、教育部关工委等单位支持。

1. 申报材料

如实填写《中国少年科学院“小院士”课题研究评审申报表》，推荐单位签署意见，加盖公章，申报人、指导教师亲笔签名，如图 3－1－8 所示。同时提供《课题研究论文》或《发明成果报告》原文一份，并用 A4 纸打印。另外提供课题研究过程和发明过程的原始材料一份（可以是复印件）及研究过程照片至少 4 张、发明作品实物照片或演示视频一份。

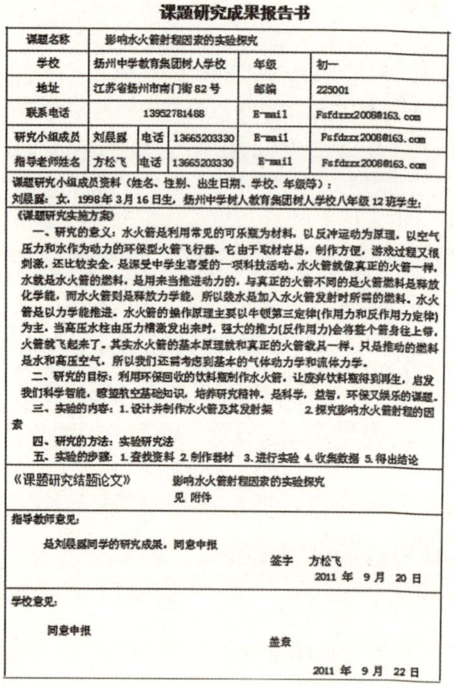

课题研究成果报告书

课题名称	影响水火箭射程因素的实验探究				
学校	扬州中学教育集团树人学校			年级	初一
地址	江苏省扬州市南门街 82 号			邮编	225001
联系电话	13952781488			E-mail	Fsfdzzx2008@163.com
研究小组成员	刘晨露	电话	13665203330	E-mail	Fsfdzzx2008@163.com
指导老师姓名	方松飞	电话	13665203330	E-mail	Fsfdzzx2008@163.com

课题研究小组成员资料（姓名、性别、出生日期、学校、年级等）：

刘晨露：女，1998年3月16日生，扬州中学树人教育集团树人学校八年级12班学生；

《课题研究实施方案》

一、研究的意义：水火箭是利用常见的可乐瓶为材料，以反冲运动为原理，以空气压力和水作为动力的环保型火箭飞行器。它由于取材容易，制作方便，游戏过程又很刺激，还比较安全，是深受中学生喜爱的一项科技活动。水火箭就像真正的火箭一样，水就是水火箭的燃料，是用来当推进动力的，与真正的火箭不同的是火箭燃料是释放化学能，而水火箭则是释放力学能，所以装水是加入水火箭发射时所需的燃料。水火箭是以力学能推进。水火箭的操作原理主要以牛顿第三定律(作用力和反作用力定律)为主，当高压水柱由压力槽激发出来时，强大的推力(反作用力)会将整个箭身往上带，火箭就飞起来了。其实水火箭的基本原理就和真正的火箭载具一样，只是推动的燃料是水和高压空气，所以我们还需考虑到基本的气体动力学和流体力学。

二、研究的目标：利用环保回收的饮料瓶制作水火箭，让废弃饮料瓶得到再生，启发我们科学智能，瞭望航空基础知识，培养研究精神，是科学，益智，环保又娱乐的课题。

三、实验的内容：1. 设计并制作水火箭及其发射架　　2. 探究影响水火箭射程的因素

四、研究的方法：实验研究法

五、实验的步骤：1. 查找资料 2. 制作器材　3. 进行实验 4. 收集数据 5. 得出结论

《课题研究结题论文》　　影响水火箭射程因素的实验探究
见 附件

指导教师意见：

是刘晨露同学的研究成果，同意申报

签字　方松飞

2011 年　9 月　20 日

学校意见：

同意申报

盖章

2011 年　9 月　22 日

图 3－1－8

2. 申报方式

每个项目将上述申报材料统一装在一个档案袋中，将《中国少年科学院“小院士”课题研究评审申报材料》页贴在档案袋外面，以学校为单位统一报送到中国少年科学院“小院士”课题研究活动组委会。同时填写《中国少年科学院“小院士”课题研究评审申报项目及信息汇总》打印一份加盖公章并将清单电子版拷入 U 盘一并报送，现场拷贝审核信息后 U 盘带回。

3. 评审程序

评审分为初评和终评，终评包括现场答辩。

(1) 初评：组委会将聘请中国少年科学院专家组专家及相关专业人士参与评审。根据中国少年科学院课题研究评审要求对申报的项目分四个方向：发明创造、科学探究、社会调查、创意设计；四个组别：小学低年级组(1～3 年级)、小学高年级组(4～6 年级)、初中组、高中组分别进行，集体项目参与的人数不得超过三人，如果选手分别为不同年级，则按照其中最高年级划分组别；每一项目辅导教师最多不得超过三人。终评将从初评中选取优秀项目参与终评答辩和展示活动。其评分标准如表 3-1-2。

表 3-1-2

评价内容	分值	评价标准
选题	10	自己发现、提出、选择的
创新性	10	1. 选题、立论有独到见解，有现实意义 2. 有所发现，有所发明，有所提高
科学性	10	1. 课题与成果有科学技术意义，方案合理，研究方法科学规范，理论依据可靠，结论正确 2. 论点明确，论据充分，分析透彻，有足够的数据和证据支持结论 3. 对下一步的工作考虑 4. 是引用了科学文献，还是仅引用了大众读物
实用价值	10	1. 具有地域特点 2. 解决现实生活问题 3. 工程项目：可预见的社会效益、经济效益或效果 4. 项目影响范围、应用意义、推广前景
严谨性	10	1. 自己设计和研究，自己制作和撰写 2. 文字表述规范、准确、清晰，语句流畅、逻辑性强，没有疏漏、歧义 3. 整个过程完整，思路清晰 4. 原始材料完备，对项目整个过程的开展起到支撑作用

(2) 终评：答辩程序：按分组组别抽签确定每组答辩的次序，然后由选手借助 PPT 对作品进行简要介绍。介绍时间：小学三分钟、中学五分钟。介绍要点：结合附件一项

目简介（注意：PPT 和选手介绍不要出现学校名称、选手姓名、辅导教师姓名等信息）。专家评审小组对其进行适当的提问，选手进行解答（四分钟）。创新发明项目，答辩时带实物并演示。为了体现大赛的公平、公正原则，采取公开答辩的方式，其评分标准如表 3－1－3。

表 3－1－3

评价内容	分值	评价标准
语言表述	10	1. 表达清晰，逻辑性强，语言流畅，语速、语调适当 2. 演示文稿画面清晰，文字清楚，图文结合，操作熟练，介绍与演示文稿匹配 3. 不得超时，整个答辩过程不得出现学校、辅导教师等信息
认知程度	12	1. 脱稿介绍，项目的研究或制作过程清晰流畅，对每一个环节数据取得的方式或方法等清晰明了 2. 发明项目演示成功
问题解答	13	准确回答评委提出的相关问题，轻松自如，语言流畅、简练、逻辑性强，应变能力强
仪态仪表	5	1. 着装得体，精神饱满，姿势端正、大方，回答问题彬彬有礼 2. 不得穿校服、戴校徽

（3）综合评分：按初评、终评答辩、展示评出项目等级、个人等级，通过创新能力测试，评出称号：小院士、预备小院士、小研究院。其综合评分标准如表 3－1－4 所示。

表 3－1－4

项目	初评（对材料的评审）					终评					合计
						答辩部分				展示与交流	
	选题	创新性	科学性	实用价值	严谨性	语言表述	认知程度	问题解答	仪态仪表	1. 展板内容：重点突出、简洁明了，自行创意、自行设计，充分体现学生的动手能力 2. 展示与交流：赢得大家的认可，并获得较多的“笑脸”即时贴或票数 3. 评委打分	
权重	10	10	10	10	10	10	10	15	5	10	100
得分											

（4）能力测试：图 3－1－9 是一份第十二届中国少年科学院“小院士”课题研究成果全国展示交流活动科技创新能力测试卷，是研究课题为科学探究和社会调查方向的学生必须解答的试卷。满分 20 分，考试时间 60 分钟，它与终评答辩同步进行。

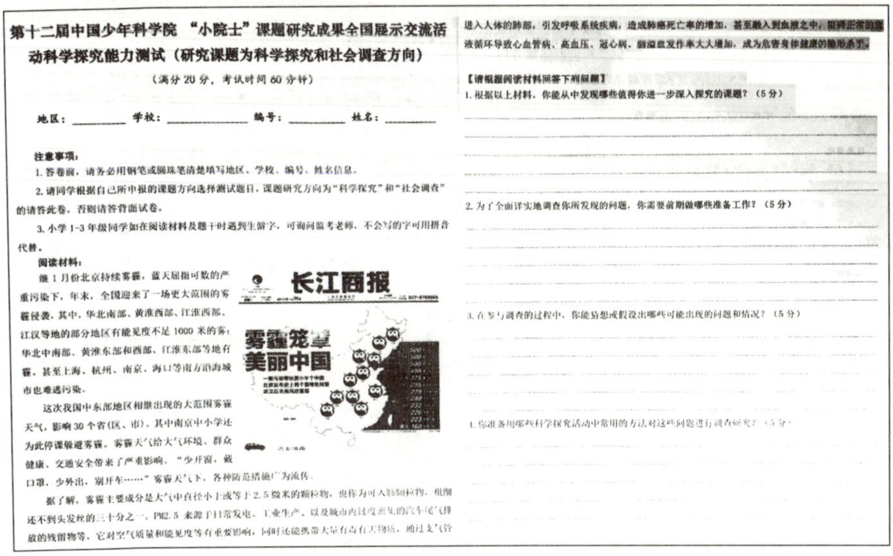

第十二届中国少年科学院"小院士"课题研究成果全国展示交流活动科学探究能力测试（研究课题为科学探究和社会调查方向）

（满分 20 分，考试时间 60 分钟）

地区：________ 学校：____________ 编号：_________ 姓名：________

注意事项：

1. 答卷前，请务必用钢笔或圆珠笔清楚填写地区、学校、编号、姓名信息。

2. 请同学根据自己所申报的课题方向选择测试题目，课题研究方向为"科学探究"和"社会调查"的请答此卷，否则请答背面试卷。

3. 小学 1-3 年级同学如在阅读材料及题干时遇到生僻字，可询问监考老师，不会写的字可用拼音代替。

阅读材料：

继 1 月份北京持续雾霾，蓝天屈指可数的严重污染下，年末，全国迎来了一场更大范围的雾霾侵袭。其中，华北南部、黄淮西部、江淮西部、江汉等地的部分地区有能见度不足 1000 米的雾；华北中南部、黄淮东部和西部、江淮东部等地有霾，甚至上海、杭州、南京、海口等南方沿海城市也难逃污染。

这次我国中东部地区相继出现的大范围雾霾天气，影响 30 个省(区、市)，其中南京中小学还为此停课躲避雾霾。雾霾天气给大气环境、群众健康、交通安全带来了严重影响。"少开窗，戴口罩，少外出，别开车……"雾霾天气下，各种防范措施广为流传。

据了解，雾霾主要成分是大气中直径小于或等于 2.5 微米的颗粒物，也称为可入肺颗粒物，粗细还不到头发丝的三十分之一。PM2.5 来源于日常发电、工业生产、以及城市内过度密集的汽车尾气排放的残留物等，它对空气质量和能见度等有重要影响，同时还能携带大量有毒有害物质，通过支气管进入人体的肺部，引发呼吸系统疾病，造成肺癌死亡率的增加，甚至融入到血液之中，阻碍正常的血液循环导致心血管病、高血压、冠心病、脑溢血发作率大大增加，成为危害身体健康的隐形杀手。

【请根据阅读材料回答下列问题】

1. 根据以上材料，你能从中发现哪些值得你进一步深入探究的课题？（5 分）

2. 为了全面详实地调查你所发现的问题，你需要前期做哪些准备工作？（5 分）

3. 在参与调查的过程中，你能猜想或假设出哪些可能出现的问题和情况？（5 分）

1. 你准备用哪些科学探究活动中常用的方法对这些问题进行调查研究？（5 分）

图 3-1-9

荣誉堂

脱颖而出

树人少科院每年都有一次经"研究所→分院→总院→扬州市→江苏省→全国"这六个层次，分层选拔的中国少年科学院小院士课题研究成果展示交流活动。又有较高层次的中国青少年科技创新奖、宋庆龄儿童发明奖、国际发明展览会发明奖、江苏省青少年科技创新标兵、扬州市青少年科技创新市长奖等评选的机遇，还有国际青少年创新设计大赛、中国青少年创造力大赛等展示才华的良机。这些丰富多彩的较高层次的创新成果展示与评比活动，为科技创新人才的早期发现和培养注入了新的活力，使一大批科技创新型早期人才在树人少科院这个育人平台上腾飞，飞出扬州，飞向全国，至今不衰。从 2009 年就开始组织学生参加该项活动至今，有 4 位学生荣获全国十佳小院士，78 位学生成为中国少科院小院士，289 位学生获全国课题研究成果展示答辩一、二等奖。学校还设立小院士墙，种下与大院士同样的科学梦，激励创新人才的脱颖而出，如图 3-1-10，表 3-1-5 所示。

图 3-1-10

表 3-1-5

获奖时间	十佳小院士	小院士	全国一等奖	全国二等奖	全国三等奖
2009.5	0	2	只评选小院士，没有成果展示答辩与评奖		
2010.12	0	6	6	13	5
2011.12	0	10	10	14	21
2012.12	1	6	8	11	11
2013.12	1	12	15	20	2
2014.12	0	8	10	21	8
2015.12	1	18	21	14	12
2016.12	1	16	21	23	3
累计	4	78	91	116	62

演练场

小试牛刀

请你结合包昕玥的获奖发言及其创新成果，撰写一篇“我的探究之梦”千字文，让你的父母给其作出“合格、优秀、点赞”的评价。

第二节 创新设计

小故事

省培源奖

2015 年 5 月 16 日，江苏省人民政府青少年科技创新“培源奖”颁奖会在南京举行，树人学校的韦康、戴苇杭、申一民三位学生荣获“江苏省人民政府青少年科技创新培源奖”，如图 3－2－1 所示。其中的图 A 是韦康（右三）、戴苇杭（右二）、申一民（右四）三位学生上台领奖，图 B 是获奖证书，图 C 是江苏省电视台采访戴苇杭同学。

A　B　C

图 3－2－1

培源奖是江苏省人民政府于 2013 年设立的，是江苏省人民政府激励青少年科技创新人才脱颖而出的最高奖励，该奖励的实质就是江苏省人民政府的省长奖，每年奖励三项，小学、初中、高中各一项。该奖项从 2014 年开始成为一个常态奖项。2015 年的初中项目由树人学校的韦康、戴苇杭、申一民三位学生荣获，获奖项目为《结构模型设计指标影响因素的实验探究》，图 3-2-2 是相关展版。

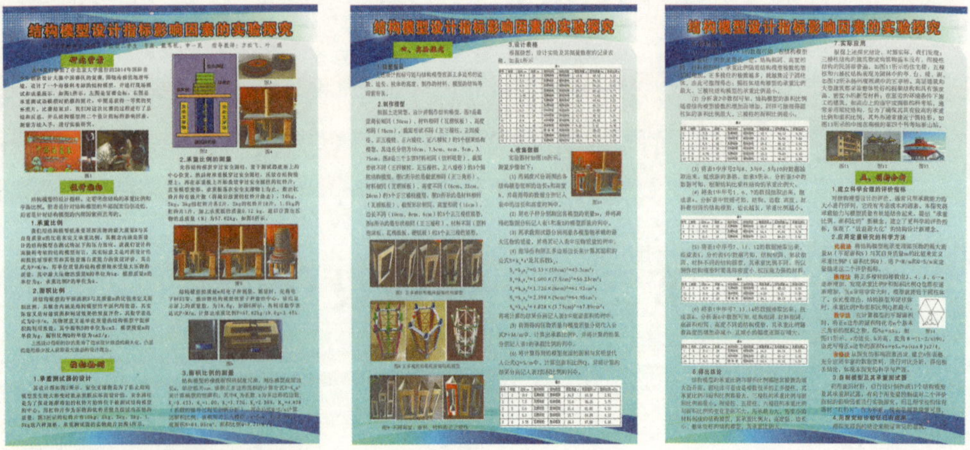

图 3-2-2

展示台

获奖成果

结构模型设计指标影响因素的实验探究

作者：韦康、戴苇杭、申一民　　指导教师：方松飞、叶娟

1. 研究背景

我们参加了在北京大学进行的 2014 年国际青少年创新设计大赛中国赛区的复赛，围绕南极的地理环境，设计了一个南极科考站的结构模型，并进行现场测试和成果展示，如图 3-2-3 所示。其中图 A 是中国区复赛的会标，图 B 是我们参赛的结构模型，图 C 是我们在承重测试该模型时拍摄的照片，图 D 是我们获得综合一等奖的奖杯照片。比赛结束后，我们对这次比赛的过程进行了总结和反思，并从结构模型的两个设计指标的影响因素、测量方法入手，进行实验研究。

A B C D

图 3－2－3

2. 设计指标

我们先通过网上查询，了解结构设计的基本知识，然后从我们初中生的知识储备出发，模仿初中物理比值法的要领，提出了承重比例和面积比例这两个设计指标的新概念，并从其概念内涵和影响因素等问题入手，进行研究。

（1）结构模型的设计指标：主要考虑结构的承重比例和平面比例。前者是针对结构模型的外部因素而创设的，后者是针对结构模型的内部因素而思考的。①承重比例：用“结构模型能承受顶部压物的最大质量（M）与其自身质量（m）的比值”来定义承重比例，其概念内涵是所设计的结构模型在测试情况下的压力效应。就我们设计的南极科考站的结构模型而言，其实际意义是对所设计的南极科考站抵抗屋顶积雪和其他设施自重能力的效益评价。其数学表达式为 $P=M/m$，其物理意义是单位质量的结构模型能承受最大压物的质量，其中最大压物的质量（M）的单位为 kg，模型质量（m）的单位为 g，承重比例（P）的单位为千（k）。②面积比例：用“结构模型的平面面积（S）与其质量（m）的比值”来定义面积比例。其概念内涵是：结构模型的平面利用效益，其实际意义是对建筑面积利用效果的效益评价。其数学表达式为 $Q=S/m$，其物理意义是单位质量的结构模型平面面积的利用效益。其中面积（S）的单位为 cm^2，模型质量（m）的单位为 g，面积比例（Q）的单位为 cm^2/g。用上述两个比例作为结构模型的设计指标，其目的是为了追求设计效益的最大化，凸显的是用最少投入获取最大效益的设计理念。

（2）承重比例的测量。①承重测试器的设计：如图 3－2－4 所示，其中的图 A 为设计图。安全支撑物是为了防止结构模型发生较大形变时被承重板压坏而设计的。安全圆柱是为了保证逐渐增加的杠铃片始终位于被测试结构模型的中心。用杠铃片作为压物的优势是能直接读出压物的质量，图 B 所示杠铃片有 10 kg、5 kg、3 kg、2 kg、1.5 kg 这六种规格。承重测试器的实物照片如图 C 所示。②承重比例的测量：先将结构模型穿过安全圆柱，置于测试器底座上的中心位置。然后将承重板穿过安全圆柱，压放在结构模型上，再在承重板上开始叠放穿过安全圆柱的杠铃片，直至模型变形，承重板落在安全支撑物上为止，数出杠铃片的有效片数（将最后放置的杠铃片除去），10 kg、5 kg、3 kg 的杠铃片各 2 片，2 kg 的杠铃片 10 片，1.5 kg 的杠铃片 1 片，加上承重板的质量 0.12 kg，最后计算出压物的总质量 M 为 57.62 kg，如图 3－2－5 所示。结构模型的质量(m)用电子秤测量。测量时，先将电子秤归零，然后将结构模型放置于秤盘的中心，读出显示屏上的质量数，为 19.6 g，如图 3－2－6 所示。再用公式 $P=M/m$，计算出承重比例 $P=57.62\ \text{kg}/19.6\ \text{g}=3.45\ \text{k}$。③面积比例的测量：结构模型的横截面积用刻度尺测，测出模型底面的边长 a，单位都为cm，根据正多边形面积的计算公式 $S=K_n*a^2$ 来计算模型的底面积。其中 K_n 为系数，n 为正多边形的边数，$K_3=0.433$，$K_4=1.00$，$K_5=1.720$，$K_6=2.598$，$K_8=4.828$。再根据数学表达式 $Q=S/m$，计算出平面比例。该模型为正六棱柱，边长 $a=5$ cm，$K_6=2.598$，可计算出结构模型的底面面积 $S=64.95\ \text{cm}^2$，再利用数学表达式 $Q=S/m$，计算出体积比例 $Q=64.95\ \text{cm}^2/19.6\ \text{g}=3.31\ \text{cm}^2/\text{g}$。

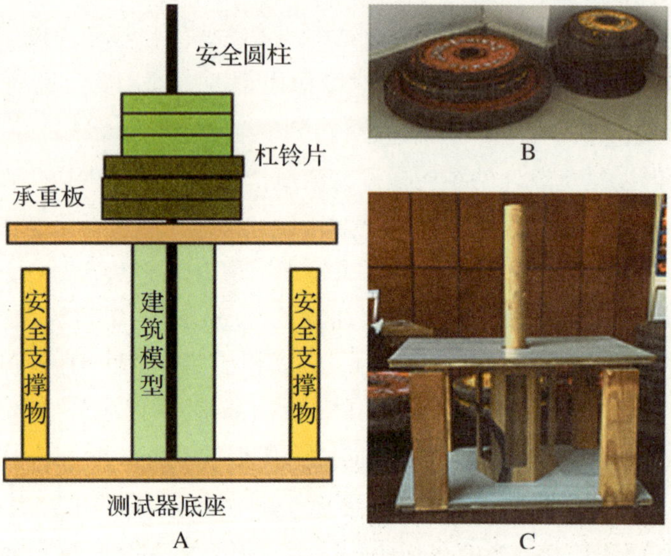

图 3－2－4

将模型置于承载测试器内　将承重板置于安全圆柱中　逐渐增加杠铃片的数量

图 3－2－5

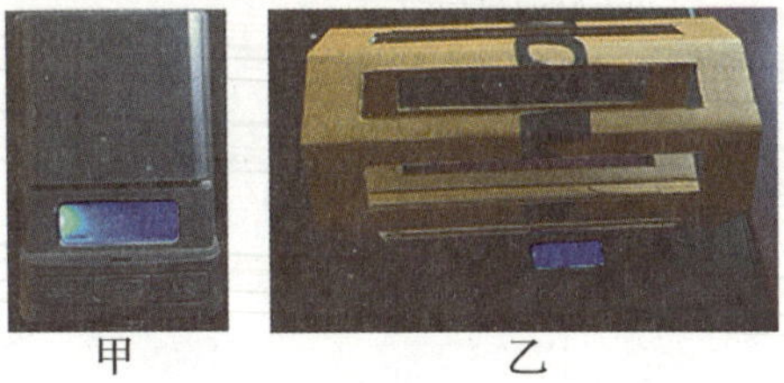

图 3-2-6

3. 实验探究

（1）猜想假设：上述设计指标可能与结构模型底面正多边形的边数、边长、柱体的高度、制作的材料、模型的结构等因素有关。

（2）制作模型：根据上述猜想，设计并制作了 17 个结构模型，如图 3-2-7 所示。其中图 A 所示的是截面周长相同（30 cm）、材料相同（瓦楞纸板）、高度相同（16 cm），截面形状不同（正三棱柱、正四棱柱、正五棱柱、正六棱柱、正八棱柱）的 5 个框架结构模型，其边长分别为 10 cm、7.5 cm、6 cm、5 cm、3.75 cm。图 B 所示的是三个主要材料相同（饮料吸管），截面形状不同（正四棱柱、正五棱柱、正八棱柱）的 3 个梁柱结构模型。图 C 所示的是截面相同（正三角形）、材料相同（瓦楞纸板）、高度不同（16 cm、22 cm、28 cm）的 3 个正三棱柱模型。图 D 所示的是材料相同（瓦楞纸板）、截面形状相同、高度相同（16 cm），边长不同（10 cm、8 cm、6 cm）的 3 个正三棱柱模型。图 E 所示的是形状相同（正三棱柱）、材料不同（塑料泡沫板、瓦楞纸板、硬纸板）的 3 个正三棱柱模型。

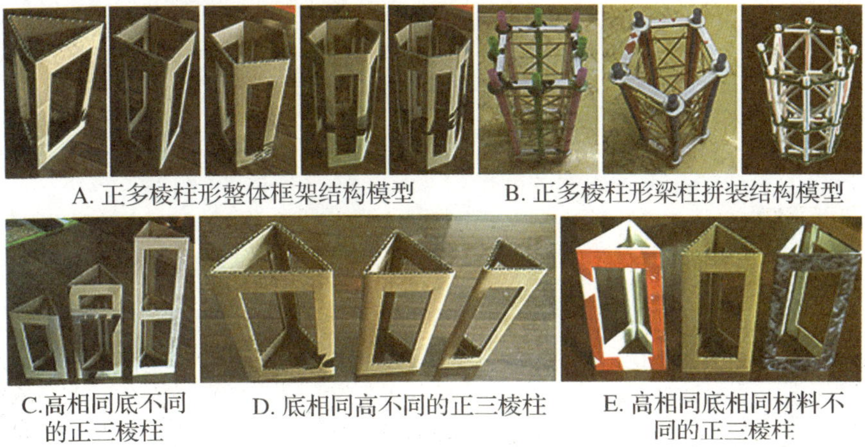

图 3-2-7

（3）设计表格：根据猜想，设计实验及其测量数据的记录表格，如表 3-2-1 所示。

表 3-2-1

序号	棱数	a/cm	h/cm	制作材料	结构类型	m/g	M/kg	P/k
1	3	10.0	16	瓦楞纸板	框架结构	14.8	46.12	3.12
2	4	7.5	16	瓦楞纸板	框架结构	15.1	50.12	3.32
3	5	6.0	16	瓦楞纸板	框架结构	15.4	54.12	3.51
4	6	5.0	16	瓦楞纸板	框架结构	15.7	59.12	3.77
5	8	3.75	16	瓦楞纸板	框架结构	16.3	70.62	4.33
6	3	8.0	16	瓦楞纸板	框架结构	14.4	47.62	3.31
7	3	6.0	16	瓦楞纸板	框架结构	14.0	49.12	3.51
8	4	7.5	16	饮料吸管	梁柱结构	13.2	32.62	2.47
9	5	6.0	16	饮料吸管	梁柱结构	12.8	28.12	2.20
10	8	3.75	16	饮料吸管	梁柱结构	12.4	19.62	1.58
11	3	6.0	16	泡沫纸板	框架结构	4.10	3.12	0.76
12	3	6.0	16	硬 纸 板	框架结构	14.1	28.12	1.99
13	3	6.0	22	瓦楞纸板	框架结构	19.2	43.12	2.25
14	3	6.0	28	瓦楞纸板	框架结构	24.5	30.12	1.23

(4) 收集数据：实验器材如图 3-2-8 所示。按下列步骤测量。①用刻度尺分别测出各结构模型底部边长 a 和高度 h，并将测得的数据分别记入表 3-2-1 中的边长和高度的列中。②用电子秤分别测出各模型的质量 m，并将测得的数据分别记入表 1 和表 2 的模型质量的列中。③用承载测试器分别测量各模型能承载的最大压物的质量，并将其记入表 3-2-1、3-2-2中压物质量的列中。④推导出利用正多边形边长来计算其面积的公式 $S=K_n*a^2$ 及其系数 k_n。$S_3=K_3a_3^2=0.433\times(10\ \text{cm})^2=43.3\ \text{cm}^2$，$S_4=K_4a_4^2=1.000\times(7.5\ \text{cm})^2=56.25\ \text{cm}^2$；$S_5=K_5a_5^2=1.720\times(6\ \text{cm})^2=61.92\ \text{cm}^2$；$S_3=K_3a_3^2=2.598\times(5\ \text{cm})^2=64.95\ \text{cm}^2$；$S_3=K_3a_3^2=4.828\times(3.75\ \text{cm})^2=67.89\ \text{cm}^2$，并将计算的结果分别记入表 3-2-2 中底面面积的列中。⑤将测得的压物质量与模型质量分别代入公式 $P=M/m$ 中，计算出承载比例 P，并将计算的结果分别记入表 3-2-1 的承载比例的列中。

图 3-2-8

⑥将计算得到的模型底面的面积与其质量代入公式 $Q=S/m$ 中，计算出面积比例 Q。并将计算的结果分别记入表 3-2-2 面积比例 Q 的列中。

表 3-2-2

序号	棱数	a/cm	制作材料	结构类型	m/g	S/cm^2	$Q/cm^2 g^{-1}$
1	3	10.0	瓦楞纸板	整体框架	14.8	43.30	2.92
2	4	7.5	瓦楞纸板	整体框架	15.0	56.25	3.75
3	5	6.0	瓦楞纸板	整体框架	15.4	61.92	4.02
4	6	5.0	瓦楞纸板	整体框架	15.7	64.95	4.13
5	8	3.75	瓦楞纸板	整体框架	16.3	67.89	4.16

(5) 分析论证

①分析表 3-2-1 中序号 1～5 的数据可知，在结构模型(正多棱柱)的底面周长一定，结构相同(框架)、高度相同、材料相同时，承重比例随着结构模型棱数的增加而增加。其本质原因是：模型棱数的增加，相当于承担竖向压力的柱子在增加，其承载力有较大幅度的增加，虽然模型的质量略有增加，但它们之间的比值却是在增加的。正多棱柱的棱数越多，就越接近于圆柱体，由此可推理得出：圆柱体结构模型的承重比例最大，三棱柱结构模型的承重比例最小。②分析表 3-2-2中的数据可知，结构模型的面积比例随着结构模型棱数的增加而增加，同样可推理得圆柱体的面积比例最大，三棱柱的面积比例最小。③将表 3-2-1 中序号 2 与 8、3 与 9、5 与 10 的数据抽取出来，组成新的表格，如表 3-2-3 所示。分析表 3-2-3 中的数据可知，框架结构比梁柱结构的承重比例大，其本质原因是：框架结构的整体性和稳定性都要比梁柱结构好。④将表 3-2-1 中序号 1、6、7 的数据抽取出来，组成表 3-2-4。分析表 3-2-4 中的数据可知，结构相同、边数相同、高度相同、材料相同的结构模型，其边长越长，承重比例越小。其本质原因是：边长越长，其稳定性越差，承载力越小。⑤将表 3-2-1 中序号 7、11、12 的数据抽取出来，组成表 3-2-5。分析表 3-2-5 中的数据可知，结构相同、形状相同、材料不同的结构模型，其承重比例不同。其本质原因是：结构材料的承载能力不同，所以制作结构模型时，要选择密度小、抗压能力强的材料。⑥将表 3-2-1中序号 7、13、14 的数据抽取出来，组成表 3-2-6。分析表 3-2-6 中的数据可知，结构相同、材料相同、底面积相同、高度不同的结构模型，其承重比例随着高度的增加而减小，且减小的幅度逐渐在增大。其本质原因是：结构模型的高度增加时，其重心在升高，模型质量在增大，但稳定性在降低，降低的幅度在增大，承载力降低的幅度也在增加，导致承载比例在大幅度地减小。

表 3-2-3

序号	棱数	a/cm	h/cm	制作材料	结构类型	m/g	M/kg	P/k
2	4	7.5	16	瓦楞纸板	框架结构	15.1	50.12	3.32
8	4	7.5	16	饮料吸管	梁柱结构	13.2	32.62	2.51
3	5	6.0	16	瓦楞纸板	框架结构	15.4	54.12	3.51
9	5	6.0	16	饮料吸管	梁柱结构	12.8	28.12	2.20
5	8	3.75	16	瓦楞纸板	框架结构	16.3	70.62	4.33
10	8	3.75	16	饮料吸管	梁柱结构	12.4	19.62	1.58

表 3-2-4

序号	棱数	a/cm	h/cm	制作材料	结构类型	m/g	M/kg	P/k
1	3	10.0	16	瓦楞纸板	框架结构	14.8	46.12	3.12
6	3	8.0	16	瓦楞纸板	框架结构	14.4	47.62	3.31
7	3	6.0	16	瓦楞纸板	框架结构	14.0	49.12	3.51

表 3-2-5

序号	棱数	a/cm	h/cm	制作材料	结构类型	m/g	M/kg	P/k
7	3	6.0	16	瓦楞纸板	框架结构	14.0	49.12	3.51
11	3	6.0	16	泡沫纸板	框架结构	4.10	3.12	0.76
12	3	6.0	16	硬 纸 板	框架结构	14.1	28.12	1.99

表 3-2-6

序号	棱数	a/cm	h/cm	制作材料	结构类型	m/g	M/kg	P/k
7	3	6.0	16	瓦楞纸板	框架结构	14.0	49.12	3.51
13	3	6.0	22	瓦楞纸板	框架结构	19.2	43.12	2.25
14	3	6.0	28	瓦楞纸板	框架结构	24.5	30.12	1.23

(6) 得出结论：综上所述，结构模型（正多棱柱）的承重比例与面积比例都随着其棱数的增大而升高。圆柱体可以看成是棱数非常多的正多棱柱，所以，圆柱体结构模型的承重比例与面积比例都最大，三棱柱结构模型的承重比例与面积比例都最小。四棱柱、五棱柱、六棱柱结构模型的承重比例与面积比例的变化差距不大。用承载力大、密度小的材料制作的结构模型，其承重比例大；高度低、边长小、整体性好的结构模型，其承重比例大。

(7) 实际应用：根据上述探究结论，再对照实际，我们发现：三棱柱结构的建筑物或构筑物基本没有。四棱柱结构的民居很普遍，五棱柱和六棱柱结构的园林中的亭、台、楼、阁也很常见，因为这些建筑对承重比例的要求不高，而对平面的布局、对施工的要求，对建筑的造价很在意，所以民居选择适宜方形家具布放、施工简单、造价不高的四棱柱结构，园林建筑选择艺术性强、观赏性好的五棱柱和六棱柱结构，如扬州瘦西湖中的五亭桥，如图 3-2-9 所示。

图 3-2-9

高层建筑和大型建筑都采取整体性好的框架结构和具有强度高、密度小的新型材料；在恶劣的环境条件下施工的建筑，如高山上的庙宇或南极的科考站，通常采用梁柱结构，但为了确保其具有较高的承重比例和面积比例，其外形通常接近于圆柱形。如中国在南极的第四个科考站泰山站的主楼，其结构特点是棱数很多，外形接近于圆柱形，与整体相比，其高度低、边长小，选择了快速、易建造的装配化钢结构体系，建筑材料是抵抗强风、暴雪、酷寒、冻融、冻胀、强紫外线照射、盐蚀等各种不利作用的特种钢，如图 3-2-10 所示。与本探究的结论一致。

图 3-2-10

4. 创新分析

(1) 建立科学合理的评价指标：对结构模型设计的评价，通常只用承载能力的大小进行评判，它没有考虑成本的因素(模型的质量)。本探究将承载能力与模型质量有机地结合起来，提出“承重比例”和“面积比例”这两个新概念，建立了更科学的评价指标，体现了“效益最大化”的结构设计新理念。

(2) 应用定量研究的科学方法：①比值法：仿照初中物理对“速度”概念的定义方法，用比值法来定义“承重比例”和“面积比例”。将“结构模型能承受顶部压物的最大质量(M)与其自身质量(m)的比值”来定义承重比例(P)，将“结构模型的平面面积(S)与其质量(m)的比值”来定义面积比例(Q)。并分别用数学表达式 $P=M/m$ 和 $Q=S/m$ 来定量描述这两个评价指标。②推理法：将正多棱柱的棱数由 3，4，5，6，…，n 逐渐增加，发现承重比例(P)和面积比例(Q)也都在逐渐增加，当 n 非常大时，模型就接近于圆柱体了。由此推理出，结构模型为圆柱体时，承重比例(P)和面积比例(Q)都最大。③数学法：在计算模型的平面面积时，将正 n 边形的面积转化为 n 个基本三角形的面积之和，即 $S_n = nS_{\triangle}$，如图 3－2－11 所示。其中的 $\triangle ABC$ 底 BC 的边长为 a，高为 h，顶角 A 的大小为 $360°/n$，底角 $\theta = 90° - 180°/n = (1-2/n)90°$，$h = (\tan\theta)a/2$。$S_{\triangle} = ah/2 = (\tan\theta)a^2/4$，$S_n = nS_{\triangle} = n(\tan\theta)a^2/4$。设 $k_n = n(\tan\theta)/4$，由此可归纳出正 n 边形的面积 $S_n = k_n a^2$。当 $n=3$ 时，$\theta=(1-2/3)90°=30°$，$\tan30°=0.577$，$k_3=3\times0.577/4=0.433$；当 $n=4$ 时，$\theta=(1-2/4)90°=45°$，$\tan45°=1$，$k_3=4\times1/4=1$；当 $n=5$ 时，$\theta=(1-2/5)90°=54°$，$\tan54°=1.376$，$k_5=5\times1.376/4=1.720$；当 $n=6$ 时，$\theta=(1-2/6)90°=60°$，$\tan60°=1.732$，$k_6=6\times1.732/4=2.598$；当 $n=8$ 时，$\theta=(1-2/8)90°=67.5°$，$\tan67.5°=2.414$，$k_3=8\times2.414/4=4.828$。④表格法：通过相关测试和数据收集，建立 6 张表格，进行对比分析，得出相关结论，体现本探究科学与严谨。

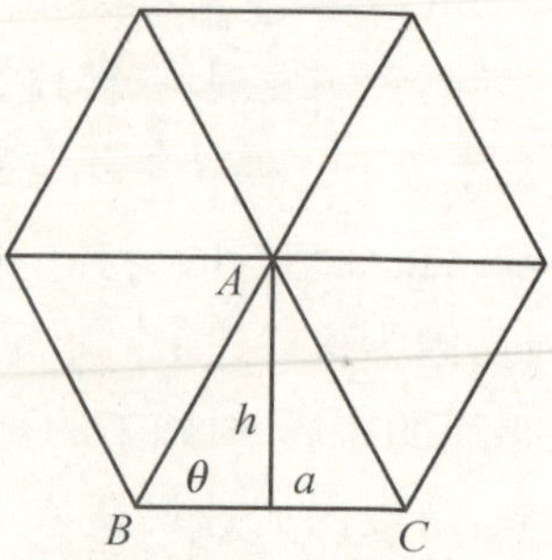

图 3－2－11

(3) 自制模型及其承重测试器：利用废旧的食品包装盒、饮料吸管、小木板等材料，自行设计制作成结构模型和承重测试器，有利于用变量控制法进行实验探究。而且用学校的体育器材“杠铃片”作为承重，使定量测量简便可靠。

(4) 用探究结论验证已有成果：用探究得到的结论来验证常见的建筑，是本探究的特色。高层或大型建筑、民居或园林乃至南极的泰山科考站等结构设计要求都与本探究的结论相一致，说明本探究有一定的现实意义。

信息窗

设计大赛

国际青少年创新设计大赛由真正致力于创新人才培养的有识之士共同发起并成立，大赛委员会成员由诺贝尔奖获得者、院士、教授、专家等组成。大赛旨在培养青少年创新精神、合作精神、科技实践能力和人文素养的综合性竞赛。大赛将科学、技术、工程、数学、人文五大领域有机整合，注重人才的全面发展。大赛为大中小学开展创新教育和新课程改革。大赛探索创新人才选拔新模式即变考场为赛场，为知名高校选拔拔尖创新人才提供参考。

1. 作品申报

参赛学校原则上以中小学为主，已有省、直辖市、自治区级竞赛的地区，可由各地区推荐优秀作品参赛；根据需要，可适当邀请其他国外学校参加；参赛队员应为全日制在读学生。申报参赛作品以团队申报，每件作品参赛者为3~7人。

2. 作品展示

参赛作品在比赛现场展示或演示，供专家评审和其他人员观摩。国际青少年创新设计大赛委员会拥有参赛作品出版权及评委评语的使用权。实物模型归参赛单位所有。竞赛期间在承办单位组织学术交流活动。如举行学术报告会、青少年创新教育论坛、校长论坛和讲座等。

3. 作品展示

国际青少年创新设计大赛设立等级奖、单项奖、优秀辅导教师奖和优秀组织奖四类奖项。一、二、三等奖的获奖比例由竞赛委员会根据参赛规模和队数实际情况确定。单项奖设最佳创意奖、最佳制作奖、最佳影片奖、创新挑战第一名各一项；优秀辅导教师奖、全国十佳优秀辅导教师奖；优秀组织奖若干名。对参赛获奖学生和单位，由国际青少年创新设计大赛委员会颁发获奖证书和奖牌。

4. 复赛须知

(1) 挑战A：①3人共同现场完成一幅创新幻想画；②绘画工具颜料由选手自行携带；③组委会只提供绘画用卡纸及草稿纸；④绘画时间120分钟。

(2) 挑战B：①复赛杠铃片总质量45 kg(5 kg×9个)；②复赛测试时结构可以接触安全柱；③复赛时携带做好的结构现场测试；④同一参赛学校复赛结构相似性小于60%，违者取消参赛资格；⑤若结构使用木材的，其木材必须使用由大赛组委会提供的桐木，若发现自行使用非指定木材者视为违规，取消比赛资格。

(3) 挑战C：①复赛斜面坡度调整为20°；②同一参赛学校复赛小车相似性应小于60%，违规者取消参赛资格；复赛时小车比赛两次取最高成绩计入总分。

技术设计3分钟、文艺设计5分钟、创新挑战1分钟，三个环节在不同时间不同地点进行。

5. 影片设计

影片时长：5至7分钟，为MP4格式且小于5M；影片内容：影片标题、学校简介、成员风采、我的理想、团队口号、我们的作品、创意结尾。

荣誉堂

获奖证书

树人学生参加国际青少年创新设计大赛，有14位学生获得中国区复赛一等奖，28

位学生获得二等奖，7 位学生获得三等奖，学校获优秀组织奖和最佳影片奖，如图 3－2－12 所示。

图 3－2－12

演练场

小试牛刀

请你结合韦康等同学对结构模型设计指标的实验探究，撰写一篇“我的设计方案”千字文。让你的父母给其作出“合格、优秀、点赞”的评价。

第三节 科技大赛

小故事

生态探究

扬州是一座因水而兴的城市，也是江苏省水生态文明建设试点城市。开展水生态文明城市建设试点，是加强生态文明建设的重要举措，着力推进水生态文明建设，积极塑造现代人水和谐关系，努力走出一条具有扬州特点的水生态文明建设道路，推动全市生态文明建设，为全省水生态文明建设提供示范。

沈子扬等三位学生本着践行“尊重自然、顺应自然、保护自然”的生态文明理念，对扬州市区的水生态状况进行了实验探究。他们利用课余时间，了解扬州市区主要河道的生态系统现状。在科技老师的指导下分别采集样本，进行实验测量并分析样本水质的铵态氮、全磷情况，并进行水质评价，为水体富营养化污染控制和治理提供了实测资料与相关对策，撰写了“扬州市区主要河道水体富营养化的调查与实验探究”，为对污染源头进行有针对性的环境管理和控制提供依据，进而唤起大家对环境保护的主体意识。该成果荣获江苏省青少年科技创新大赛二等奖，中国少年科学院小院士课题研究成果一等奖，沈子扬同学还荣获中国少年科学院“小院士”称号，如图 3－3－1 所示。

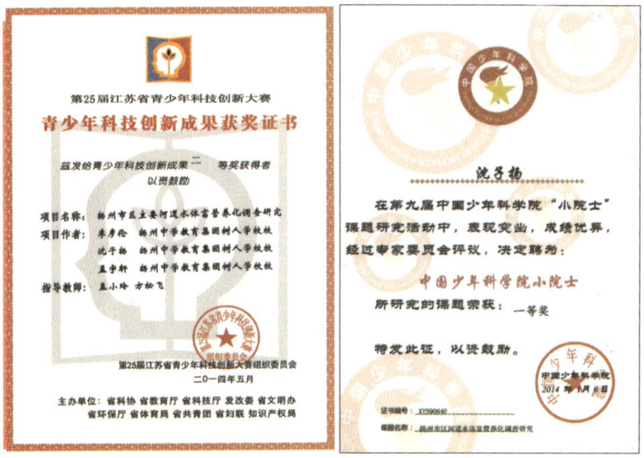
第25届江苏省青少年科技创新大赛
青少年科技创新成果获奖证书
兹发给青少年科技创新成果 二 等奖获得者
以资鼓励
项目名称：扬州市区主要河道水体富营养化调查研究
项目作者：李孝伦 扬州中学教育集团树人学校校
沈子扬 扬州中学教育集团树人学校校
孟宇轩 扬州中学教育集团树人学校校
指导教师：孟小玲 方松飞
第25届江苏省青少年科技创新大赛组织委员会
二〇一四年五月
主办单位：省科协 省教育厅 省科技厅 发改委 省文明办 省环保厅 省体育局 省共青团 省妇联 知识产权局

沈子扬
在第九届中国少年科学院“小院士”课题研究活动中，表现突出，成绩优异，经过专家委员会评议，决定聘为：
中国少年科学院小院士
所研究的课题荣获：一等奖
特发此证，以资鼓励。
中国少年科学院
2014 年 月 日

图 3－3－1

展示台

学生成才

扬州市区主要河道水体富营养化的实验探究

作者：沈子扬、孟宇轩、李彦伦　　指导教师：孟小玲、方松飞

水体的富营养化是全球性的环境问题，对中国正在实施的水资源可持续利用战略带来了负面的影响。水体富营养化是由于水体中接纳了过量的氮、磷等营养性物质，在适宜的环境下，促使藻类疯狂生长繁殖，水体呈蓝色、棕色或是深绿色，水体透明度和溶解氧下降，从而使水体生态系统和水功能受到阻碍和破坏，进一步加剧了水体的污染程度。

1. 研究思路

水体富营养化是一个极其复杂的生态过程，因此影响水体富营养化的因子众多，如营养性物质氮、磷、碳等过剩，以及水体的地理位置及气象气候等。所谓富营养化实质上是指水体初级生产力异常增大的现象。支配这种初级生产力的营养性物质，很显然是富营养化的极为重要的指标，也是主要控制因子。水体中氮、磷含量直接决定了水体富营养化进程，故氮、磷营养盐对藻类和水生植物的生长起制约作用，是水体富营养化主要控制因子。

2. 研究方法

（1）水样的采集：四个水质样本分别采自小组各成员家附近的河道，主要为荷花池、宝带河、新城河、沙施河，如图 3 - 3 - 2 所示。

荷花池

宝带河

新城河　　　　沙施河

图 3-3-2

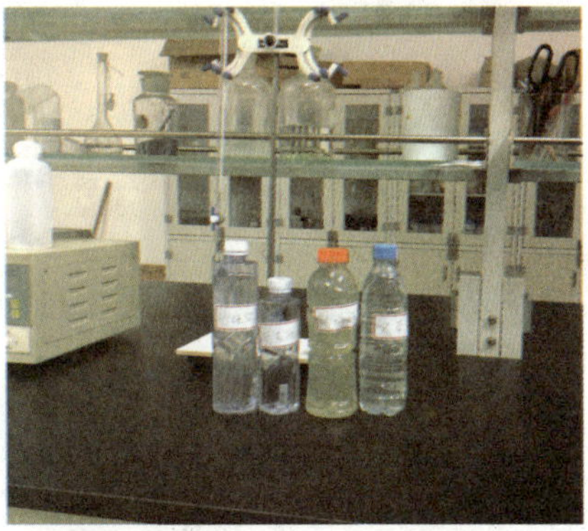

图 3-3-3

(2) 测定项目与方法：①铵态氮，靛酚兰比色法：吸取一定体积的水样（滤液）于 50 mL 容量瓶中，加入 5 mL 酚溶液和 5 mL 次氯酸钠溶液，定容，摇匀，如图 3-3-3 所示。1 小时后，用 1 cm 比色皿于 625 nm 处进行比色。用空白试验溶液调零点。绘制工作曲线：分别吸取 5mg/L 铵态氮标准溶液 0 mL、1 mL、2 mL、3 mL、4 mL、5 mL 于 50 mL 容量瓶中，同上方法进行显色和测定，绘制标准曲线。标准曲线的浓度为 0，0.1 mg/L，0.2 mg/L，0.3 mg/L，0.4 mg/L，0.5 mg/L，如图 3-3-4A 所示。②总磷，过硫酸钾氧化钼锑抗比色法：吸取一定体积的水样于 50 mL 具塞比色管中，加水至 25 mL，再加 25 mL 过硫酸钾溶液，塞紧瓶塞，并用纱布将瓶口扎紧。放入高压灭菌器中，先开启放汽阀，至有水汽喷出时，关闭放气阀，继续加热至 120℃保持 30min。冷却后，加 5 mL 钼锑抗显色剂，摇匀，于 700nm 处进行比色。用空白试验溶液调节仪器的零点。绘制工作曲线：分别吸取 5 mg/L 磷标准溶液 0 mL、1 mL、2 mL、3 mL、4 mL、5 mL 于 50 mL 具塞比色管中，进行消煮和测定，绘制标准曲线。标准曲线的浓度为 0、0.1 mg/L、0.2 mg/L、0.3 mg/L、0.4 mg/L、0.5 mg/L。如图 B 所示。其实验过程同学们表现如图 3-3-5 所示。

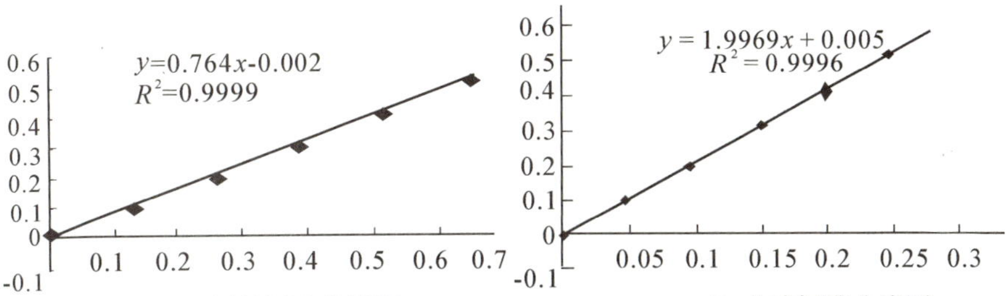

A. 氨氮标准曲线图　　　　B. 全磷标准曲线图

图 3-3-4

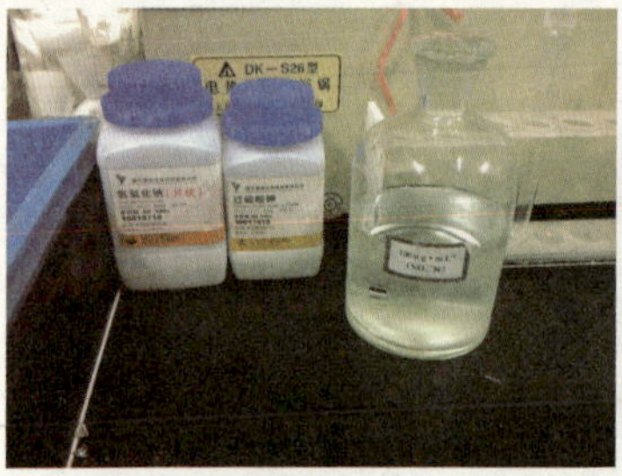

实验试剂

进行标准溶液配制

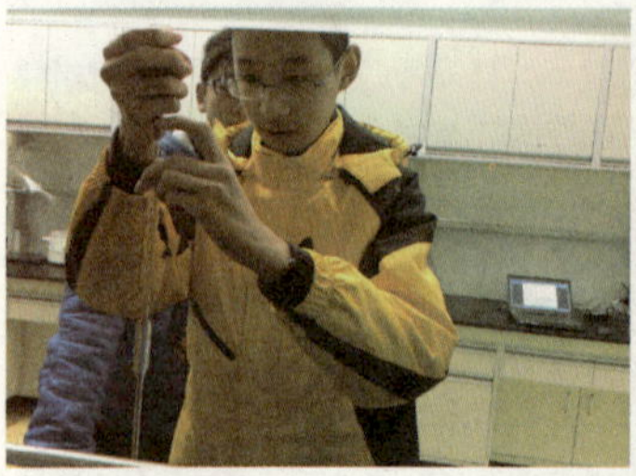

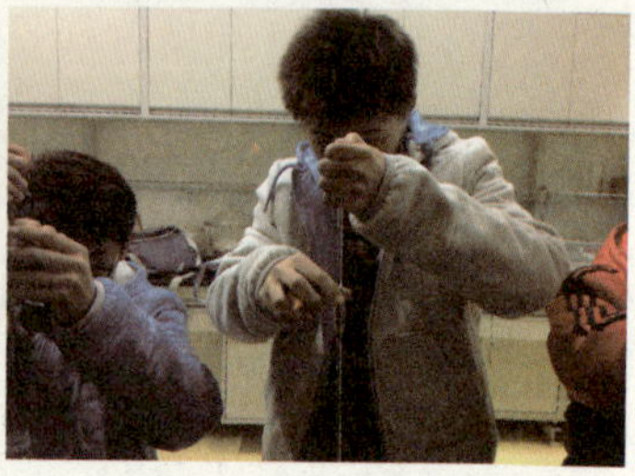

动手操作

高压灭菌锅

分光光度计进行比色

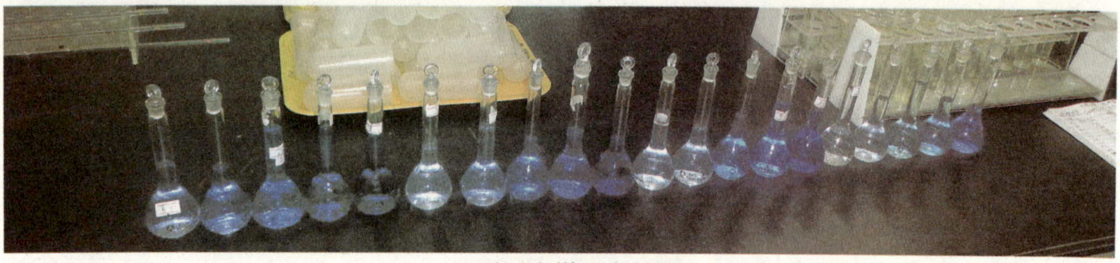

不同水样显色结果

图 3－3－5

3. 结果分析

(1) 河道水中的 NH_3^+ —N、TP 含量：检测结果（见表 3－3－1，图 3－3－6）表明，2012、2013 年扬州市四条河道水质中 NH_3^+ —N、TP 含量以新城河最高，沙施河和宝带河次之，荷花池最低。将监测结果对照地表水环境质量标准（GB3838－2002）基本项目标准值（表 3－3－2），由此看出，四条河道中只有荷花池水质较优，接近Ⅴ类水质标准，其他河道水总磷浓度、氨氮浓度均超过Ⅴ类水质标准。可以看出，河水受到氮、磷污染严重，水体富营养化明显。

表 3-3-1 河道水中 NH_3^+—N、TP 含量 单位 mg/L

河道	2012.12.15		2013.12.8	
	NH_3^+—N	TP	NH_3^+—N	TP
荷花池	4.04	0.34	2.62	0.20
沙施河	14.50	1.01	15.18	1.16
宝带河	5.44	0.74	7.02	0.87
新城河	27.06	4.32	22.29	3.82

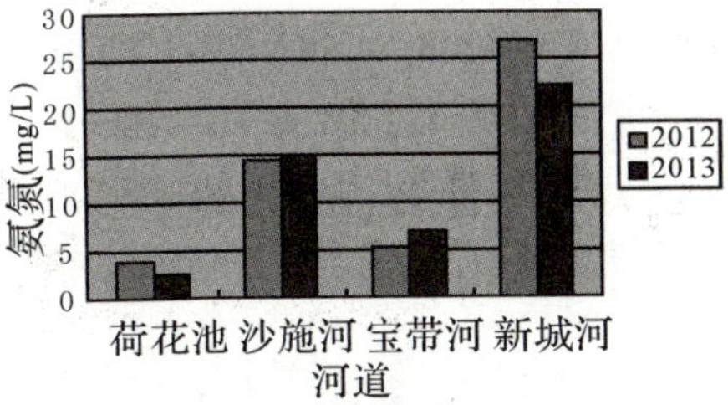

A. 不同年份四条河流氨氮含量的比较

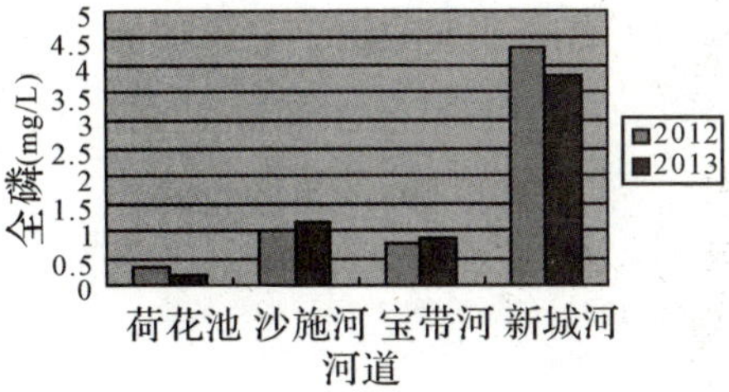

B. 不同年份四条河流全磷含量的比较

图 3-3-6

表 3-3-2 水环境质量标准基本标准值

项目＼分类	Ⅰ	Ⅱ	Ⅲ	Ⅳ	Ⅴ
氨氮 mg/L	0.15	0.5	1.0	1.5	2.0
总磷(以 P 计)mg/L	0.02	0.1	0.2	0.3	0.4

注：参照地表水环境质量标准(GB3838—2002)依据地表水水域环境功能和保护目标，按功能高低依次划分为五类：

Ⅰ类：主要适用于源头水、国家自然保护区；

Ⅱ类：主要适用于集中式生活饮用水地表水源地一级保护区、珍稀水生生物栖息地、鱼虾类产卵场、仔稚幼鱼的索饵场等；

Ⅲ类：主要适用于集中式生活饮用水地表水源地二级保护区、鱼虾类越冬场、洄游通道、水产养殖区等渔业水域及游泳区；

Ⅳ类：主要适用于一般工业用水区及人体非直接接触的娱乐用水区；

Ⅴ类：主要适用于农业用水区及一般景观要求水域。

(2) 河道水质富营养化的原因：项目组成员利用节假日时间对几条主要河流进行调查，搜集到了相关的资料。调查发现荷花池水质较好，原因在于池水与瘦西湖相通，作为全国5A级风景名胜区，近几年政府一直加大力度对瘦西湖水质进行治理，河道两侧没有大型餐饮、工厂等污水排放，所以情况良好。

宝带河、沙施河、新城河是当今中国很典型的城市河流，同其他河流一样，随着城市的快速扩张，它们从自然河流逐渐沦为城市的排污渠。在实地调查中发现河沿两侧人口密集，布满了大大小小的浴室、饭点、居民小区，还有城中村，部分河段还存在工业污染。浴室、饭店的污水直接排进河里；居民小区的化粪池多年不清理失去功效，未经降解的废水直接通向河流；生物废水直接从地面流向河里；倒闭了的印染厂留下的工业废水经年未消，致使河流水体变黑散发着恶臭……而扬州地势低平，加上河流上构筑的建筑物不合理，水流几乎静止不动，河流已经失去水体自我恢复的功能，如图3-3-7所示。

图 3-3-7

对照表3-3-2的标准，我们发现河水均可被评为富营养化，除荷花池外的三条河流远远超过标准，不仅说明了河水富营养化程度很高，而且说明河流氮、磷污染非常严重。给人体健康和生态环境带来危害，因此，污水氮和磷污染物的处理应引起决策者的重视和环境监督管理部门的警惕。

4. 有关建议

水体富营养化发生原因是多方面的，在水体富营养化日益严重的今天，对富营养化成因及控制治理措施的研究已经取得了一定的成果，本实验小组在搜索相关文献的基础上，结合扬州市的实际情况给出如下建议：

(1) 对污染源源头控制。对污染源的源头控制是以推行废物减量化技术为基础，控制与削减污染源源头，减少面源污染物，从而达到控制进入水体的源污染负荷量。加强工厂出水控制，不允许未经处理的污水排入河道。谁污染谁治理，对违规的企业进行严肃处理。

(2) 加强环境教育，提高全民的环境意识。对居民加强环境教育，使他们能自觉地保护好水环境。同时还要通过政府管理、法规完善等手段加以实施，切实保障区内水体富营养化得以控制和水环境质量逐步、恢复。同时定期清理河道，如针对新城河水质情况差，富营养化程度严重的问题，政府出资对河道进行清理，改善水质。

(3) 实行清洁生产。利用先进技术、改革生产工艺，开发替代用品，推广清洁生产是工业点源污染控制的发展方向。废水减量化的关键是工艺更新，提高水处理工艺的耐受度，使循环水系统可以在较高的浓缩倍数下稳定运行，减少因工艺耐受问题造成的排水行为。

(4) 实行废水资源化循环利用。扬州目前工业用水效率总体水平较低。以废水作为一种水资源，废水经处理后回用于生产工艺，促进废水循环利用和综合利用，提高工业水利用率已成为减轻水源短缺压力的一种有效途径。在水和其他资源日渐短缺以及环境污染治理日益迫切的情况下，把水和污染物作为有用资源回收利用和实行闭路循环，水和污染物各自单独循环回用。

信息窗

科技创新大赛

江苏省青少年科技创新大赛是由省科协、省教育厅、省科技厅、省发改委、省文明办、省环保厅、省体育局、团省委、省妇联、省知识产权局共同主办的全省青少年科技创新成果和科学探究项目的综合性科技竞赛，也是全国青少年科技创新大赛的省级赛事，已成功举办28届。

1. 参赛对象

中、小学及职业学校青少年及科技辅导员。

2. 竞赛内容

(1) 青少年竞赛：①青少年科技创新成果竞赛：小学生和中学生(含职校生)科技创新成果竞赛；②青少年科技创意竞赛；③少年儿童科学幻想绘画比赛；④青少年科技实践活动比赛；⑤青少年机器人竞赛。

(2) 科技辅导员竞赛：①科技辅导员创新成果竞赛(含科技发明、科教制作、科技教育方案)；②优秀科技辅导员评选。

(3) 中学生竞赛内容：它包括数学(MA)、计算机科学(CS)、物理学(PH)、地球与空间科学(ES)、工程学(EN)、动物学(ZO)、植物学(BO)、微生物学(MI)、医学与健康学(ME)、化学(CH)、生物化学(BI)、环境科学(EV)、社会科学(SO)等13个项目，如图3-3-8所示。

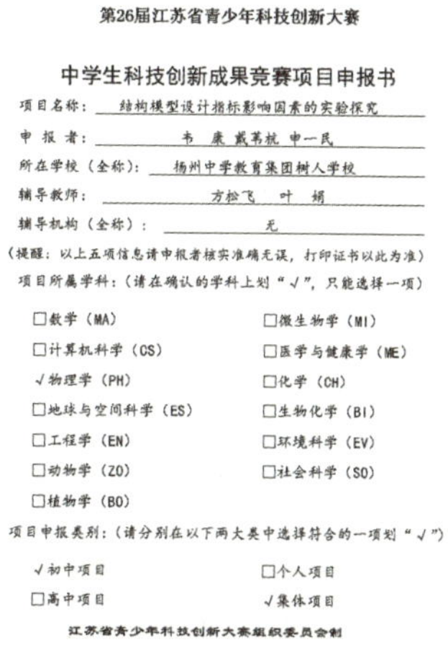
第26届江苏省青少年科技创新大赛

中学生科技创新成果竞赛项目申报书

项目名称：结构模型设计指标影响因素的实验探究

申报者：韦康 戴笃杭 申一民

所在学校(全称)：扬州中学教育集团树人学校

辅导教师：方松飞 叶娟

辅导机构(全称)：无

(提醒：以上五项信息请申报者核实准确无误，打印证书以此为准)

项目所属学科：(请在确认的学科上划"√"，只能选择一项)

□数学(MA)	□微生物学(MI)
□计算机科学(CS)	□医学与健康学(ME)
√物理学(PH)	□化学(CH)
□地球与空间科学(ES)	□生物化学(BI)
□工程学(EN)	□环境科学(EV)
□动物学(ZO)	□社会科学(SO)
□植物学(BO)	

项目申报类别：(请分别在以下两大类中选择符合的一项划"√")

√初中项目	□个人项目
□高中项目	√集体项目

江苏省青少年科技创新大赛组织委员会制

图3-3-8

3. 参赛程序

(1) 审查初评:(每年 2—3 月)由组委会组织专家对项目进行资格审查和初评,根据各竞赛项目规则,确定入围决赛的项目名单。

(2) 终评决赛:(每年 4 月)入围决赛的项目参加公开展示、答辩等环节,经评委会终评,确定各项目的获奖名单。参赛事项另行通知。

(3) 赛事总结:(每年 5—6 月)公示并发布竞赛结果,发放获奖证书和奖牌,大赛总结,资料整理归案等。

4. 奖项设置

(1) 创新大赛设最高奖"江苏省人民政府青少年科技创新培源奖",各竞赛项目(含创意竞赛)设一、二、三等奖。

(2) 鼓励承办单位和高校、科研院所、企事业单位设立大赛专项奖,为有市场前景的创新成果拓展创业渠道(具体设奖情况以实际为准)。

(3) 在江苏省科学教育特色学校中,依据学校创新教育工作开展情况,大赛组织规模,送审项目质量等综合评定产生江苏省十佳科技创新学校(校长奖)。

5. 全国青少年科技创新大赛

由中国科协、教育部、科技部、环境保护部、体育总局、自然科学基金会、共青团中央、全国妇联和知识产权局共同主办,每年举办一次,已经成功举办 32 届。第 32 届全国青少年科技创新大赛在浙江省杭州市举办。

(1) 竞赛内容:青少年科技创新成果竞赛、科技辅导员科技教育创新成果竞赛、青少年科技实践活动比赛、青少年科技创意比赛、少年儿童科学幻想绘画比赛。创新成果竞赛有决赛和答辩环节,其余竞赛项目为展示。

(2) 实施阶段:①4 月前为省级赛事组织阶段。参照大赛章程和规则组织省级大赛,并按分配名额和规定时间推荐优秀项目参加全国大赛。②4 月至 8 月为全国赛事组织阶段。全国大赛组委会组织项目申报、资格审查、初评和终评活动。③9 月至年底为总结阶段。公示获奖名单、印发获奖通知、颁发证书和总结研讨。

(3) 项目评审:①评审程序:资格审查;初评;终评;专项奖评审。②终评展示交流。③学生项目评审:审阅材料 0.25;展示答辩 0.6;素质测评 0.1;技能测试 0.05。

(4) 素质测评:①笔答试卷:分小学、初中、高中试卷。主要包括语文、数学、物理、化学、生物、社会科学等,设 4 至 6 道题。含主观题、客观题,百分制,测试时间 1 小时,分值 10 分。②技能测试:测试时间 45 分钟,分值 5 分。测试题为未来伙伴机器人搭建,含差速车、道闸、吊车、高塔、机械伸缩钳、门座式起重机、三轮车、台钳、旋转广告牌、折叠椅、直升机、手摇钻、投石机等。

(5) 表彰奖励:一等奖 0.15、二等奖 0.35、三等奖 0.5,颁发证书奖牌。

荣誉堂

获奖证书

树人学生从 2011 年 8 月开始参加青少年科技创新大赛至今，已有 226 位学生获扬州市以上等级奖，其中 85 位学生获一等奖，如图 3－3－9 所示。

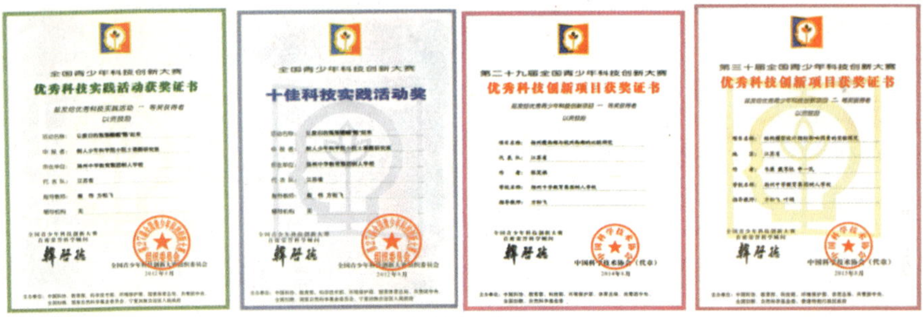

全国奖证书

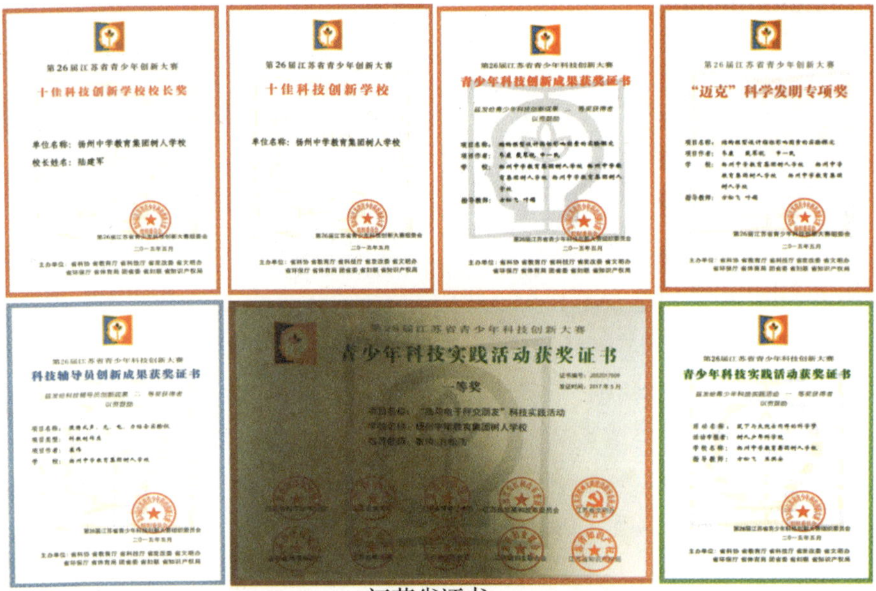

江苏省证书

扬州市证书

图 3－3－9

演练场

小试牛刀

请你结合沈子扬同学对水体富营养化的实验探究，撰写一篇“为家乡生态点赞”千字文。让你的父母给其作出“合格、优秀、点赞”的评价。

第四节　创新评比

小故事

航天梦想

2011年，树人学校根据全国少工会办公室、教育部办公厅、国家国防科技工业局综合司关于开展“祖国发展我成长——我的航天梦”全国少年儿童航天科普主题教育活动的通知精神，举办了以“胸怀航天梦想，争当四好少年”为主题的第三届科技节，开展了丰富多彩的科技实践活动。刘晨露等7个同学在这次活动中，自愿组合进行水火箭的设计、制作、发射、探究等系列活动，并以此为契机，学习“航天人”热爱祖国、为国争光的坚定信念，同舟共济、团结协作的大局观念，激励自己从小培养国家意识、科学意识和良好的道德行为习惯，实现德智体美全面发展，自觉争当“四好少年”，开展了“影响水火箭射程因素的实验探究”。

他们认为水火箭是利用常见的可乐瓶为材料，以反冲运动为原理，以空气压力和水作为动力的环保型火箭飞行器。它由于取材容易，制作方便，游戏过程又很刺激，还比较安全，是深受中学生喜爱的一项科技活动。水火箭就像真正的火箭一样，水就是水火箭的燃料，是用来充当推进动力的，与真正的火箭不同的是火箭燃料是释放化学能，而水火箭则是释放力学能，所以装水是加入水火箭发射时所需的燃料。水火箭是以力学能推进。水火箭的操作原理主要以牛顿第三定律（作用力和反作用力定律）为主，当高压水柱由压力槽激发出来时，强大的推力（反作用力）会将整个箭身往上带，火箭就飞起来了。其实水火箭的基本原理就和真正的火箭载具一样，只是推动的燃料是水和高压空气，所以还需考虑到基本的气体动力学和流体力学。学校举办了水火箭的制作与发射比赛活动，刘晨露的实验探究成果还荣获江苏省少年科学院科技创新奖一等奖，如图 3－4－1 所示。

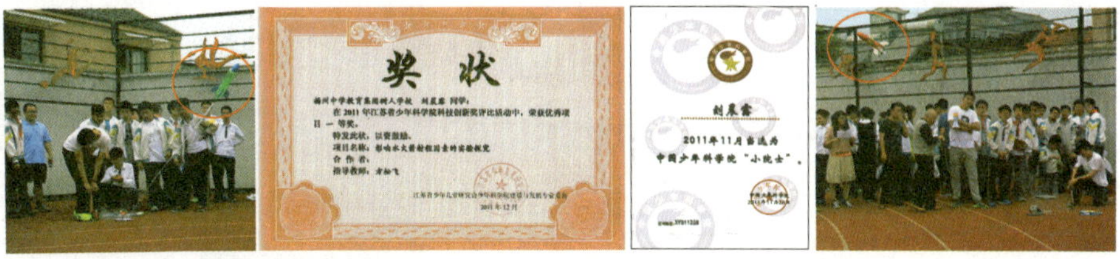

图 3－4－1

展示台

获奖成果

影响水火箭射程因素的实验探究

作者：刘晨露　　指导教师：方松飞

“天宫一号”目标飞行器的成功发射，将与随后相继发射的神舟 8 号、9 号、10 号飞船对接，标志着我国第一个空间实验室的成功建立，预示着我国的航天技术又将跨入新的征程。我想以此为契机，将正在进行研究的、集科学性、技术性、欣赏性和探究性于一体的“水火箭”的探究过程进行总结提升，以此祝贺“天宫一号”的成功发射。

1. 提出问题

（1）水火箭的射程与瓶内水的体积有关吗？

（2）水火箭的射程与瓶的形状、容积有关吗？

（3）水火箭的射程与瓶内的气压有关吗？

（4）水火箭的射程与喷出液体的杂质有关吗？

（5）水火箭的射程与发射的角度有关吗？

2. 器材制作

(1) 水火箭的制作。①材料工具:塑料饮料瓶、水桶和量杯、直尺、剪刀、喷嘴、美工刀、胶布。②制作要领:取出其中一个 1 250 毫升的可乐瓶,大约以 1/3 的间距切成三等份,留下瓶口部分,做成导流罩。将第二个可乐瓶倒过来,将导流罩套在第二个可乐瓶的瓶底,用双面胶粘紧,再用可乐瓶剪出平衡翼,平衡翼的数量为 4 个。太大的平衡翼很重,太小的起不了平衡作用,装上喷嘴。一支水火箭就做好了,如图 3-4-2 所示。

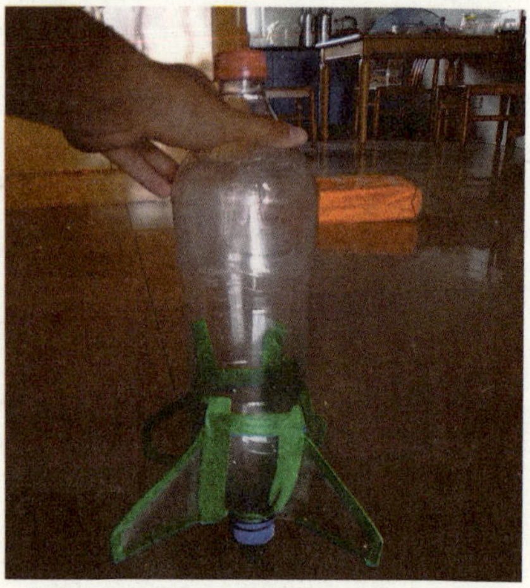

图 3-4-2

(2) 发射架的制作。①材料工具:不锈钢板、自行车刹车线、刹把、人造大理石板、水管快速接头、一些不锈钢螺丝、自行车打气筒、压力表。②制作要领:为防止在使用时发射架生锈,选用了不锈钢材料,如图 3-4-3 所示。制作时先把不锈钢板加工出图 A 所示形状,做成可调节角度的支架。为了看清角度,标上角度。然后用不锈钢螺丝把支架固定在较厚人造大理石板做的底板上,如图 B 所示。再把水管快速接头装在不锈钢支架上,并连接好自行车刹车线和自行车刹把,如图 C 所示。然后再把一只普通自行车打气筒装上了压力表,在发射时能清楚地观察气压,如图 D 所示。为了安全,使自行车打气筒离发射架远一些,还加长气管。

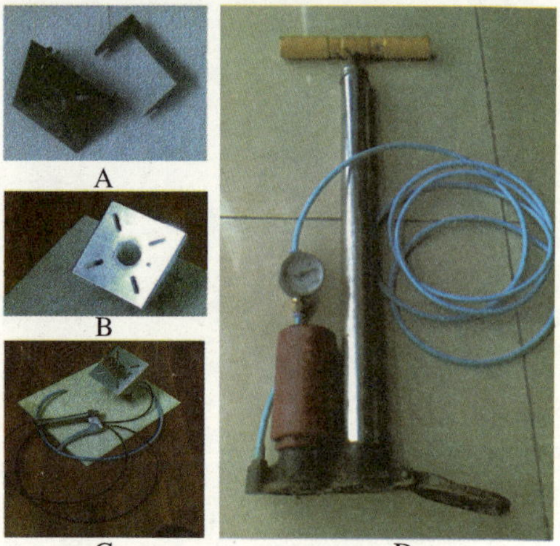

A B C D

图 3-4-3

(3) 水火箭的发射:如图 3-4-4 所示。①先往量杯中倒入适量的水(体积为 V),再将这些水倒入可乐瓶中。②检查喷嘴是否漏水,是否拧紧。③把水火箭安装到发射架上。④向水火箭内打气。⑤准备发射。⑥发射成功。⑦测量发射距离。⑧测量后,进行记录。

图 3-4-4

3. 实验探究

(1) 探究水火箭的射程与动力舱内水占总体积比例的关系：①猜想假设：a. 可乐瓶内水的体积占容积的比例越大，水火箭的射程可能越远。b. 可乐瓶内水的体积占容积的比例越小，水火箭的射程可能越远。c. 可乐瓶内水的体积占容积的比例为某一范围时，水火箭的射程可能最远。②设计实验：a. 用一个容积为 1 250 mL 的可乐瓶做动力舱进行发射试验。b. 在可乐瓶内分别注入 125 mL、150 mL、200 mL、250 mL、300 mL、350 mL、400 mL 的水，保持其他条件相同(气压为 5 kg/cm^3)。c. 分别测量水火箭的射程。③收集数据：测量结果如表 3-4-1 所示，根据表中数据，画成函数图像，如图 3-4-5 所示。④分析论证：根据表中数据可知，当水的体积为 250 mL，即水的体积占瓶的容积之比为 1/5 时，射程最远，为 60.5 m。实验中发现，在发射水量为 450 mL(占比为 9/25 左右)时，水火箭中的水未喷完，由于气压减小就停止了加速，增加水火箭的重量，使水火箭受重力影响而提前坠落了。质量越大，所需提供的动量就越大，当质量一定时，速度越大动量越大。而提高速度的方法是提高单位时间内的喷水量。所以，只有当水火箭内的气压与水量适当时，才能飞得更远更高。⑤得出结论：水火箭的射程与可乐瓶内水占瓶的容积比有关，容积比太小，水火箭获得的动量小，射程也小；容积比太大，水火箭中的水未喷完就发射，增加了水火箭发射时的重量，导致水火箭的射程也小。实验发现，较大容量(1 250 mL 以上)瓶子的容积比在 1/5 左右，较小容量(600 mL 以下)瓶子的容积比在 1/4 左右时，水火箭的射程最大。

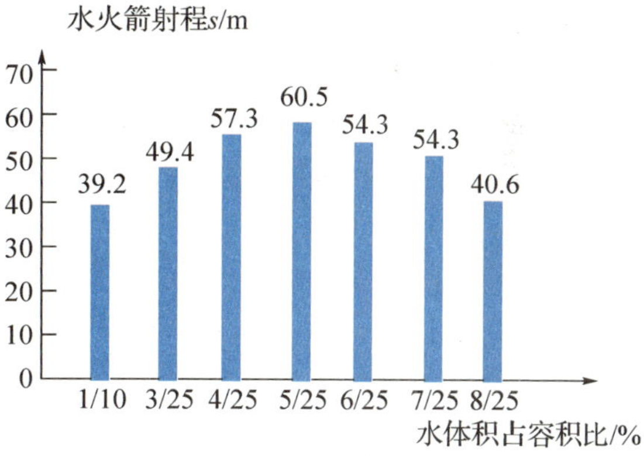

图 3-4-5

表 3-4-1

水火箭发射编号	1	2	3	4	5	6	7
瓶的容积/mL	1 250	1 250	1 250	1 250	1 250	1 250	1 250
瓶内水的体积/mL	125	150	200	250	300	350	400
水体积占瓶容积之比	1/10	3/25	4/25	5/25	6/25	7/25	8/25
水火箭的射程/m	39.2	49.4	57.3	60.5	54.3	51.8	40.6

(2) 探究水火箭的射程与瓶内气压的关系：①猜想假设：水火箭的射程可能与瓶内的气压大小有关；气压越大，水火箭的射程就越远。②设计实验：a. 将水火箭安装在发射架上。b. 用打气筒给水火箭打气，次数为 20 次后发射。c. 测量水火箭的射程，并记录在表中。d. 用同一个水火箭，打气次数分别为 24、28、32、36、40，用同样方法发射，分别测量水火箭此时的射程，记录在表中。③收集数据：测量结果如表 3-4-2 所示，根据表中数据，画成函数图像，如图3-4-6 所示（注：气压表的单位为 kg/cm^3，而 1 kg/cm^3 = 1 个大气压 = 10^5 Pa）。④分析论证：水火箭的射程，随着瓶内气压的增加，射程也在增加，这是因为瓶内气压越大，经过喷嘴喷出的水推力也大。⑤得出结论：在其他条件一样时，气压越大，水火箭的射程就越远，射程和气压成正比的。

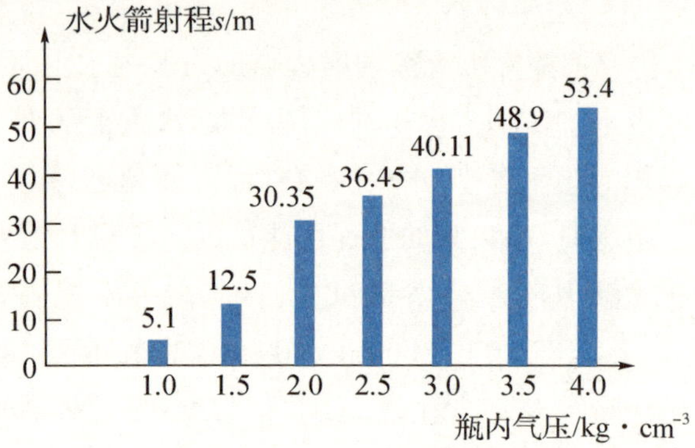

图 3-4-6

表 3-4-2

水火箭发射编号	1	2	3	4	5	6	7
瓶内气压/10^5 Pa	1	1.5	2	2.5	3	3.5	4
水火箭的射程/m	5.1	12.5	30.35	36.45	40.11	48.9	53.4

(3) 探究水火箭的射程与动力舱的形状、容积的关系。猜想假设：a. 水火箭的射程可能与动力舱的容积有关，与动力舱的形状无关。b. 水火箭的射程可能与动力舱的容积、形状都有关。②设计实验：a. 将动力舱的形状、体积不同的四个水火箭分别安装在发射架上。b. 调整发射方向，使发射的角度保持相同。c. 分别测量发射地与水火箭落地点的距离，即水火箭的射程。③收集数据：测量结果如表 3-4-3 所示。④分析论证：动力舱的容积由小到大，水火箭的射程也越来越远，这是因为动力舱的容

积越大，发射时，保持单位时间内的喷水距离越长，水火箭的射程越远。⑤得出结论：在同等条件下，动力舱的容积越大，水火箭的射程越远；动力舱越细长，水火箭的射程越远。

表 3-4-3

水火箭编号	1	2	3	4
动力舱的形状	一个小可乐瓶	一个中可乐瓶	一个大可乐瓶	两个可乐瓶串联
动力舱的容积/mL	600	1 250	2 500	1 250
水火箭的射程/m	38.6	52.2	69.1	86.7

(4) 探究水火箭的射程与动力舱内液体种类的关系。①猜想假设：a. 水火箭的射程可能与瓶内液体的密度有关，液体的密度越小，射程就越远。b. 水火箭的射程可能与瓶内液体的密度有关，液体的密度越大，射程就越远。②设计实验：a. 在水火箭的瓶内装上适量的水，然后将其安装在发射架上。b. 发射后测量水火箭的射程，记录在表 5 中。c. 用同一个水火箭，瓶内分别装上其他液体。d. 分别测量水火箭发射后的射程，记录在表中。③收集数据：测量结果如表 3-4-4 所示。④分析论证：分析表中数据可知，瓶内所装水的密度越大，水火箭的射程也越大。相比之下，使用糖盐水，进一步增加了水的密度，增加了反作用力，从而可以使火箭获得更大的推进力，也就增大了水火箭的射程。⑤得出结论：水火箭的射程随瓶内所装水的密度的增大而增大。

表 3-4-4

水火箭发射编号	1	2	3	4	5
瓶内所装的液体	黄酒	清水	盐水	糖水	糖盐水
液体的密度（g/cm^3）	0.92	1.00	1.12	1.21	1.36
水火箭的射程/m	38.20	40.11	42.09	44.34	46.42

(5) 探究水火箭的射程与发射角度的关系。①猜想假设：a. 水火箭的射程可能与发射角有关，发射角度越大，射程就越远。b. 水火箭的射程可能与发射角有关，发射角度越小，射程就越远。c. 水火箭的射程可能与发射角有关，发射角在 45°左右，射程最大。②设计实验：a. 将水火箭安装在发射架上。b. 调整发射角度为 20°，发射后测量水火箭的射程，记录在表 3-4-5 中。c. 再用完全相同的水火箭，发射的角度分别调整为 30°、40°、45°、50°、60°、70°。d. 发射后分别测量水火箭的射程，记录在表中。③收集数据：测量结果如表 3-4-5 所示，根据表中数据，画成函数图像，如图 3-4-7 所示。④分析论证：依照抛物线理论以倾角 45°，飞行距离最长。但由发射的

结果得知：在发射仰角 48°到 52°之间（约为 50°）时，可以达到最大的射程。当发射仰角太小时，水火箭向上的分力不大，使爬升高度不大，且由于水火箭的重量受地球引力的牵引，使其容易落下，造成射程缩短。而当角度太大时，其向上分力虽大，但向前分力太小，以至于射程太短，形成“射得高，但射不远”的情形。所以在水火箭的发射角度方面，须考虑向上分力及向前分力适中，各种外界因素的影响以及发射仰角。⑤得出结论：在相同条件下，发射角控制在 50°左右时，射程最远。

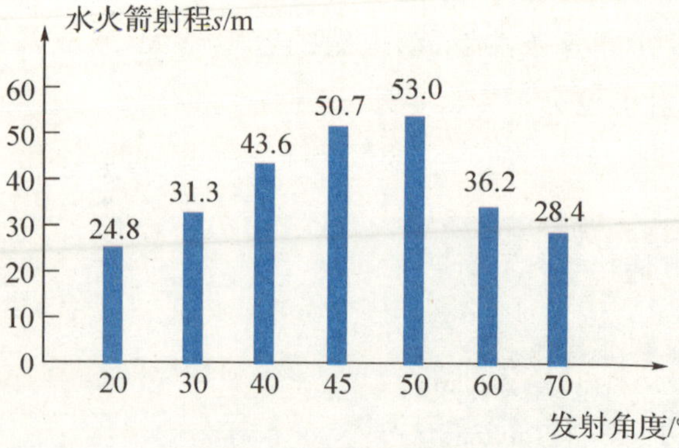

图 3－4－7

表 3－4－5

水火箭发射编号	1	2	3	4	5	6	7
水火箭发射的角度/°	20	30	40	45	50	60	70
水火箭的射程/m	24.8	31.3	43.6	50.7	53.0	36.2	28.4

4. 总结提升

影响水火箭射程的因素很多，现从定量分析的角度对其进行提升思考。

（1）喷水质量：水的体积占瓶的容积之比在 1∶5 左右时射程最远，超过了这个比例，射程反而减小，其原因是水火箭中的水在飞行时还未喷完，这部分水就成为火箭飞行的负担。由此可知，影响水火箭射程的主要因素是喷水的质量，而探究 4 的实质也是喷水的质量，因为在体积占比最佳的条件下，水中加杂质改变液体的密度（黄酒是水中加酒精，盐水是水中加盐，糖水是水中加糖，糖盐水是水中加糖和盐）。由于糖盐水的密度比较大，使喷出水的质量比较多。由水火箭飞行的速度公式 $v_0=mv/(M-m)$ 可知，喷水质量 m 增大，导致 mv 增大，$(M-m)$减小，所以飞行速度 v_0 就更大，由公式 $x=v_0\cos\theta t$ 可知，水火箭的射程必然增大。

（2）气体压强：增大气体压强 p 的本质就是增大水火箭的原动力。它是影响水火箭射程的决定性因素。考虑塑料瓶的承压能力，选耐压能力强的可乐瓶为宜，但充气的压强不能超过可乐瓶的承压能力。

（3）发射角度：水火箭的发射是斜抛运动，根据理论推导，水火箭的射程与发射角有关，当发射角为 45°时，射程最大。而理论推导是针对发射点与落地点在同一水平面而言的。但发射的实际情况是发射点高于落地点，这个高度差就是发射架的高度，所以最佳发射角还得由水火箭发射架的高度决定。发射角的修正值随这个高度差的增大而增大，实验表明，发射角的修正范围为48°～52°，探究5的实验中确定的最佳发射角为50°的道理就在这里。

(4) 外形结构：空气的阻力是影响水火箭射程的又一重要因素，根据空气的阻力公式 $f=kSv^2$ 可知，空气阻力与水火箭迎风面积 S 成正比，与水火箭飞行的速度 v 的平方成正比。因此在火箭主体的造型上应以细长的圆柱形为宜，火箭头尽可能地变成细长的圆锥形，这样组合而成的流线型，就能有效地减小迎风面积 S，使水火箭在获得最大飞行速度的同时，其受到的阻力最小，水火箭的射程才有可能达到最大。探究2正是从实验的角度说明了水火箭的射程与其外形结构的关系。值得一提的是尾翼的作用，它能确保水火箭的平稳飞行，为增大水火箭的射程保驾护航。

上述影响水火箭射程的四个主要因素，“喷水质量”“气体压强”“发射角度”都是从增大动力因素的角度进行剖析的，而“外形结构”则是从减小阻力因素的角度进行思考的。当然，影响水火箭射程的因素还有很多，如发射现场的风向和风力也会影响射程，风力较大时，逆风射程较近，顺风射程较远等。

信息窗

创新人才

所谓创新人才，就是具有创新意识、创新精神、创新思维、创新知识、创新能力并具有良好的创新人格，能够通过自己的创造性劳动取得创新成果，在某一领域、某一行业、某一工作上为社会发展和人类进步做出了创新贡献的人。

国内外对创新人才的理解有一些共同点，都强调创新人才必须具有创造性、创新意识、创新精神、创新能力等素质；但又有很大差异，主要表现在以下几个方面：①我国明确提出了创新人才、创造型人才的概念，而国外只有创造性思维、创造型人格等外延较窄的概念。②我国对创新人才的理解大多局限于“创新”上，对人才的知识结构、能力结构、个性品质的关注不够；国外则强调在全面发展的基础上培养创造性、创新意识、创新精神、创新能力等素质，强调个性的自由发展。

党的十八届五中全会提出：“坚持创新发展，必须把创新摆在国家发展全局的核心位置，不断推进理论创新、制度创新、科技创新、文化创新等各方面创新，让创新贯穿党和国家一切工作，让创新在全社会蔚然成风。”创新的事业必须由创新的人才来干，人才是创新的核心要素。

荣誉堂

获奖证书

科技创新奖评选是由江苏省少年科学院组织发现和培养创新型早期人才的活动，每 2 年举办一次。江苏省少年科学院小院士的评选由共青团江苏省委、科协、少工委联合举办，与创新奖评选间隔进行。树人少科院现有江苏省小院士 9 人，获科技创新奖一等奖 45 人。江苏省青少年科技创新标兵是江苏省教育厅和科协实施“青少年科技创新人才早期培养计划”的一个重大举措，从 2012 年度开始评，每年评选 100 名，树人少科院已有 11 位小院士被评为江苏省青少年科技创新标兵。中国青少年科技创新奖经党中央批准，于 2004 年邓小平同志 100 周年诞辰之际设立，专门用于对科技创新方面取得突出成绩或显示较大潜力的青少年个人进行奖励，是中国青少年科技创新领域的最高荣誉，树人少科院已有李沐和刁逸君 2 位小院士荣获中国青少年科技创新奖，如图 3－4－8 所示。

中国青少年科技创新奖

江苏省青少年科技创新标兵

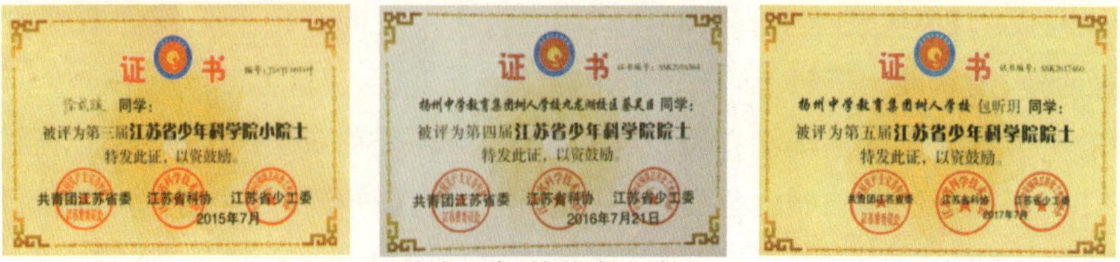

江苏省少年科学院小院士

图 3－4－8

演练场

小试牛刀

请你结合对创新人才的理解，撰写一篇题为“我的创新之路”的千字文。让你的父母给其做出“合格、优秀、点赞”的评价。

瞭望角

本章总结

每个学生都有成才的梦想，但要梦想成真，就得脚踏实地地去奋斗。是学习成绩？还是研究成果？作为中学生的你，有没有思考过这个问题？其中关键的是：你有没有被人发现的机会？通过本章的解读，你领悟到了吗？

包昕玥同学就是从学习物理第一课的第一个实验开始思考这个问题的，所以她不满足于回答课堂上长短蜡烛“哪一支先灭”的问题，而是利用双休日进行实验探究。她从蜡烛放在用玻璃罩密封的空间和蜡烛火焰熄灭先后的时间入手思考：为什么要用玻璃罩？这样的密封可靠吗？于是就有了水封和油封，就有了大小和形状不同的玻璃罩，就有了5支长短不同的蜡烛分布在玻璃罩内不同的位置，就有了12组实验。研究的不再是“哪支蜡烛先灭”的简单问题，而是二氧化碳在密封空间中的分布问题。这就得涉及许多新的知识，怎么办？在网上查找呀！于是就有了她的研究成果“不同条件下蜡烛的熄灭顺序及原因探索”，就有了去北京参加中国少年科学院小院士课题研究成果展示交流的机会，就有了她站在中国少年科学院的颁奖会上代表“十佳小院士”谈获奖感言的场面。她一旦有了这样的探究经历，还会担心其物理成绩不好吗？

再说韦康等3位同学，他们也不甘于将思维只停留在物理课本对速度的定义上，而是将其应用到他们参加国际创新设计大赛中关于结构模型设计指标的创新上。他们仿照速度的比值定义法，用公式 $P=M/m$ 和 $Q=S/m$ 分别定义了承重比例和面积比例，将其作为结构模型的设计指标，追求的是设计效益的最大化，凸显的是用最少投人获取最大效益的设计理念。该研究成果获国际创新设计大赛中国区复赛一等奖和江苏省人民政府科技创新培源奖。

还有如沈子扬等三位同学以及刘晨露等，他们都利用课外活动时间，分别将扬州的水生态与化学学习联系了起来，将水火箭的发射与物理学习联系了起来。他们分别完成了“扬州市区主要河道水体富营养化的实验探究”和“影响水火箭射程因素的实验探究”。这两项研究成果分别荣获江苏省青少年科技创新大赛二等奖和江苏省科技创新奖评比一等奖，并都获得中国少年科学院小院士课题研究成果一等奖。沈子扬和刘晨露都因此获得中国少年科学院“小院士”荣誉称号。

你能否领悟到这样的简单道理：研究成果能促进你学习成绩的提高，而学习成绩的提高不一定能保证你有出彩的研究成果，这就是人才发现的秘密的最好解答。

收获篇

再试牛刀

通过本章的学习与总结，你对“人才发现的秘密”是如何解读的？请再撰写一篇题为“我的成才之梦”的千字文，让你的父母给其做出“合格、优秀、点赞”的评价。

自评记录表

姓名

章节	自评等级	每节自评关键词	每章自评小结
第一章			
第一节			
第二节			
第三节			
第四节			
第五节			
第六节			
第二章			
第一节			
第二节			
第三节			
第四节			
第五节			
第六节			
第三章			
第一节			
第二节			
第三节			
第四节			